高职高专“十二五”规划教材

化工设备与机械

管来霞　主　编
逯国珍　王晓军　副主编

化学工业出版社
·北京·

本书包括两部分，介绍了化工设备和化工机械的相关知识。化工设备部分主要介绍了压力容器、换热器、反应釜、塔设备等化工企业的典型设备；化工机械部分主要介绍了传动机械、输送机械、粉碎机械、分离设备和干燥设备等常用机械。本书的编写采用模块-项目-子项目的模式，每一子项目下包括项目目标、项目内容、相关知识、项目实训和项目练习五部分内容。

本书可作为高职高专化工技术类专业或其他相近专业“化工设备与机械”课程的教材；也可供相关专业高级及中级技术人员参考使用。

图书在版编目（CIP）数据

化工设备与机械/管来霞主编. —北京：化学工业出版社，2010.9（2023.7重印）
高职高专“十二五”规划教材
ISBN 978-7-122-09197-0

Ⅰ.化… Ⅱ.管… Ⅲ.①化工设备②化工机械
Ⅳ.TQ05

中国版本图书馆CIP数据核字（2010）第141193号

责任编辑：旷英姿　　文字编辑：颜克俭
责任校对：宋　夏　　装帧设计：王晓宇

出版发行：化学工业出版社（北京市东城区青年湖南街13号　邮政编码100011）
印　　装：北京科印技术咨询服务有限公司数码印刷分部
787mm×1092mm　1/16　印张11½　字数288千字　2023年7月北京第1版第9次印刷

购书咨询：010-64518888　　售后服务：010-64518899
网　　址：http://www.cip.com.cn
凡购买本书，如有缺损质量问题，本社销售中心负责调换。

定　　价：29.00元

前　言

随着社会经济的发展，化工企业对大、中专毕业生的技能要求越来越高，为了更好地培养化工专业技能型人才，根据高职高专化工类专业对化工设备与化工机械的要求，结合化工专业技能鉴定标准，我们编写了《化工设备与机械》这本书。

这本书共包括两部分，分为化工设备和化工机械。化工设备部分主要介绍了压力容器、换热器、反应釜、塔设备等化工企业的典型设备，内容的编写参考GB 150—1998《钢制压力容器》、《压力容器安全监察规程》等国家标准和行业标准，介绍了各典型设备的结构、计算、操作、维护和检修。化工机械部分主要介绍了传动机械、输送机械、粉碎机械、分离设备和干燥设备等常用机械，着重介绍这些机械的结构、工作原理、特点、操作和检修等知识，注重知识的实用性、操作性、全面性和系统性。

本书的编写采用模块-项目-子项目的模式，每一子项目下包括项目目标、项目内容、相关知识、项目实训和项目练习五部分内容。其中项目内容根据项目目标的要求设置，而项目实训与项目内容紧紧呼应，力求前后内容系统、实用，重点突出，操作性强。相关知识主要围绕项目所用到的理论知识展开，注重必要性、新颖性和先进性。在每一项目的最后都设置了项目练习，主要强化学生对项目应知应会知识和技能的掌握。为方便教学，本书还配套有电子课件。

本书共分为四个模块，第一、第三模块由山东省轻工工程学校的管来霞编写，第二模块由山东省轻工工程学校的董文静、王艳和潍坊科技学院的王晓军编写，第四模块由山东大王职业学院的李瑞梅、李洪雨、逯国珍、贾才兴编写。全书由管来霞任主编，逯国珍、王晓军任副主编。

由于编者水平有限，加上时间仓促，难免存在不妥之处，敬请广大读者批评指正。

编　者

2010年5月

目　录

模块一 化工设备基础知识

项目一 化工设备基本要求

项目目标

- **知识目标：**了解化工设备的特点；掌握化工设备的基本要求。
- **技能目标：**能判断化工设备的安全性能、使用性能、经济性能。

项目内容

判断化工设备的安全性。

相关知识

一、化工设备的特点

化工设备是处理气体、液体和浆料等流体的容器，它与普通机械设备不同，通常具有以下特点。

（1）功能原理多　化工设备的设计、制造、使用是根据设备的功能、条件、使用寿命、安全质量、环境保护等要求决定的，不同的设备有不同的要求，从而使得在专业领域所使用的化工设备功能原理、结构特征等多种多样。例如：烷基苯的磺化可以在磺化泵中完成，也可以在膜式磺化器中进行；还有物料的加热或冷却，可采用的换热设备类型数不胜数。

（2）设备开孔多　根据化工工艺的需要，在设备的轴向和周向位置上，有较多的开孔和管口，用以安装各种零部件和连接管道。如反应釜的上封头有人孔、视镜、回流管口、仪表口、进料口、搅拌器口等各种开孔，而壳体和零部件的连接大都采用焊接结构，存在缺陷可能性大。

（3）设备工艺条件苛刻　化工生产的每一道工序都有严格的工艺条件，如压力、温度、液位等，在操作中要严格按照设计的参数进行，有些设备在高温、高压，有些在低温，还有些在高真空或强腐蚀的条件下操作，所以设备的选材、设计、制造、检验和使用要特别注意。比如：烷基苯与烟酸的磺化反应，因烟酸的腐蚀性，用普通钢材作为冷却器，不能满足生产要求，必须用耐腐蚀性强的材料，比如石墨材质冷却器。

（4）自动化程度高　随着科学技术水平的不断提高，对化工设备的使用也提出了更高的要求，设备各工艺条件的控制均可采用计算机技术，如氯碱生产中化盐槽的温度，一般控制在65℃左右，如果温度偏高或偏低，计算机显示的流程图上该区域会闪动，警示操作员该温度不正常，操作员会立即通知车间值班人员，值班人员会采取适当的操作，将温度调整到正常范围。

二、化工设备的基本要求

化工生产具有生产过程复杂，工艺条件苛刻，介质易燃、易爆、有毒、腐蚀性强等特点，尤其是大规模专业化、自动化、连续化要求高等特点，对化工设备提出了更高的要求，因此，一台化工设备不仅要求满足化工工艺要求，还要能安全可靠地运行，同时还应经济合理。

1. 满足工艺要求

化工设备首先应满足化工工艺过程要求，化工设备的主要结构与尺寸都由工艺设计决定。工艺人员通过工艺计算确定容器的直径、容积等尺寸，并确定压力、温度、介质特性等生产条件。这些条件是产品生产的基础，任何一台设备都应该严格控制，按照工艺条件进行设计、制造、安装、使用；否则，不仅影响产品生产效率，更重要的是影响产品的质量。

2. 安全性要求

(1) 要有足够的强度　强度就是容器抵抗外力破坏的能力。容器应有足够的强度，否则易造成事故。首先是材料要选择适当，另外是壳体与零部件的连接，因为化工设备多数是以焊接形式连接的，所以应力集中现象比较严重，是比较薄弱的环节，所以设备的设计、制造应特别注意。

(2) 要保证其刚度　刚度是指容器或构件在外力作用下维持原有形状的能力。承受压力的容器或构件，必须保证足够的稳定性，以防止被压瘪或出现折皱。外压容器压力低，壁厚薄，在使用过程中特别容易发生“失稳”现象，这种现象不是因为容器强度不足，而是因为容器刚度不足造成的，所以要注意保证这类容器的刚度足够。

(3) 要有足够的严密性　严密性是保证容器正常操作、防止泄漏的重要方面。如果不能保证容器的密封性，那么设备的压力、温度等工艺条件则不能实现，假如设备内盛装的是易燃、易爆、有毒介质，那么不但污染环境，而且对操作人员的安全构成威胁，甚至可能造成爆炸等事故，后果不堪设想。

(4) 耐蚀性要好　耐蚀性是保证设备安全生产的一个基本要求。选择设备材料时，要特别注意介质是否具有腐蚀性。若材料选择不当，介质会腐蚀设备，设备壁厚会越来越薄，在应力集中区或构件焊接处，腐蚀更加严重，会引起泄漏，导致设备使用寿命缩短。

3. 使用性能要求

(1) 制造工艺要合理　化工设备的结构要紧凑、设计要合理。注意连接处要圆滑过渡，采用等厚度连接，尽量使焊缝远离边缘，在焊缝区域要采用焊后热处理，以消除热应力等。

(2) 运输要方便　化工设备的制造厂与使用厂通常不是一个厂家，往往需要由制造厂运至使用厂安装，所以设备的设计、制造需要考虑运输的问题，尤其是大型设备，应考虑运载工具的能力、空间大小，桥梁、码头承载能力及吊装设备的吨位等。如蒸发罐，体积比较大，通常做成分段可拆，段与段用法兰连接，到生产厂家现场安装。

(3) 要便于安装　化工设备通常安装在地面上，有些安装在楼板或楼顶上，还有的吊装在墙壁上，安装时要注意地基、楼板的承载能力，像高大的塔、蒸发罐等工作时往往充满液体，液柱静压力比较大，应特别注意。吊装设备应注意墙上安装孔、屋架的承载能力。

(4) 便于操作、维护、检修　化工设备操作中，温度压力的控制、液位和流量的调节是必须密切关注并严格控制的，所以化工设备的设计、制造、安装应便于操作、维护和检修。例如阀门、人（手）孔、视镜的设计，操作平台、楼梯的设置，位置应合适，以便于工作人员操作、维护；化工设备多数是压力容器，需要定期检验其安全性，检验后对易损零件要更换、维修，对这些零部件的维护，应便于拆装、修理和更换。

4. 经济性能要求

化工设备的经济性能要求是使其成本尽量降低，包括两方面内容。

（1）设备制造的经济性　材料费、加工费、运输费要因地制宜，使费用尽量降低，有些没有危险性的常压设备，企业可以用本厂已经报废的旧设备改造。

（2）设备使用的经济性　一般用消耗定额来衡量。

消耗定额是指生产一定的产品，燃料、蒸汽、电力的消耗量，还有设备的运转费（操作工时、维修费等）。

考虑设备的运转费用，选择设备时可以考虑采用先进的新设备，新设备使用不易出现问题，操作工时长，维修费少，生产产品多、质量好，利润高，综合考虑房租费、人工费，成本降低。

项目实训

2004 年 4 月 15 号，某化工厂发生一起压力容器爆炸事故，造成 9 人死亡、3 人重伤，直接经济损失达 227 万元。

经调查：该设备因腐蚀穿孔，导致盐水泄漏，造成三氯化氮形成和富集，三氯化氮富集达到爆炸浓度和启动事故氯处理装置造成振动，引起三氯化氮爆炸。

试说明一台完善的设备应满足哪些安全性要求?

分析：一台完善的设备应满足强度、刚度、密封性、耐蚀性等安全性要求。

? 项目练习

1. 化工设备有哪些特点?
2. 简述一台换热器应满足的基本要求。
3. 到附近化工厂进行设备常见安全性问题调查，写出调查报告。

项目二　化工设备常用材料

子项目 1　化工设备材料识别

项目目标

- **知识目标：** 掌握化工设备材料的四大性能；掌握金属材料分类及特点；掌握非金属材料主要种类及特点。
- **技能目标：** 能识别化工设备的材料及类型。

项目内容

1. 鉴别化工容器壳体、封头的材料。
2. 鉴别化工容器法兰、螺栓、螺母、垫片的材料。

相关知识

一、化工设备材料性能

化工设备材料的选择要具有良好的性能，包括力学性能、物理性能、化学性能和工艺性能。

1. 力学性能

材料抵抗外力而不产生超过允许的变形或不被破坏的能力，叫做材料的力学性能。主要包括强度、塑性、韧性和硬度，这是设计时选用材料的重要依据。

(1) 强度　强度是固体材料在外力作用下抵抗产生塑性变形和断裂的特性。常用的强度指标有屈服点和抗拉强度等。

① 屈服点（σ_s）　金属材料承受载荷作用，当载荷不再增加或缓慢增加时，仍继续发生明显的塑性变形，这种现象，习惯上称为“屈服”。发生屈服现象时的应力，即开始出现塑性变形时的应力，称为“屈服点”，用 σ_s（MPa）表示，它代表材料抵抗产生塑性变形的能力。

条件屈服点（$\sigma_{0.2}$）：工程中规定发生 0.2%残余伸长时的应力，作为“条件屈服点”。

② 抗拉强度（σ_b）　金属材料在受力过程中，从开始加载到发生断裂所能达到的最大应力值，叫做抗拉强度。抗拉强度是反映材料抵抗断裂的能力。

(2) 塑性　塑性是材料在外力作用下发生塑性变形而不破坏的能力。常用的塑性指标有伸长率 δ 和断面收缩率 ψ，δ 和 ψ 值越大，材料塑性越好。低碳钢塑性好，可进行压力加工；铸铁塑性差，不能进行压力加工，但能进行铸造。

(3) 韧性　韧性是材料抵抗裂纹扩展的能力。我们常用冲击韧性来表示材料承受动载荷时抗裂纹的能力。反映冲击韧性高低的指标为冲击韧性 α_k。α_k 越大，材料的冲击韧性越好，材料抗冲击能力越强。

冲击韧性随温度降低而减小，当低于某一温度时，冲击韧性会发生剧降，材料呈现脆性，该温度称为脆性转变温度。所以对低温设备选材时应注意其韧性。

(4) 硬度　硬度是反映金属抵抗更硬物体的能力。常用硬度试验指标有布氏硬度和洛氏硬度。布氏硬度用 HB，较软，压头为钢球时表示为 HBS，压头为硬质合金球时表示为 HBW；洛氏硬度有 HRA、HRB 和 HRC，常用 HRC，较硬；还有维氏硬度用 HV，另有显微硬度。

总之，在材料的力学性能所包括的强度、塑性、韧性、硬度 4 个指标中，强度和塑性占主导地位，但使用时要考虑温度的变化。

2. 物理性能

主要有相对密度、熔点、热膨胀性、导热性、导电性、磁性、弹性模量与泊松比等。

(1) 弹性模量 E　$\sigma=E\varepsilon$，这个比例系数 E 称为弹性模量，弹性模量是金属材料对弹性变形抗力的指标，是衡量材料产生弹性变形难易程度的，材料的弹性模量越大，使它产生一定量的弹性变形的应力也越大。对同一种材料，弹性模量 E 随温度的升高而降低。

(2) 泊松比 μ　泊松比是拉伸试验中试件单位横向收缩与单位纵向伸长之比。对于各种钢材它近乎为一个常数，即 $\mu\approx0.3$。

3. 化学性能

指材料在常温或高温条件下，抵抗氧化或腐蚀介质对其化学侵蚀的能力。包括耐腐蚀性、抗氧化性等。

(1) 耐腐蚀性　金属和合金对周围介质，如大气、水汽、各种电解液侵蚀的抵抗能力。

(2) 抗氧化性　许多化工设备在高温工作条件下，有自由氧的氧化腐蚀，还有其他气体介质如水蒸气、CO_2、SO_2 等的氧化腐蚀。

4. 工艺性能

金属和合金的工艺性能是指在各种加工条件下表现出来的适应性能，包括铸造性、锻压性、焊接性、切削加工性、热处理性能等。其中，焊接性和切削加工性是压力容器最重要的两个性能。

（1）良好的冷热加工性能　用钢板卷制筒体，卷制不好会发生裂纹；冲压封头、微裂纹或宏观裂纹，都会影响以后的生产。

（2）良好的焊接性能　化工设备连接部位大多数采用焊接，如果焊接不好，会产生很多安全隐患。

二、化工设备材料分类

化工生产工艺条件复杂，压力容器的温度可以从低温到高温，工作压力可以是真空（负压）或高压，处理的物料可能是易燃、易爆、有毒或强烈的腐蚀性等，因此，化工设备的选材非常重要。作为一名化工技术人员，必须对化工生产可用的材料有全面的认识，才能保证化工设备安全可靠地运行。

化工设备可以选用的材料非常广泛，有金属材料和非金属材料。下面是它们的大体分类。

1. 金属的分类

凡是由金属元素或以金属元素为主形成的，具有金属特性的物质称为金属材料，包括两大类。一类是铁和以铁为基的合金，俗称“黑色金属”，常用的有钢、铸铁和铁合金；另一类是非铁合金，俗称“有色金属”，常用的有铜、铝、铅等及其合金。金属材料中钢的应用最广泛。

2. 钢的分类

（1）按冶炼时钢脱氧的程度不同，钢可分为沸腾钢、镇静钢和半镇静钢。

镇静钢：脱氧完全的钢。

半镇静钢：脱氧较完全的钢。

沸腾钢：脱氧不完全的钢。

（2）按化学成分钢可分为碳素钢和合金钢。

① 碳素钢根据含碳量多少又可以分为低碳钢、中碳钢和高碳钢。

低碳钢：含碳量≤0.25%，常用钢号有10、15、20、25等。

中碳钢：含碳量0.25%～0.60%，常用钢号有30、35、40、45、50、55、60等。

高碳钢：含碳量>0.60%，常用钢号有65、70钢。

② 合金钢是在碳素钢的基础上加入少量合金元素，比如Si，Mn，Cu，Ti，V，Nb，P等，从而提高钢的强度、耐腐蚀性、低温性能。根据加入合金元素的多少又可分为低合金钢、中合金钢和高合金钢三种。

低合金钢：合金元素总含量<5%。

中合金钢：合金元素总含量5%～10%。

高合金钢：合金元素总含量>10%。

（3）按质量分类，钢可以分为普通钢、优质钢和高级优质钢。

（4）按用途分类，钢可以分为建筑钢、弹簧钢、轴承钢、工具钢、结构钢和特殊性能钢。其中结构钢又可分为碳素结构钢和合金结构钢。

3. 非金属材料的分类

化工设备常用的非金属材料有以下几种。

（1）硬聚氯乙烯塑料　耐酸、耐碱性好，易加工，易焊接，耐热性差，常用于制作常压贮槽、泵、管件。

（2）玻璃钢　耐蚀性好，强度高，有良好的工艺性能，常用于制造容器、塔器、阀门、管道。

（3）聚四氟乙烯塑料　耐蚀性极好，耐热性好，常用于制造耐腐蚀、耐高温的密封元件及高温管道。

（4）化工搪瓷　耐腐蚀性能好，性脆，不耐冲击，绝缘性能好，常用于制作塔器、反应器、阀门衬里。

（5）化工陶瓷　耐蚀性好，性脆，抗拉强度小，有一定耐热性和不透性，常用于制造贮罐、反应器、阀门、管件等。

（6）耐酸酚醛塑料　耐热性好，耐酸，常用于制造阀门、塔器、贮槽、泵、管道。

4. 金属材料与非金属材料特点比较

金属材料（主要是指钢）与非金属材料相比，大多数具有强度高、耐压性好的优点，所以特别适用于制作压力容器，除不锈钢和有色金属外，大部分不耐腐蚀；非金属材料则耐蚀性好，但性脆，不耐冲击，所以不能用于制作有一定压力的容器，如果要求容器既承受一定压力且介质有强腐蚀性，可考虑选择非金属材料作衬里、外壳用钢材制作的压力容器。如果不考虑成本，可选择不锈钢材质。

项目实训

某化工厂蒸馏车间内有一台蒸馏塔，用于粗溴的蒸馏，请指出塔中各部件所用材料，并分析选用该材料的理由。

分析：粗溴是氧化海水（或卤水）得到的中间产品，含有酸、溴、氯等腐蚀性介质，对普通碳钢材料有一定的腐蚀性，不能单独使用。

碳钢具有较好的塑性、韧性，强度高；聚四氟乙烯具有优良的耐蚀性和耐热性，同时有优良的电性能、抗黏性和低摩擦系数。

蒸馏塔可采用碳钢作为外壳，在碳钢内表面加一层聚四氟乙烯作衬里。填料用瓷环，支撑筛板和填料的收缩圈用钢板制成，外包聚四氟乙烯，以防止腐蚀。

? 项目练习

1. 简述化工设备四大性能。
2. 按化学成分分类，钢材有哪些品种？
3. 比较金属材料与非金属材料特点。

子项目2　化工设备材料选择

项目目标

- **知识目标：** 熟悉化工设备常用金属材料；掌握碳素结构钢的使用条件；掌握化工设备用钢选择原则。
- **技能目标：** 能根据设备的工艺条件选择合适的材料。

项目内容

1. 说说化工设备常用钢材的名称、特点。
2. 为换热器选择合适的材料。

相关知识

化工容器在实际生产中，使用最多的是钢材，所以本部分重点介绍化工设备用钢的钢种及选用原则。

一、化工设备常用钢种

目前制造压力容器所用钢材，一般有碳素结构钢、碳素钢、合金钢和特殊性能钢4种。

1. 碳素结构钢

(1) 碳素结构钢牌号及表示法　这类钢的牌号由代表屈服极限的字母“Q”（“屈”的汉语拼音字母）、屈服极限的数值（单位MPa）、质量等级符号、脱氧方法符号四个部分构成，质量等级有A、B、C、D四级；脱氧方法符号由F、b、Z、TZ分别表示沸腾钢、半镇静钢、镇静钢（一般省略不写）、特殊镇静钢。如Q235-AF表示碳素结构钢，屈服极限235MPa，A级质量，沸腾钢。

碳素结构钢主要有五大钢种，即Q195、Q215、Q235、Q255、Q275，其中Q235-A钢具有良好的强度、塑性、韧性、焊接性、切削加工性等，在化工设备中应用广泛。

(2) 碳素结构钢使用条件　碳素结构钢并非压力容器专用钢，但其轧制技术成熟，质量稳定，价格低廉。在限定的条件下可以用于压力容器。其使用条件见表1-1所列。

表1-1　压力容器用碳素钢钢板的使用条件

钢号	用作壳体时厚度/mm	容器压力/MPa	使用温度/℃	适用范围
Q235-AF	≤12	≤0.6	0～250	不得用于易燃介质及毒性程度为中度以上的介质
Q235-A	≤16	≤1.0	0～350	不得用于液化石油气介质及毒性程度为高度以上的介质
Q235-B	≤20	≤1.6	0～350	不得用于毒性程度为高度以上的介质
Q235-C	≤32	≤2.5	0～400	

2. 碳素钢

化工容器常用低碳钢制造设备壳体，因为低碳钢具有较好的塑性、冷冲压及焊接性能。最常用的是20钢。

中碳钢强度与塑性适中，焊接性能差，不适于制作设备壳体，多用于制造各种机械零件，如轴、齿轮、连杆等。常使用30、35、45钢制作螺栓、螺母。

高碳钢强度与硬度均较高，塑性差，常用于制造弹簧。

3. 合金钢

化工容器常用16MnR、15MnVR、15MnTi等合金钢制造容器。用合金钢代替碳素钢制造容器，可以在保证强度的情况下，使容器壁厚减少，从而节省钢材30%～45%。

4. 特殊性能钢

常用的特殊性能钢有不锈钢和不锈耐酸钢。把能够抵抗空气、蒸汽和水等弱腐蚀性介质腐蚀的钢称为不锈钢，能够抵抗酸和其他强腐蚀性介质的钢称为耐酸钢。特殊性能钢主要指不锈耐酸钢。

不锈耐酸钢根据合金元素的不同，分为铬不锈钢和铬镍不锈钢。

二、化工设备用钢选材原则

(1) 化工容器用钢　化工容器用钢一般使用由平炉、电炉或氧气顶吹转炉冶炼的镇静钢，若是受压元件用钢，应符合国家标准 GB 150—1998《钢制压力容器》规定，同时符合《压力容器安全技术监察规程》及 HGJ 15—89《钢制化工容器材料选用规定》。

(2) 碳素结构钢　主要用于介质腐蚀性不大的中、低压容器，在选择时应注意碳素结构钢的使用条件，不能超出表 1-1 中规定的数值。

(3) 合金钢　主要用于介质腐蚀性不强的中、高压容器。压力低可以选择合金含量低的合金钢，相反，选择含量高的合金钢。可参考合金钢的屈服强度数值。

(4) 不锈钢　主要用于介质腐蚀性较强的场合。介质对设备材料有腐蚀性，时间长久，会导致容器穿孔，导致容器破坏，甚至发生事故。所以介质腐蚀性强时，应选用不锈钢或采取耐腐蚀处理。

(5) 耐热钢用于高温场合　在高温下工作的容器，容器会发生缓慢的、连续不断的塑性变形，称为蠕变，长期的蠕变同样会使设备产生过大的塑性变形，导致容器破坏。一般地，碳钢超过 350℃、合金钢超过 400℃，应考虑蠕变问题。

(6) 外压容器选 Q235-A 为宜　不同钢种的弹性模量 E 相差不大，外压容器的选材不必选用高强度钢，其设计是按照刚度进行的，与强度关系不大，而高强度钢价格较高，所以制作外压容器，选用 Q235-A 钢即可。

(7) 低温容器选耐低温钢　工作温度低于－20℃的设备，称为低温设备，因为钢材在低温时冲击韧性急剧下降，脆性加大，所以低温设备应注意选择耐低温钢。

项目实训

某化工厂盐水车间内有一台换热器，换热器管间走蒸汽，管内走饱和卤水，用于卤水的加热，低压（0.3MPa）操作。卤水温度不超过 80℃，试为该换热器选择材料，并说明选用理由。

分析：该换热器管间走蒸汽，管内走饱和卤水，低压、常温操作，介质腐蚀性小，壳体、封头选用碳素结构钢 Q235-A；管板、法兰也选用 Q235-A；接管、换热管选用 10 号无缝钢管；螺栓、螺母选用 35 号钢；支座选用 Q235-AF 即可。

? 项目练习

1. 举例说明常用的化工设备用钢钢种。
2. 简述碳素结构钢的使用条件。
3. 简述化工设备用钢选材的基本原则。
4. 说明反应釜各零部件的材料。

项目三　化工设备热处理与防腐蚀

子项目 1　化工设备用钢的热处理

项目目标

- **知识目标：** 掌握热处理的含义、种类、目的；掌握热处理工艺的含义、区别；掌握表面热处理的方法、含义、种类。
- **技能目标：** 能对焊后化工设备进行焊后热处理。

项目内容

1. 说明钢板壳体的热处理方式。
2. 说明法兰、螺栓、螺母的热处理方式。
3. 说明钢板焊接部位的热处理方式。

相关知识

热处理是将固态金属或合金，采用适当的方式进行加热、保温和冷却，以获得所需组织结构与性能的一种工艺。

热处理在加热、保温和冷却过程中，钢的内部组织和性能都发生了变化，从而改变了其性能，通过热处理，可以充分发挥材料的性能潜力，提高零件质量，延长零件寿命，节省钢材。

热处理包括普通热处理和表面热处理。

一般零件的生产工艺过程为：锻造→预先热处理→粗加工→最终热处理→精加工。

一、普通热处理

普通热处理包括退火、正火、淬火、回火等。

1. 退火和正火

退火是将钢材加热到适当的温度，保温一定时间后缓慢冷却（炉冷、坑冷）。正火是将钢材加热到适当温度，保温一定时间后，在空气中冷却。它的主要特点是空冷，对于大型零件或在炎热地区，也可用风冷或喷雾冷却。

退火和正火属于预先热处理，能降低钢材硬度，以利于切削（比较适合的切削硬度为160～260HBS）；消除内应力，稳定尺寸，防止变形或开裂；消除偏析，均匀成分，为后道工序做准备。

正火比退火冷却速度稍快，得到的组织较细，强度硬度稍有提高；生产周期短，节约能量，操作简便。生产中优先采用正火工艺。

对力学性能要求不高的零件，可用正火作为最终热处理，不再进行淬火加回火。

2. 淬火和回火

淬火是将钢加热到适当温度，保持一定时间，然后在介质中快速冷却，以获得高硬度组织的一种热处理工艺。钢的冷却分为水冷和油冷。水的冷却能力强，一般用于碳钢，称为水淬；油的冷却能力低，常用于合金钢，称为油淬。

淬火是一种很早就被应用的热处理工艺，淬火后的钢硬而脆，组织不稳定，而且有内应力，不能满足使用要求。因此淬火后必须回火。

回火是将零件加热到适当温度，保温一定时间后，以适当速度冷却到室温的热处理工艺。回火分为三类：低温回火、中温回火、高温回火。

低温回火的回火温度为150～250℃，目的是降低淬火应力，提高工件韧性，保证淬火后的高硬度和高耐磨性。适用于工具、模具和表面处理件。

中温回火的回火温度为350～500℃，可大大降低零件的内应力，提高弹性，降低硬度，适用于弹簧等弹性元件。

高温回火的回火温度为500～650℃，在生产中将淬火后再高温回火的复合热处理工艺称为调质，调质后得到的零件，具有良好的综合力学性能，可以完全消除钢制零件的内应力，获得较高的塑性和韧性，但硬度降低很多，广泛用于轴类、齿轮、连杆等受力复杂的零件。

二、表面热处理

在生产中，有很多零件要求表面和心部具有不同的性能，一般是表面硬度高，有较高的耐磨性和疲劳强度，而心部要求有较好的塑性和韧性。为满足这一要求，通常采用表面热处理。

表面热处理方法有表面淬火和化学热处理。

1. 表面淬火

表面淬火是仅对钢的表面加热、冷却而不改变其成分的热处理工艺。为满足工件表层的高硬度、高耐磨性要求，表面淬火后一般进行低温回火；为满足对心部的塑性和韧性要求，表面淬火前一般进行调质。

2. 化学热处理

化学热处理是将金属或合金工件置于一定温度的活性介质中保温，使一种或几种元素渗入它的表层，以改变其化学成分、组织和性能的热处理工艺。化学热处理可以提高工件表层的某些力学性能，如表层硬度、耐磨性、疲劳极限等；保护工件表面，提高工件表层的物理、化学性能，如耐高温、耐腐蚀性等。

按渗入的元素不同，化学热处理可分为：渗碳、渗氮、碳氮共渗、渗硼、渗金属等。渗入元素介质可以是固体、液体和气体。

渗碳是将钢件在渗碳介质中加热和保温，使碳原子渗入到钢表层的化学热处理工艺。渗碳适用于含碳量为0.10%～0.25%的低碳钢或低碳合金钢，经渗碳和淬火、低温回火后，可在零件的表层和心部分别获得高碳和低碳组织，使高碳钢和低碳钢的不同性能结合在一个零件上，从而满足了零件的使用性能要求。

渗氮、渗硼可使零件的表面硬度很高，显著提高零件的耐磨性和耐腐蚀性能；渗硫可提高减摩性；渗硅可提高耐酸性；也可以硫氮共渗；也可以碳、氮、硼三元素共渗。

三、焊后热处理

焊后消氢处理，是指在焊接完成以后，焊缝尚未冷却至100℃以下时，进行的低温热处理。一般规范为加热到200～350℃，保温2～6h。焊后消氢处理可加快焊缝及热影响区中氢的逸出，有效防止低合金钢焊接时产生焊接裂纹。

在焊接过程中，由于加热和冷却不均匀，以及构件本身产生拘束或外加拘束，在焊接完成后，在构件中总会产生焊接应力。焊接应力会降低焊接接头区的实际承载能力，产生塑性变形，严重时，还会导致构件的破坏。

消应力热处理是使焊好的工件在高温状态下，其屈服强度下降，来达到松弛焊接应力的目的。常用的方法有两种：一是整体高温回火，即把焊件整体放入加热炉内，缓慢加热到一定温度，然后保温一段时间，最后在空气中或炉内冷却，用这种方法可以消除80%～90%的焊接应力。另一种方法是局部高温回火，即只对焊缝及其附近区域进行加热，然后缓慢冷却，降低焊接应力的峰值，使应力分布比较平缓，起到部分消除焊接应力的目的。

有些合金钢材料在焊接以后，其焊接接头会出现淬硬组织，降低材料的力学性能。另外，这种淬硬组织在焊接应力及氢的作用下，可能导致接头破坏。经过热处理后，接头的金相组织得到改善，可提高焊接接头的塑性、韧性，从而改善焊接接头的综合力学性能。

焊后热处理一般选用单一高温回火或正火加高温回火处理。对于气焊焊口采用正火加高温回火热处理。单一的中温回火只适用于工地拼装的大型普通低碳钢容器的组装焊接，绝大多数选用单一的高温回火。

项目实训

试说明下列零部件通常采用什么样的热处理工艺方式：

①搅拌轴；②齿轮；③弹簧；④法兰；⑤低碳钢容器的焊接组装。

分析如下。

①搅拌轴，淬火后高温回火；②齿轮，淬火后高温回火；③弹簧，淬火后中温回火；④法兰，正火加高温回火；⑤低碳钢容器的焊接组装，中温回火。

? 项目练习

1. 什么是热处理？有哪些种类？热处理的目的是什么？
2. 什么是退火？什么是正火？两者有什么区别？
3. 为什么工件淬火后应及时回火？说明回火的种类及适用场合。
4. 叙述表面热处理的目的，表面淬火和化学热处理有什么区别？

子项目2　化工设备腐蚀与防护

项目目标

- **知识目标**：掌握腐蚀的含义、机理；掌握腐蚀的类型；掌握防止设备腐蚀的措施。
- **技能目标**：能采取正确的措施防止设备腐蚀。

项目内容

1. 举例说明化工容器常用的腐蚀类型。
2. 举例说明化工容器常用的防腐蚀措施。

相关知识

在化工生产中，有些物料具有强烈的腐蚀性，与设备材料反应，使设备厚度减薄、穿孔，造成设备跑冒滴漏，恶化劳动条件，导致产品成本增加、产量降低、质量下降，因此，应重视设备的腐蚀与防护问题。

一、金属的腐蚀

金属与周围介质之间发生化学或电化学作用而引起破坏的现象称为腐蚀，如铁生锈、铁在酸中溶解等。大气、海水、土壤等环境对金属材料都会发生腐蚀作用。根据机理不同，可以将金属腐蚀分为化学腐蚀和电化学腐蚀两类。

1. 化学腐蚀

化学腐蚀是指金属在高温下与腐蚀性气体或非电解质发生单纯的化学作用而引起的破坏现象。如铁在高温下与氧气直接化合而被腐蚀，在工业生产中氯气跟铁或与其他金属化合使金属锈蚀。

2. 电化学腐蚀

由于金属和液态介质（常为水溶液）构成微小的原电池而发生金属腐蚀的过程。电化学腐蚀是金属腐蚀的主要形式，如钢铁在潮湿的空气中生锈就是电化学腐蚀造成的。

电化学腐蚀由于金属发生原电池作用而引起的。不仅发生在异种金属，同一金属的不同区域之间只要存在着电位差，形成原电池，就会产生电化学腐蚀。金属表面的各种局部腐蚀都是由此形成。

3. 化学腐蚀与电化学腐蚀比较

本质都是金属原子失电子而被氧化，但化学腐蚀是金属与其他物质直接发生氧化反应，反应中无电流产生；而电化学腐蚀是不纯金属或合金之间发生原电池反应，有电流产生。电化腐蚀要比化学腐蚀强烈得多。

二、金属设备的防护措施

化工设备防腐是延长设备使用寿命，避免事故发生的重要措施。常用的防腐蚀措施有改变金属材料的性质、金属保护层、非金属保护层、电化学保护、缓蚀剂保护等方法。

1. 改变金属材料的性质

根据不同的用途选择不同的材料组成耐蚀合金，或在金属中添加合金元素，提高其耐蚀性，可以防止或减缓金属的腐蚀。如在钢中加入镍制成不锈钢可以增强金属防腐蚀能力。

2. 隔离金属与非金属介质

在金属表面覆盖各种保护层，把被保护金属与腐蚀性介质隔开，是防止金属腐蚀的有效方法。工业上普遍使用的保护层有非金属保护层和金属保护层两大类。

(1) 非金属保护层　将有机或无机的非金属材料覆盖在金属制品表面作为保护层，包括非金属衬里和涂层。非金属保护层是目前应用较多的防腐措施。

① 非金属衬里常用板砖衬里、玻璃衬里和橡胶衬里　板砖材料包括耐酸瓷砖、耐酸砖、辉绿岩板、天然石材、不透性石墨、玻璃等。板砖衬里是把上述材料用胶泥衬砌于钢铁或混凝土设备内部，以防止腐蚀。

玻璃钢衬里是用黏结剂把玻璃纤维制品逐层铺贴在设备的内表面，经固化处理，形成防腐蚀结构。

橡胶衬里是把生橡胶板按一定的工艺要求，衬贴在设备的内表面上，再经硫化而形成保护层。

② 涂层　是把具有防腐功能的涂料涂在设备内表面，经干燥固化形成均匀的涂膜，从而达到防止介质腐蚀的目的。

(2) 金属保护层　用电镀的办法将耐腐蚀性较强的金属或合金覆盖在被保护的金属上，形成保护镀层。常用的方法有电镀、化学镀（如镀镍)、喷镀（如喷铝）和衬里（铅衬里、不锈钢衬里）等方法。

3. 缓蚀剂保护

在腐蚀介质中加入少量能减少腐蚀速度的物质就能大大降低金属腐蚀的速度，此法叫缓蚀剂保护法。常用的缓蚀剂有无机缓释剂如重铬酸盐、过氧化氢、磷酸盐、亚硫酸钠、硫酸锌等和有机缓释剂如有机胶体、氨基酸、酮类、醛类等。

4. 电化学保护法

电化学保护法是把引起金属发生电化学腐蚀的原电池反应消除掉，使金属得到防护的方法，有阳极保护法和阴极保护法。阳极保护法是被保护设备接在外加直流电源的阳极，金属的阳极极化到一定电位，使金属表面生成钝化膜，从而使金属设备得到保护。如铝及铝合金的阳极氧化薄膜化学性能稳定，提高了铝及铝合金的耐磨性、硬度，也提高了防腐蚀性能；铜及铜合金的阳极氧化膜层为黑色，在大气条件下容易变色，其耐磨能力不强。

阴极保护法是通过外加电流，使被保护金属阴极极化，使金属得到保护，有外加电流法和牺牲阳极保护法。

外加电流法是把被保护的金属设备与直流电源负极相连，电源正极与一个辅助阳极相连，接通电源后，电源给金属设备以阴极电流，此法主要用于防止土壤、海水及河水中金属设备的腐蚀。

牺牲阳极保护法是接一块电位更负的金属，更容易失去电子，输出阴极的电流使被保护的金属阴极极化，此法常用于保护海轮外壳，海水中的各种金属设备、构件、石油管路的腐蚀。

项目实训

为盛装下列介质的设备采取合适的防腐蚀措施。

① 制盐（氯化钠）蒸发罐。

② 二氧化硫转化三氧化硫的转化器。

③ 碳钢制的碱液（NaOH）蒸发罐。

④ 合成氨生产中热钾碱法脱碳系统。

分析如下。

① 制盐蒸发罐，外加电流阴极保护法。

② 二氧化硫转化三氧化硫的转化器，可采用喷镀铝层方法。

③ 碱液碳钢蒸发罐：阳极保护法。

④ 合成氨生产中热钾碱法脱碳系统：在系统中加入五氧化二钒，与钾碱溶液生成偏钒酸钾，偏钒酸钾作为缓蚀剂降低介质对设备、管道的腐蚀。

? 项目练习

1. 什么是金属腐蚀？
2. 化学腐蚀和电化学腐蚀有何区别？
3. 化工设备的防腐蚀有哪些措施？
4. 考察化工厂设备的防腐蚀问题。

模块二　典型化工设备

项目一　换热设备

子项目1　换热设备形式识别

项目目标

- **知识目标**：掌握各种换热设备的类型、结构、特点及适用范围。
- **技能目标**：能根据换热条件，选择合适的换热设备。

项目内容

1. 认识换热器的结构。
2. 选择换热器的类型。

相关知识

根据生产过程不同的使用要求和工艺条件，换热设备有多种类型和结构。

一、换热设备的分类

根据冷、热流体热量交换的原理和方式基本上可分为三大类：混合式换热器、蓄热式换热器、间壁式换热器。

1. 混合式换热器

又称直接接触式换热器，该类换热器是将冷热两种流体直接混合进行热量交换。在工艺上允许两种流体相互混合。直接接触式换热器常用于气体的冷却或水蒸气的冷凝。如化工厂常用的凉水塔、喷洒式冷却塔、气液混合式冷凝器等。该类换热器具有结构简单、传热效果好、单位容积提供的传热面积大、价格低廉等优点。

2. 蓄热式换热器

蓄热式换热器又称为蓄热器，常见于化工生产中的各种蓄热炉。它主要由热容量较大的蓄热室构成，室中可填耐火砖或金属带等作为填料。当冷、热两种流体交替地通过同一蓄热室时，即可通过填料达到热交换的目的。这类换热器的结构简单，且可耐高温，常用于气体的余热及其冷量的利用。其缺点是设备体积较大，两种流体在蓄热室交替时有一定程度的混合。如图 2-1 所示。

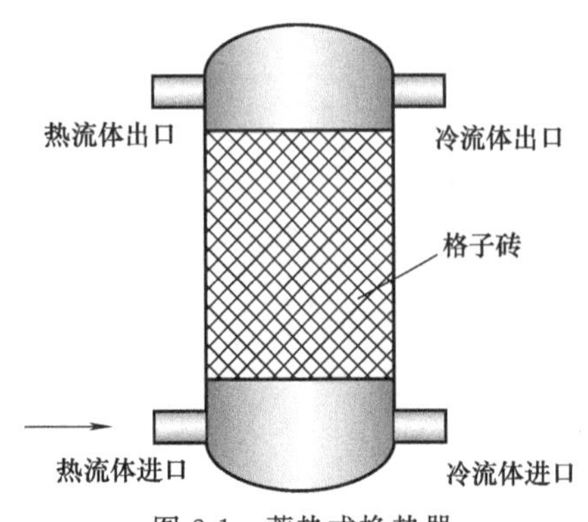

图 2-1　蓄热式换热器

3. 间壁式换热器

间壁式换热器是在冷热两种流体之间用金属壁（或石墨等导热性好的非金属）隔开，使两种流体在不相混合的情况下进行热量交换。在化工生产中，间壁式换热器应用最广。

根据传热面和传热元件的不同，间壁式换热器又可分为管式换热器和板面式换热器。

管式换热器是以管子为传热面和传热元件的换热设备，常用的有管壳式（列管式）、蛇管式、螺旋管式、套管式换热器。此类换热器结构坚固、易于制造、操作弹性大、换热面清洗方便、高温高压下也能使用；缺点是传热效率低、结构紧凑性差、单位换热面积金属消耗量多。

板面式换热器是以平板或成形板作为传热面和传热元件，多用金属板，常用的有板式换热器、螺旋板式换热器、板翅式换热器等形式。此类换热器传热效果好、结构紧凑、成本低，但承压性差。常用于压力不大、温度不高、流量不大及处理贵重介质而需贵重金属的场合。

二、间壁式换热器的主要类型

1. 管式换热器

(1) 夹套式换热器　夹套是搅拌反应釜最常用的传热结构，由筒体和下封头组成。载热体通道是夹套与容器壁之间形成的环形空间。夹套上设有蒸汽、冷凝水或其他加热、冷却介质的进出口。用蒸汽加热时，蒸汽由上部接管1进入夹套，冷凝水由下部接管2排出。相反，冷却时，冷却介质（如冷却水）从下部接管2进入，由上部接管1排出（图2-2）。

夹套式换热器的优点是结构简单、加工方便；缺点是传热面积小、传热效率低。该类换热器广泛用于反应器的加热或冷却。

为提高传热系数，可在釜内安装搅拌器；为补充传热面的不足，可在反应釜内安装蛇管换热装置。

(2) 蛇管换热器　蛇管换热器有沉浸式蛇管和喷淋式蛇管。

沉浸式蛇管是蛇管沉浸在盛有被加热或被冷却介质的容器中，一般管内通入蒸汽、热水或冷却液，通过管壁与设备内的介质换热。蛇管一般由盘成螺旋形的弯曲管构成，如图2-3所示。

沉浸式蛇管的优点是结构简单，便于防腐，能承受高压。缺点是蛇管外流体的对流传热系数较小。

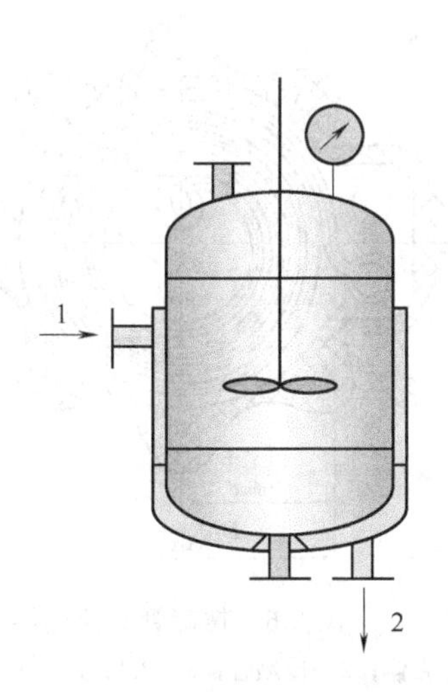

图2-2　夹套式换热器

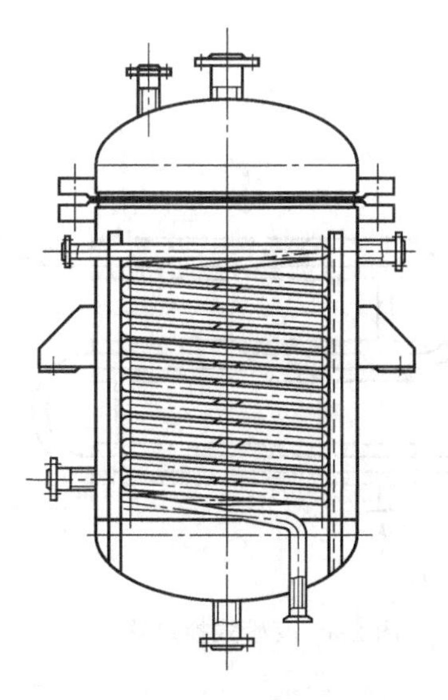

图2-3　蛇管换热器

喷淋式蛇管换热器如图 2-4 所示，管内通入需要冷却的介质，排管的上方由喷淋装置均匀淋下冷却水。

优点是结构简单、制造、拆修、清洗、安装方便，成本低；缺点是传热效率低，喷淋水不均匀，耗水量大。

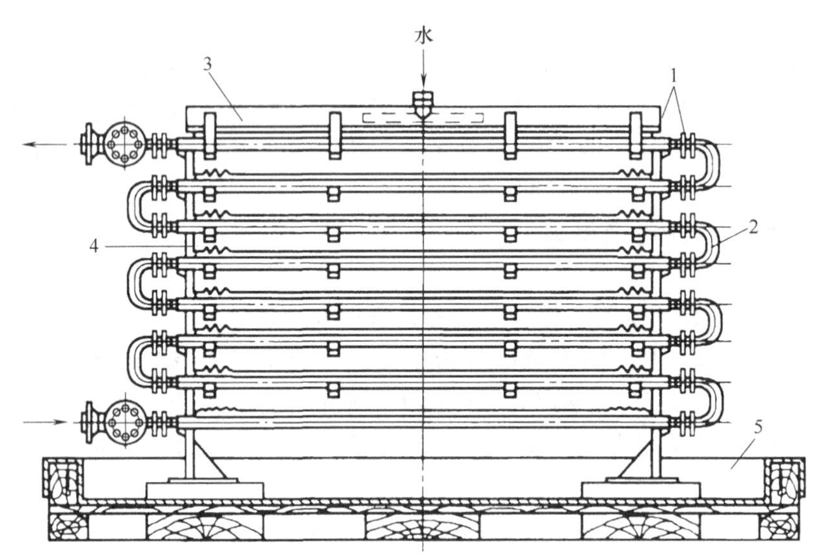

图 2-4 喷淋式蛇管换热器

1—列管；2—U 形接管；3—水槽；4—檐板；5—底盘

(3) 套管式换热器 套管式换热器由两根直径不同的直管制成的同心套管，并由 U 形弯头连接，如图 2-5 所示。冷热流体可以逆流或并流。当需要较大传热面积时，可将几段套管串联排列。

套管式换热器的优点是传热系数较大，能保持完全逆流使平均对数温差最大；结构简单、能承受高压；应用方便（可根据需要增减管段数量）。缺点是管间接头多而易泄漏，占地较大，金属消耗量大。适用于流量不大、所需传热面积不多且要求压力较高的场合。

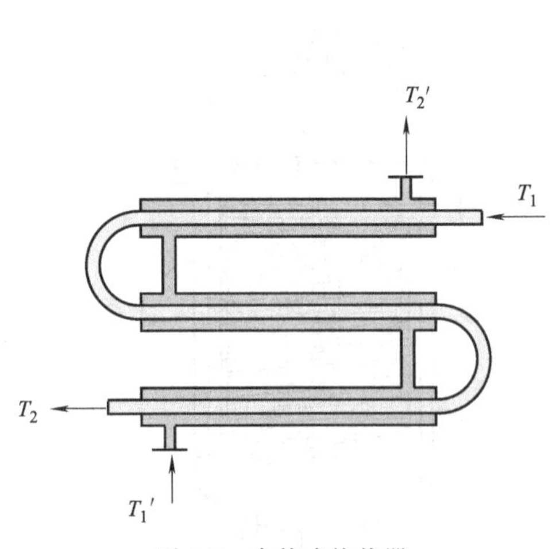

图 2-5 套管式换热器

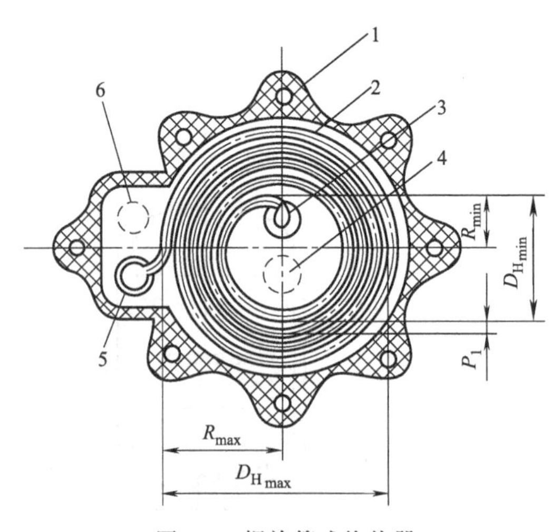

图 2-6 螺旋管式换热器

1—壳体；2—传热管；3—入口管；4—壳侧出口；5—出口管；6—壳侧入口

(4) 螺旋管式换热器　螺旋管式换热器是将一组或几组绕成螺旋形的管子装在壳体中。盘管的两末端分别与两根入口和出口总管相连，固定在盖板和壳体底板之间而构成。如图2-6所示。

螺旋管具有许多优于直管的换热特性和结构特征，传热系数比直管高，在相同空间里可得到更大的传热面积，布置更长的管道，减少了焊缝，提高了安全性。同时具有结构紧凑、传热面大、温差应力小、安装容易的优点。缺点是管内清洗较困难。

一般适合于流量不大或所需传热面积较小的场合，可用于较高黏度流体的加热和冷却。

(5) 列管式换热器　列管式换热器又称为管壳式换热器，是最典型的间壁式换热器。其流程是流体A由管箱进入换热管，流体B在管外流动，由于两种流体存在温度差，于是通过管壁进行热量交换。管内流过的流体所经过的路程或空间称为管程，管外（壳体内）流过的流体所经过的路程或空间称为壳程。如图2-7所示。

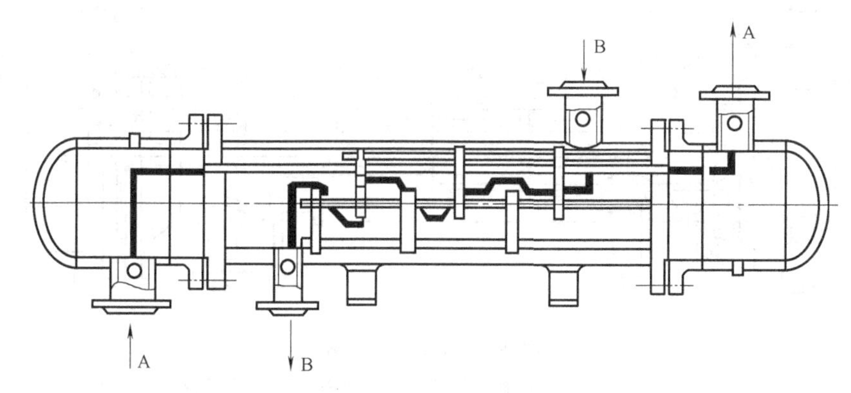

图2-7　列管式换热器

根据管束、管板和壳体的结构和连接方式不同，列管式换热器可分为固定管板式、浮头式、U形管式和填料函式4种形式。

① 固定管板式换热器　固定管板式换热器的管子、管板、壳体刚性地连在一起。在圆柱形外壳内装入平行管束，管束两端均用焊接或胀接的方法固定在管板上，两块管板与外壳直接焊接在一起，装有进口、出口管的顶盖与外壳相连。如图2-8所示。

该换热器结构简单、紧凑、在同一内径的壳体中布换热管数最多，能承受较高的压力，造价低，管程清洗方便，管子损坏时易于堵管或更换。但壳程不易清洗，且管程和壳程介质温度相差较大时，易产生较大的温差应力，且不能消除。所以适用于壳程介质清洁，不易结垢，管程需清洗以及温差不大或温差虽大但是壳程压力不高的场合。

当管壁与壳壁温差大于70℃，应采用温差补偿装置，以减小因温度差异而引起的热应力。工程上一般采用膨胀节。

当管壁与壳壁温差超过120℃时，常采用浮头式、U形管式和填料函式3种不会产生温差应力的换热器。

② 浮头式换热器　浮头式换热器是一块管板与法兰用螺栓固定，另一块管板是浮动的，与浮头盖用浮头钩圈法兰相连。如图2-9所示。

管内和管间清洗方便，不会产生温差应力。该换热器结构复杂，设备笨重，造价高，浮头端小盖在操作中无法检查。适用于壳体和管束之间壁温相差较大，或壳程介质易结垢的场合。

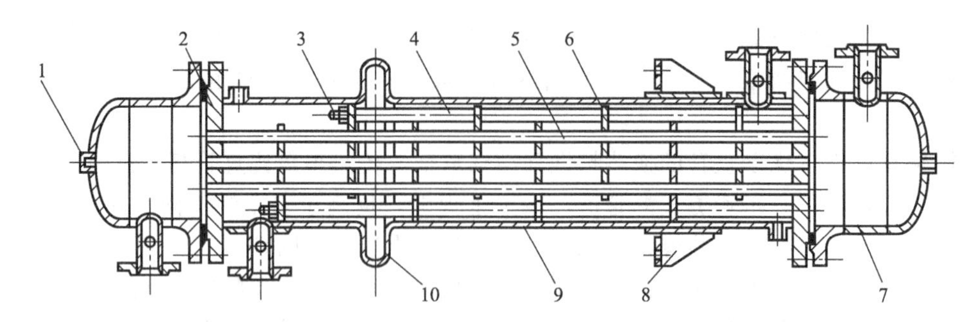

图 2-8 固定管板式换热器

1—排液孔；2—固定管板；3—拉杆；4—定距管；5—管束；6—折流挡板；7—管箱；8—悬挂式支座；9—壳体；10—膨胀节

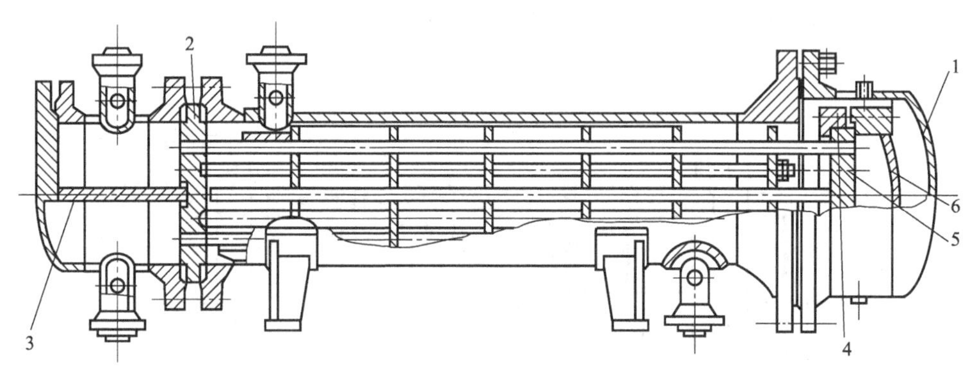

图 2-9 浮头式换热器

1—壳盖；2—固定管板；3—隔板；4—浮头钩圈法兰；5—浮动管板；6—浮头盖

③ U 形管式换热器　U 形管式换热器内只有一块管板，换热管呈 U 形，管子两端都固定在一块管板上。如图 2-10 所示。优点是结构简单、价格便宜、承受能力强、不会产生温差应力；缺点是布管少、管板利用率低、管子坏时不易更换、管内难于清洗。特别适用于管内流体清洁而不易结垢的高温、高压、腐蚀性大的物料。

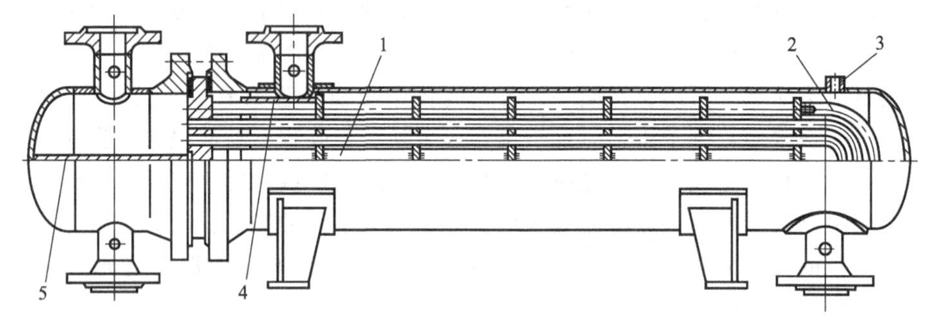

图 2-10 U 形管式换热器

1—中间挡板；2—U 形换热管；3—排汽口；4—防冲板；5—分程隔板

④ 填料函式换热器　填料函式换热器的结构与浮头式换热器的结构相似，只是浮头伸到了壳体外，浮头与壳体之间采取填料函式密封，可以作一定量的移动。如图 2-11 所示。

特点是结构简单，加工制造方便，造价低，管内和管间清洗方便，但是填料处易泄漏。适用场合：使用压力在 4MPa 以下，且不适用于易挥发、易燃、易爆、有毒及贵重介质，使用温度受填料的物性限制。

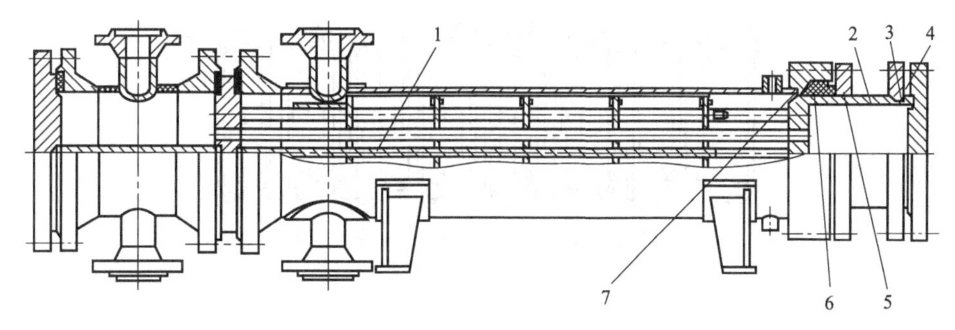

图 2-11　填料函式换热器

1—纵向隔板；2—浮动管板；3—活套法兰；4—部分剪切环；5—填料压盖；6—填料；7—填料函

(6) 热管式换热器　热管是一种高效传热元件，热管分蒸发段、冷凝段，如图 2-12 所示。工作原理是热管受热，管内工质从外界热源获得热量而蒸发或汽化，热管的蒸发段和冷凝段形成压差，蒸汽向凝结段移动，蒸汽凝结后，释放出冷凝潜热，由外界的冷介质吸收，凝结液（冷凝液）在吸液芯的毛细管作用下回流，继续受热汽化，这样往复循环将大量热量从加热区传递到散热区。热管内热量传递是通过工质的相变过程进行的。

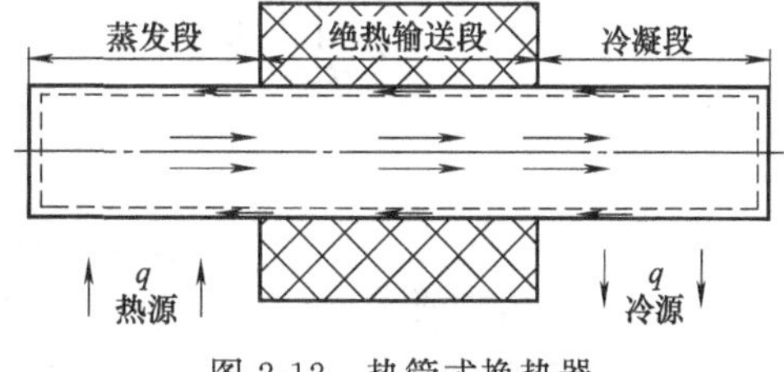

图 2-12　热管式换热器

将热管元件按一定行列间距布置，成束装在框架的壳体内，用中间隔板将热管的加热段和散热段隔开，构成热管换热器。

热管式换热器导热性能好，操作温度范围广，流体阻力小，结构紧凑，运行可靠，传热效率高。

2. 板面式换热器

板面式换热器是通过板面进行传热的，按照传热板面的结构形式可分为板式、板翅式、螺旋板式等形式。

(1) 板式换热器　板式换热器由一组金属薄板及相邻薄板间衬以垫片，并用框架夹紧组装而成，换热器内部形成许多流道，板与板之间用橡胶密封，每块板的四个角上各开有一个通孔，借助于垫片的配合，使两个对角方向的孔与板面上的流道相通，而另外的两个孔与板面上的流道隔开，这样，使冷、热流体分别在同一块板的两侧流过。其结构如图 2-13 所示。

优点：传热效率高、结构紧凑、使用灵活、清洗和维修方便、能准确控制换热温度等。

缺点：密封周边太长，不易密封，渗漏的可能性大，承压能力低，流道狭窄，易堵塞，处理量小，流动阻力大。由于垫片的使用温度不宜过高，所以换热温度一般不超过 250℃。

(2) 板翅式换热器　板翅式换热器是以隔板和翅片为主要组成部件的换热器。在翅片两侧各安一块金属平板，两边以侧条密封而组成单元体，对各个单元体进行不同的组合和适当排列，并用钎焊焊牢，组成板束。如图 2-14 所示。

将若干板束组装在一起，然后焊在带有流体进、出口的集流箱上，便构成板翅式换热器。板束的组装形式有逆流、错流、错逆流 3 种。如图 2-15 所示。

翅片有不同的几何形状，使流体在流道中形成强烈的湍流，使热阻边界层不断破坏，从而有效降低热阻，提高传热效率。另外翅片焊于隔板之间，起到支撑作用，所以板翅式换热器承压能力高达 5MPa，同时具有传热效率高、结构紧凑、适应性广、重量轻等优点。缺点

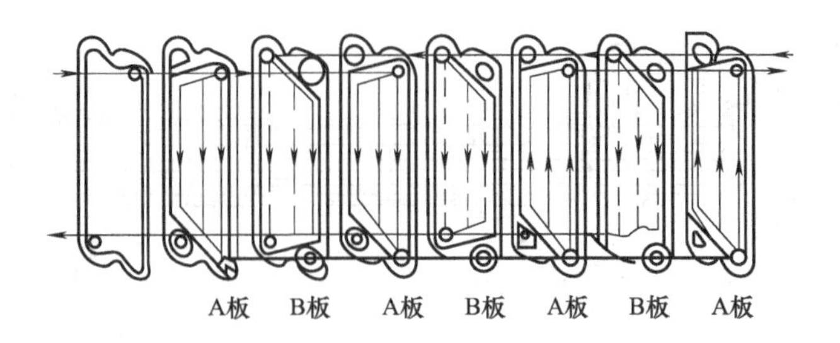

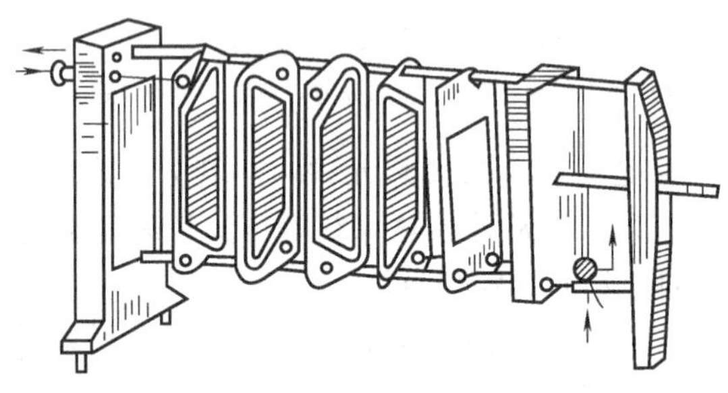

图 2-13　板式换热器

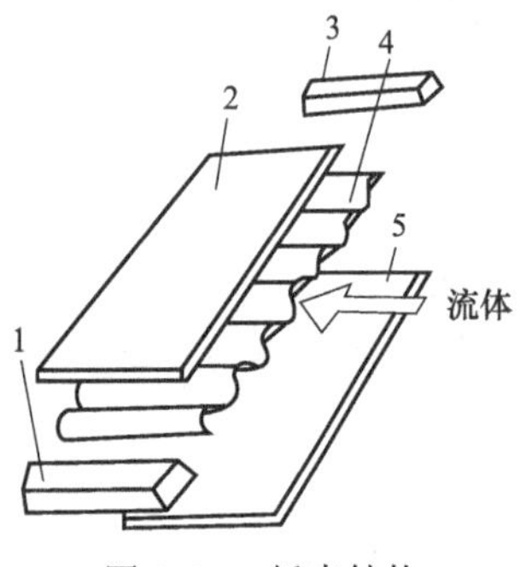

图 2-14　板束结构

1,3—侧板；2,5—隔板；4—翅片

是流道小，易堵塞，结构复杂，不易清洗，难以检修。适用于气-气、气-液、液-液间热交换，亦可用做冷凝和蒸发，同时适用于多种不同流体在同一设备中操作，特别适用于低温、超低温的场合。

(3) 螺旋板式换热器　螺旋板式换热器主要有外壳、螺旋体、顶盖、密封元件、接管等构成。螺旋体是主要的换热元件，是由两块薄钢板卷制而成，两块钢板平行、有一定间隔，在内部形成一对同心的螺旋形通道，在中央设有隔板，将两条螺旋形通道隔开。冷热流体分别由两螺旋形通道流过，通过薄板进行换热。如图 2-16 所示。

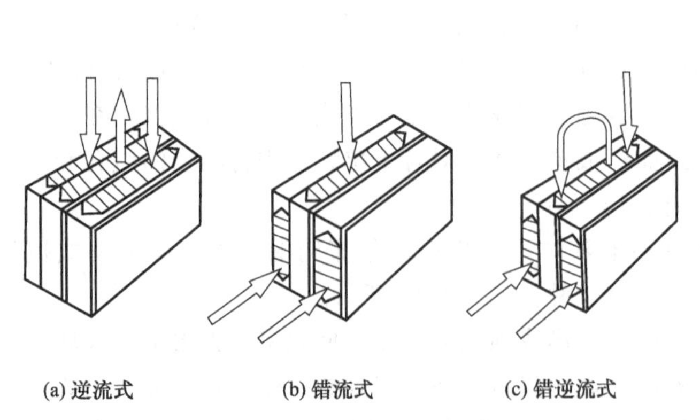

图 2-15　板束组装形式

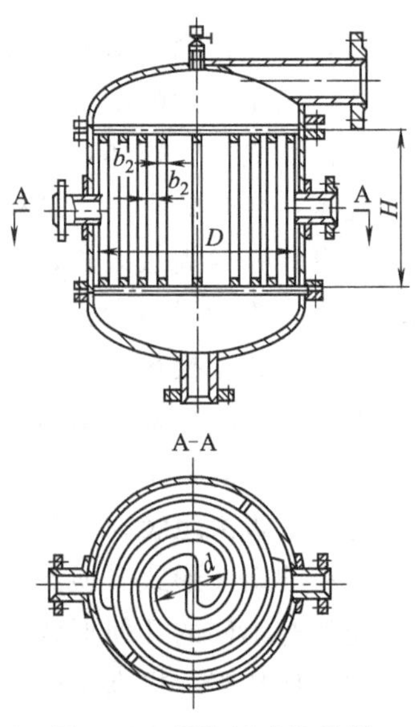

图 2-16　螺旋板式换热器

优点：结构紧凑，传热效率高，制造简单，流体单通道螺旋流动，有自冲刷作用，不易结垢。

缺点：焊接质量要求高，检修困难，不能承受高压。

适用于气-液、液-液流体换热，特别适合于黏性流体或含有固体颗粒的悬浮液的换热。

项目实训

某企业欲用换热器将饱和卤水由20℃加热到80℃，卤水有轻微腐蚀性，采用压力为0.1MPa（表压）的饱和水蒸气加热，逆流操作，试问选择固定管板式换热器是否合适？是否应选用带膨胀节的换热器？

分析如下。

① 固定管板式换热器适用于壳程介质清洁，不易结垢，管程需清洗以及温差不大或温差虽大但是壳程压力不高的场合。

该换热器壳程流体是饱和水蒸气，属于清洁介质，压力不高，可选择固定管板式换热器。

② 当管壁与壳壁温差大于70℃，应采用温差补偿装置，以减小因温度差异而引起的热应力。工程上一般采用膨胀节。

该换热器采用0.1MPa（表压）的饱和水蒸气加热饱和卤水，经查：0.1MPa（表压）下饱和水蒸气的温度是120℃，管壁与壳壁温差不大，不必采用带膨胀节的换热器。

? 项目练习

1. 比较管式换热器和板式换热器的特点。
2. 管式换热器主要有哪几种类型？各有何特点？适用于什么场合？
3. 板面式换热器主要有哪几种类型？各有何特点？适用于什么场合？
4. 浮头式换热器有哪些特点？适用什么场合？
5. 说明板式换热器工作原理。

子项目2　固定管板式换热器结构认识

项目目标

- **知识目标：** 掌握固定管板式换热器各部件的名称、结构、用途。
- **技能目标：** 能拆装固定管板式换热器换热器。

项目内容

1. 说明固定管板式换热器的外部、内部结构名称。
2. 拆装固定管板式换热器。

相关知识

一、固定管板式换热器基本结构

固定管板式换热器主要由壳体、换热管、管板、折流板、管箱、膨胀节等部件组成。固定管板式换热器的换热管与管板焊接或胀接在一起，壳体与管板焊接在一起，三者刚性连接，所以称为固定管板式换热器。当壳程流体与管程流体温差大时，要装设膨胀节，以减小因温度差异引起的热应力，称为带膨胀节的固定管板式换热器。

二、固定管板式换热器的组成元件及其连接

1. 换热管

换热管是管壳式换热器的传热元件，主要通过管壁的内外面进行传热，所以换热管的形状、尺寸和材料，对传热有很大的影响。换热管尺寸常用外径与壁厚表示。碳素钢、低合金钢管常用的规格有 $\phi19\times2$、$\phi25\times2.5$、$\phi38\times2.5$（单位均为 mm），不锈钢管有 $\phi25\times2$、$\phi38\times2$（单位均为 mm）。标准管长为 1.5m、2.0m、2.5m、3.0m、4.5m、6.0m、9.0m。长度和直径的确定根据换热器的传热面积确定。一般对清洁流体用小直径管子，黏性较大的或污染的流体采用大直径管子。

换热管一般采用无缝钢管，现有翅片管、螺纹管、螺旋槽管等，可以强化传热效果。

螺旋槽管如图 2-17 所示，横纹管如图 2-18 所示。

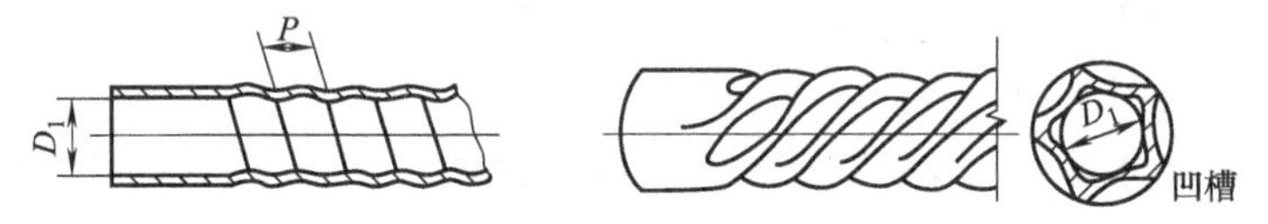

图 2-17　螺旋槽管

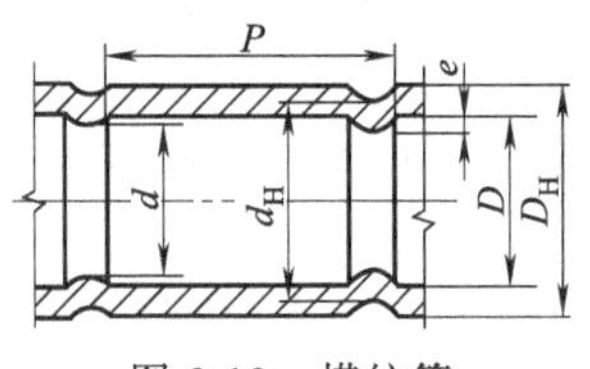

图 2-18　横纹管

换热管的形式：图 2-19（a）轴向外翅片管；（b）螺旋状外翅片管；（c）径向外翅片管；（d）开了孔的外翅片管；（e）扭曲的翅片管；（f）内翅片管；（g）十字形内翅片管。如图 2-19 所示。

换热管常用金属材料有碳素钢、不锈钢、铜和铝，常用非金属材料有石墨、陶瓷、聚四氟乙烯等。选用时主要根据工艺条件和介质腐蚀性来选择。

换热管在管板上的排列方式有正三角形和正方形，有直列、错列排列方式。当壳程流体清洁时，采用正三角形排列，管外易于清洗；当壳程流体污性介质时，采用正方形排列。另有同心圆排列方式，如石油化工装置中的固定床反应器。如图 2-20 所示。

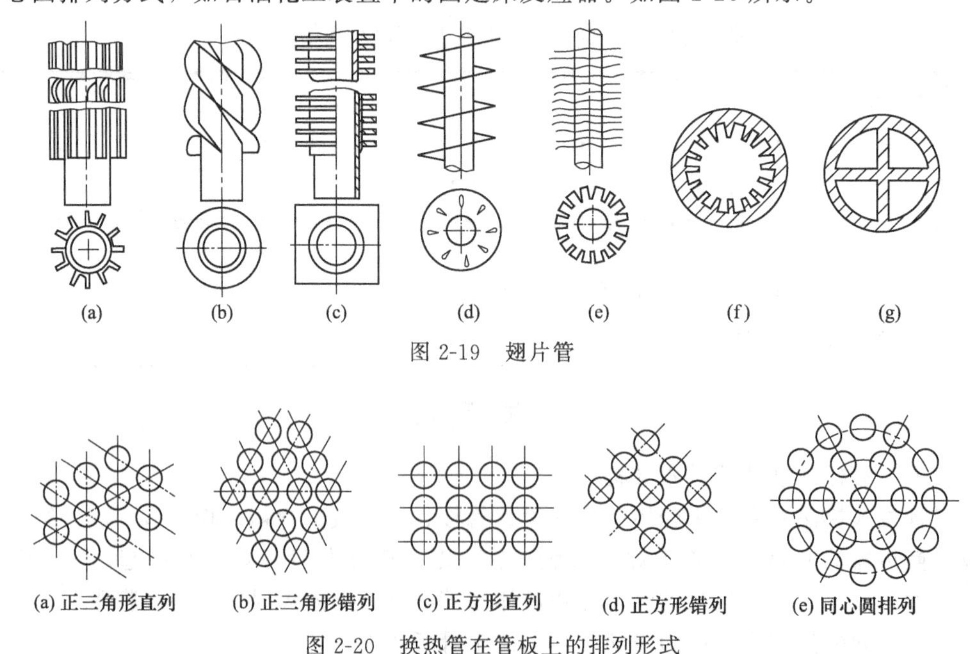

图 2-19　翅片管

图 2-20　换热管在管板上的排列形式

2. 管板

管板是管壳式换热器中的一个重要零部件，作用是用来安装换热管，分隔管程和壳程，避免管程和壳程冷热流体相混合。如图 2-21 所示。

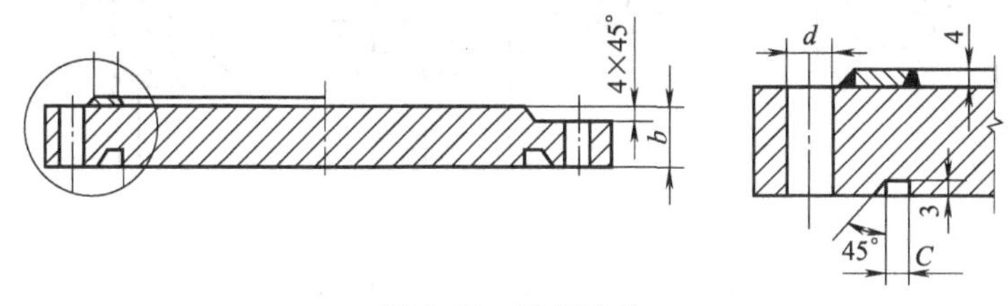

图 2-21　管板结构

（1）管板与换热管的连接方式　换热管与管板连接时要求牢固、无泄漏，如果连接不够紧密，容易产生泄漏，泄漏量小时，不易被发现，会造成一定的危害。所以换热管与管板的连接是列管式换热器制造加工时的关键。换热管在管板上的连接方式主要有强度胀接、强度焊接、胀焊结合 3 种方式。

① 胀接　利用胀管器进行。将管子的一端退火后，用砂纸去掉表面污物和锈皮，装入管板孔内，管子另一端固定，在胀管器强力滚子的压力下，管端产生塑性变形，同时使管板孔产生弹性变形，这时管端直径增大，紧贴于管板孔。当取出胀管器后，管板孔弹性收缩，使管子与管板间产生一定的挤压力而紧紧贴合在一起，从而达到管子与管板连接的目的。如图 2-22 所示。

胀接适用于设计压力≤4MPa，设计温度≤300℃，操作中无剧烈振动，无过大的温度变化及无严重的应力腐蚀，管子与管板的材质均为碳钢或低合金钢，并无特殊要求的换热器。

注意：胀接时管板材料的硬度要高于管子材料的硬度。若选用同样材料，可采用管端退火降低管子的硬度。

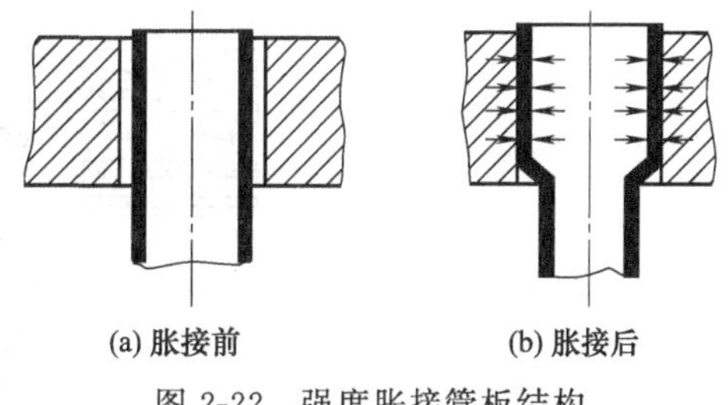

图 2-22　强度胀接管板结构

② 强度焊接　当设计压力＞4MPa 或设计温度＞300℃时，一般采用焊接。焊接具有加工简单，不易泄漏，在高温高压下也能保证连接处的密封性和抗拉脱能力，焊接接头处管端与管板孔之间有间隙，易腐蚀，焊接时产生的热应力还可能造成应力腐蚀和破裂，因此焊接方法不适用于有较大振动及有间隙腐蚀的场合。

③ 胀焊结合　单独胀接或单独焊接均有一定的局限性，所以有了胀焊结合。胀焊结合既克服了胀接抗疲劳性能差，连接处易松动的缺点，又避免了焊接有间隙腐蚀的弊端，保证了密封，提高了使用寿命。目前常用的加工方法有强度胀加密封焊、强度胀加强度焊和强度焊加贴胀几种方式。从加工顺序上，可以先胀后焊，也可以先焊后胀。但一般先焊后胀，以免先胀残留的润滑油影响后焊的焊接质量。

（2）壳体与管板的连接方式　浮头式、U 形管式、填料函式换热器的管束检修时要从壳体中抽出以便清洗，故需将管板做成可拆连接，又称夹持式管板连接，如图 2-23 所示。

3. 折流板及其他挡板

（1）折流板　折流板可以提高壳程流体的流速，增加湍动程度，提高传热效率，减少结垢，对卧式换热器还起到支撑管束的作用。

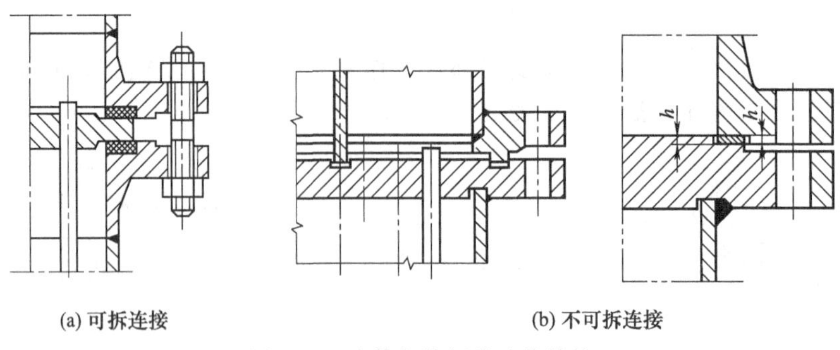

(a) 可拆连接　　(b) 不可拆连接

图 2-23　壳体与管板的连接结构

常用折流板的结构有弓形和圆盘-圆环形两种。弓形有单弓形、双弓形、三弓形，其中单弓形最常用。如图 2-24 所示。圆盘-圆环形折流板由于结构复杂，不便于清洗，一般用于压力较高和物料清洁的场合。

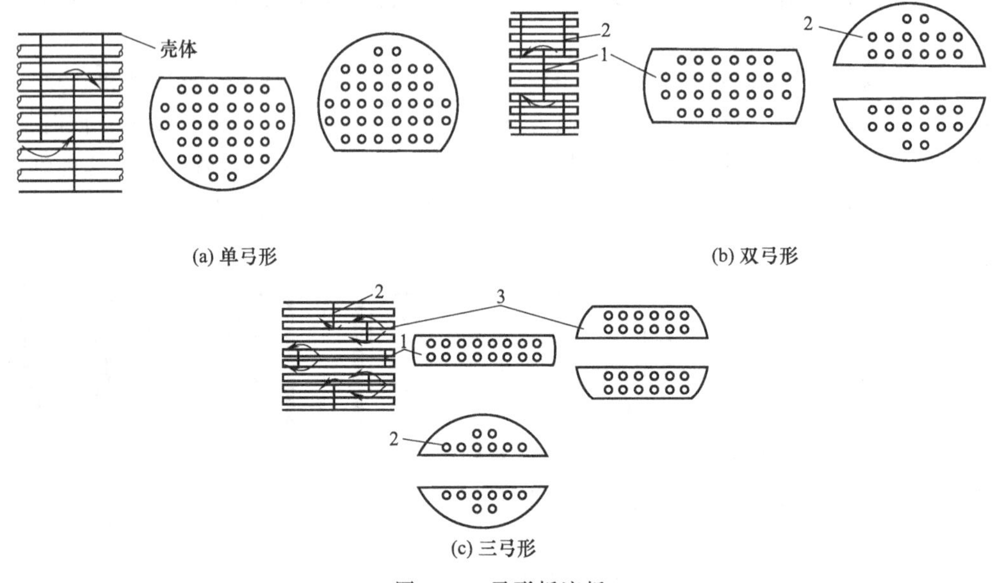

(a) 单弓形　　(b) 双弓形

(c) 三弓形

图 2-24　弓形折流板

1—双缺口板；2—上、下弓形板；3—上、下半弓形板

折流板的缺口高度一般为壳体公称直径的 0.20～0.45 倍。如图 2-25 所示。若卧式换热器的壳程输送单相清洁流体时，折流板的缺口应水平上下布置。若壳程流体为气体，且含有少量液体时，应在缺口朝上的弓形板底部开设通液口，如图 2-25（a）所示；若壳程流体为液体，且含有少量气体时，应在缺口朝下的折流板顶部开设通气口，如图 2-25（b）所示；若壳程流体为气、液共存或含有固体颗粒时，折流板缺口应左、右垂直布置，且在底部开设通液口，如图 2-25（c）所示。

折流板的固定是通过拉杆和定距管来固定。拉杆一端的螺纹拧入管板，折流板用定距管定位，最后一块折流板靠拉杆端螺母固定。也有采用螺纹与焊接相结合连接或全焊接连接的结构。拉杆的直径一般不得小于 10mm，数量不得少于 4 根。如图 2-26、图 2-27 所示。

（2）旁路挡板　当壳体与管束之间存在较大间隙时，如浮头式、U 形管式和填料函式换热器，可以在无换热管的地方增设旁路挡板，迫使壳程流体通过管束与管程流体进行换热。旁路挡板嵌入折流板槽内，并与折流板焊接。如图 2-28 所示。必要时也可以增设中间

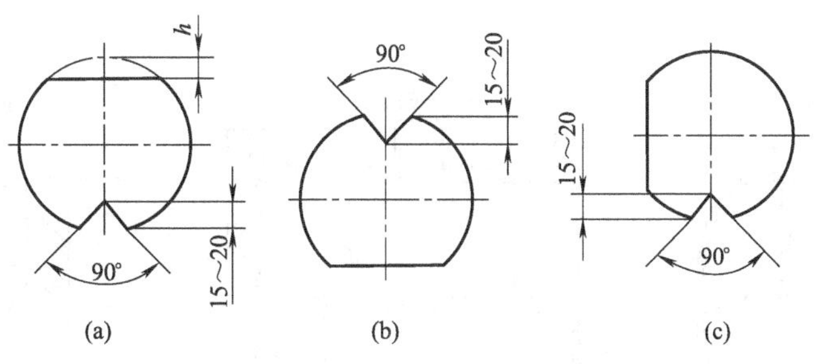

图 2-25　折流板缺口几何形状

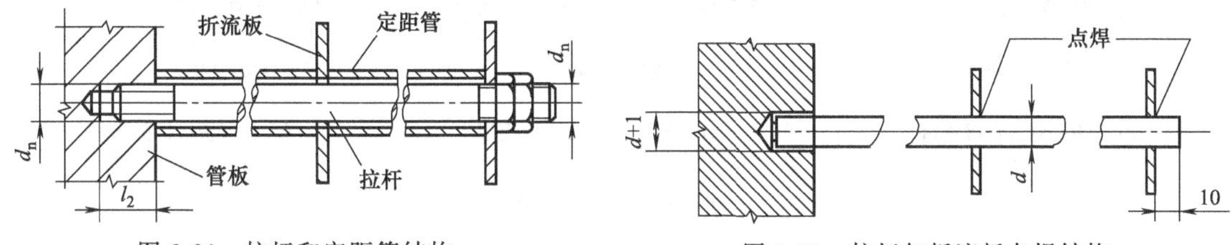

图 2-26　拉杆和定距管结构　　图 2-27　拉杆与折流板点焊结构

挡板或挡管。

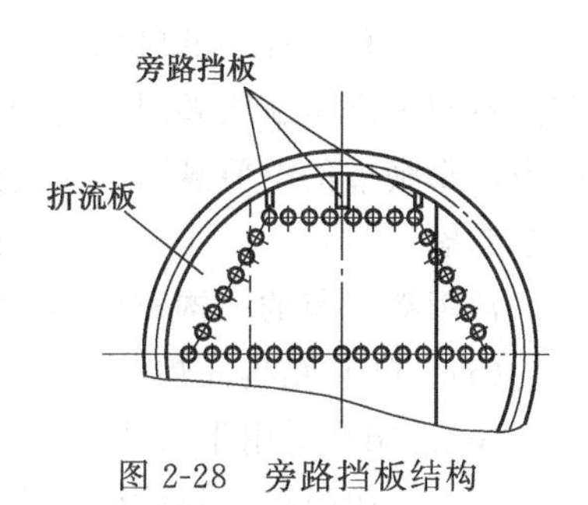

图 2-28　旁路挡板结构

(3) 缓冲接管、防冲板和导流筒　换热器壳程流体进口处的换热管，经常受到高速介质的冲刷，容易造成换热管振动或侵蚀，为了保护管束，可以采用以下 3 种方法。①将壳程入口处的接管直径扩大，做成喇叭形，缓冲对换热管的冲击，如图 2-29 (a) 所示；②在壳程进口处安装防冲板，一般焊接在定距管上，保护换热管，如图 2-29 (b) 所示；③在壳程进口处安装导流筒，如图 2-29 (c) 所示。

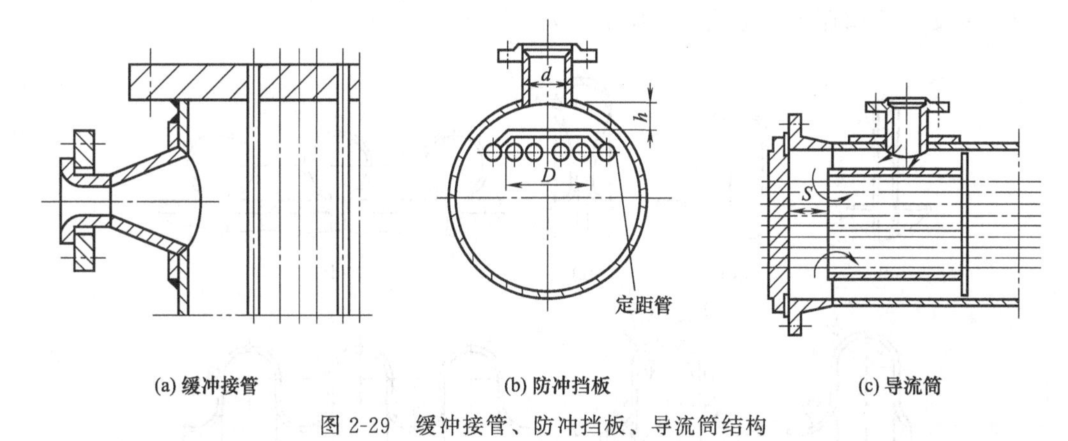

图 2-29　缓冲接管、防冲挡板、导流筒结构

4. 管箱

管箱是换热管内流体进出的空间，它在换热器两端，作用是把管程的流体均匀地分配与集中，在多管程换热器中，管箱还起着分隔管程、改变流向的作用。如图 2-30 所示。

5. 膨胀节

当换热器管程和壳程介质温度相差较大时，壳体和管束产生较大的热应力，此时圆筒或换热管中的轴向应力若超过许用值，可导致换热管弯曲变形，严重的造成换热管从管板上拉脱或顶出，生产无法进行。

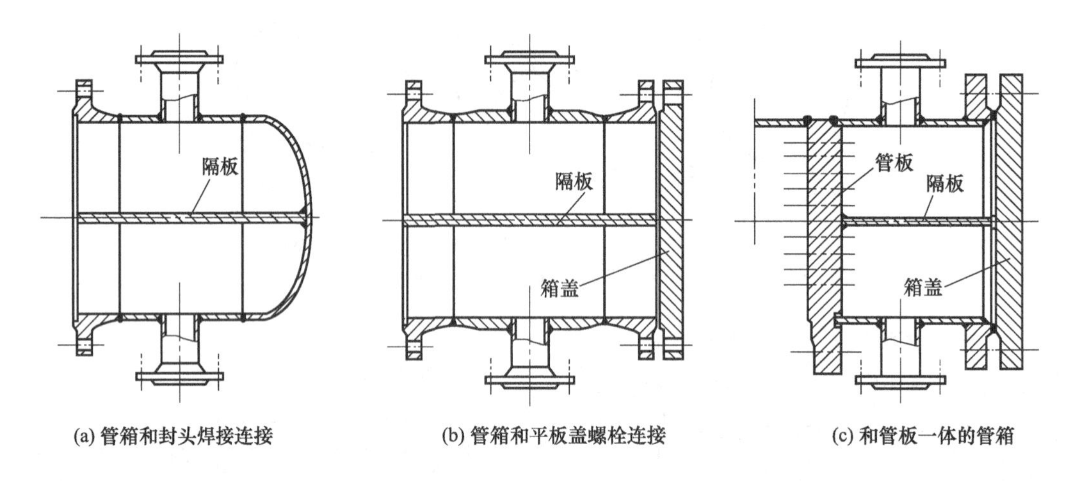

(a) 管箱和封头焊接连接　(b) 管箱和平板盖螺栓连接　(c) 和管板一体的管箱

图 2-30　管箱结构

若管壁与壳壁温差超过 70℃，常采用温差补偿装置——膨胀节。

膨胀节是一种能够轴向自由伸缩的弹性补偿元件，由于它的轴向柔度大，当管子和壳体壁温不同，产生膨胀差时，可以通过膨胀节来变形协调，使得总变形量趋于一致，减小温差应力。膨胀节的壁厚越薄，柔度越好，补偿能力越大，但从强度要求出发，则不能太薄，应综合考虑。

常用膨胀节的结构有鼓形、Ω 形、U 形、平板形和 Q 形。如图 2-31 所示。

(a)、(b) 结构简单、制造方便，但它们的刚度较大，补偿能力小，不常采用。

(c)、(d) 适用于直径较大、压力高的换热器。

(e) 结构简单，补偿能力大，价格便宜，应用广泛。

(f) 多波 U 形膨胀节，适用于补偿量更大的场合。

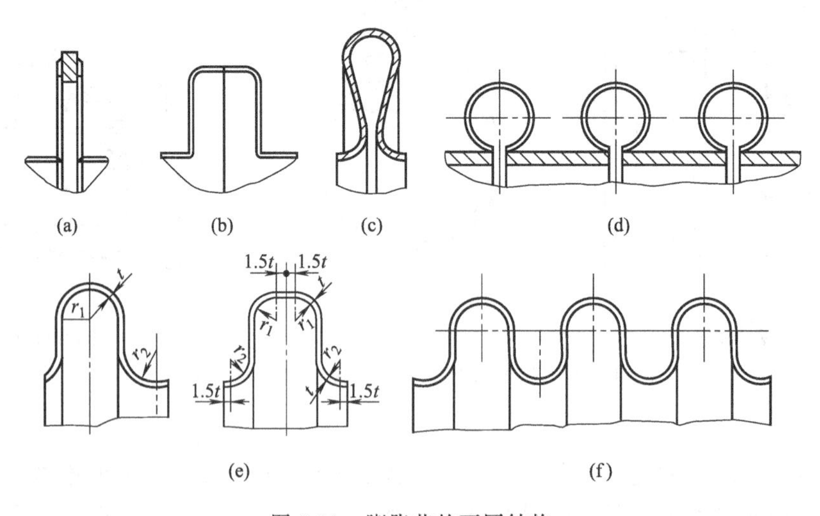

图 2-31　膨胀节的不同结构

项目实训

拆开列管式换热器，说明其各部分名称、作用、结构（图 2-32）。

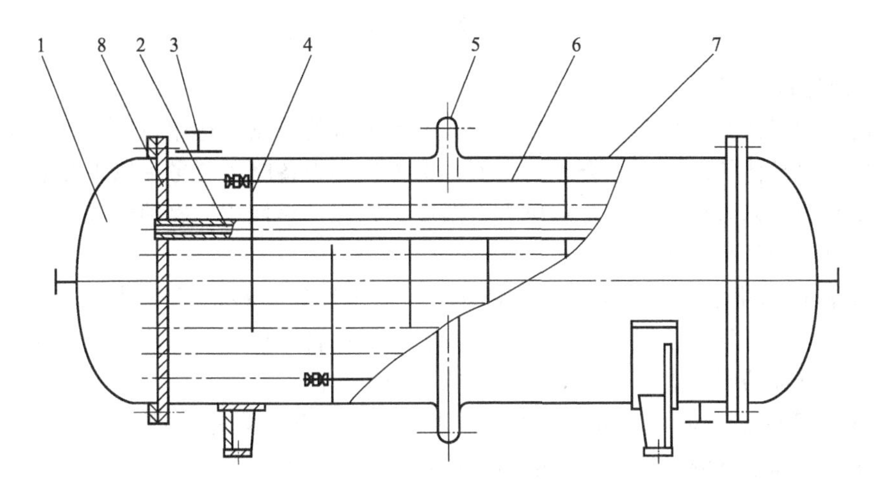

图 2-32　列管式换热器示意

图 2-32 各注详述如下。

1. 管箱　使管程的流体均匀地分配与集中，在多管程换热器中，管箱还起着分隔管程、改变流向的作用。

2. 换热管　传热元件，主要通过管壁的内外面进行传热。

3. 接管　管外流体的进（出）口管。

4. 折流板　提高壳程流体的流速，增加湍动程度，提高传热效率，同时减少结垢；支撑管束作用。

5. 膨胀节　管壁和壳壁温差补偿装置。

6. 定距管（拉杆）　固定折流板。

7. 壳体　换热器的主体，管外流体的贮存空间。

8. 管板　安装换热管，同时将管程和壳程分隔，避免管程和壳程冷热流体相混合。

? 项目练习

1. 换热管在管板上有哪几种连接方式？各有何特点？
2. 折流板的作用是什么？有哪些常见形式？
3. 膨胀节有什么作用？有哪些常用结构？
4. 练习换热器的拆装。

子项目 3　换热器操作

项目目标

- **知识目标：** 掌握换热器的选用；掌握换热器基本操作；掌握换热器常见故障及排除方法。
- **技能目标：** 能正确操作换热器，能处理换热器出现的故障。

项目内容

1. 针对一台换热器说明选用该类型的理由。
2. 正确操作换热器。
3. 换热器检修。

相关知识

一、换热器的选用

换热设备的形式多种多样，每种结构形式都有各自的特点和适用范围，选用时要根据这些特点和生产的具体情况，选择合理的类型。选择换热设备时主要考虑以下几点。

（1）要符合工艺条件的要求　从压力、温度、物理化学性质、腐蚀性等工艺条件考虑确定换热器的材质和结构类型。

① 考虑流体的化学性质，如流体的腐蚀性、热敏性等物料，要特别注意换热器材料的选择。如氯气，具有强腐蚀性，要选用聚四氟乙烯等耐腐蚀材料；如冷却烟酸的换热器，要选择耐高温、腐蚀的石英玻璃喷淋换热器（或石墨冷却器）。

② 考虑介质的工艺条件，如工作压力、进出口温度和流量等参数。如超低温场合下应考虑选用在低温和超低温场合使用的板翅式换热器；高温下可考虑选用特殊结构的管壳式换热器。

③ 考虑流体的物理性质，如流体的种类、热导率、黏度等。若冷热流体均为液体，一般采用两侧都是光滑表面的间壁作为换热面较合适。螺旋板式和板式换热器的传热壁为两侧光滑的板，且两侧流道基本相同，适用于两侧流体性质、流量接近的情况，但由于结构上的原因，仅适用于工作压力和压差较小的场合。管壳式和套管式换热器大多也是以光壁作传热壁面，更适宜于高温、高压场合。小流量宜用套管式，大流量宜用管壳式。

（2）传热效率要高　一台理想的换热设备应该满足传热效果好、传热面积大、流体阻力小、合理实现所规定工艺条件的要求。

增大传热面积或平均温度差、增大传热系数都可以达到强化传热的目的。采用小直径的换热管和扩展表面换热面可增大换热面积。管径越小，耐压越高，在同样金属质量下，表面积越大。增大换热表面即改变设备的结构如新型的螺旋板式和板翅式等换热器都是利用扩展换热面来强化传热的，因此它们都具有传热效率高的优点。

增大冷热流体的平均温度差，可以增大传热速率，如冷热流体在进出口温度一定的情况下，采用逆流操作等。

对于管壳式换热器而言，为了提高壳程的传热系数，除了可以改变管子形状或在管子外增加翅片（如采用螺纹管和外翅片管）外，还可以适当设置壳程挡板或管束支撑结构，以减少或消除壳程流动与传热的死区，使换热面积得到充分利用。

对于间壁两侧的传热系数相差较大的场合，在给热系数较小的一侧增加翅片，不仅增大了传热面积，又强化了气体流动的湍流强度，提高了传热系数，从而使传热速率显著提高。对于气-气换热器，大多采用两侧都有翅片的换热面，以扩大传热面，缩小换热器的体积。常用的这类换热器有管式换热器和板翅式换热器等。对于气-液换热器，由于气体侧的给热系数大大低于液体侧，因此，气体侧常用带翅片的换热面，液体侧则多为光壁。

另外，在满足工艺要求的情况下，尽量采用较紧凑的换热器。

如果换热器中工作的流体较脏、易结垢，要考虑结垢的影响以及清洗的可能性。

在选用换热器时，还应考虑材料的价格、制造成本、动力消耗费、维修费用和使用寿命等因素，力求使换热器在整个使用寿命期内经济地运行。

二、换热器操作

1. 开车前准备

开车前对换热器进行检查：空气是否放净；板片是否装错；通道是否堵；用电是否安全。

2. 开车步骤

①开启电源送电；②开启管程冷流体进口阀门，记录流体流量；③徐徐开启壳程蒸汽进口阀门，维持蒸汽压力不变；④换热过程中，会有不凝气和冷凝水不断产生，排除换热器内产生的不凝气及冷凝水；⑤冷流体温度会慢慢升高，记录进出口温度；⑥检查：两种介质是否串，温度、压力是否突变，运行中不得紧固螺栓。

3. 停车

遇到下列情形时，需要停车：两种介质互串；生产能力突然下降；介质大量泄漏；阻力降超过允许值，反冲洗又无效果。

停车顺序：先关蒸汽入口；关冷流体介质入口；关冷流体介质出口；关冷凝水出口。

冬季放净换热器内全部介质，防止冻坏。设备温度降至室温后，方可拆卸夹紧螺栓，否则密封垫片易松动。拆卸时要对称，交叉进行。要停用几个月时，应放松螺栓，防止垫片变形。

三、管壳式换热器的常见故障及排除方法

管壳式换热器流体对管束冲刷、腐蚀，最易导致换热管损坏。在日常的维护中应经常对换热器进行检查，以便及时发现故障，并采取相应的措施进行修理。管壳式换热器的常见故障有管子振动、管壁积垢、腐蚀与磨损、介质泄漏等。

1. 管子振动

管子振动是管壳式换热器的一种常见故障。引起振动的原因有：管束与泵、压缩机产生的共振；流体横向穿过管束时产生的冲击；由于其他综合因素影响而引起的振动等。振动对换热器的影响有：管子撞击折流板而被切断；管端与管板连接处松动而发生泄漏；管子发生疲劳破坏；增大壳程流体的流动阻力等。

对管子振动采取的措施有：在流体入口处前设置缓冲措施防止脉冲；折流板上的孔径与管子外径间隙尽量地小；减小折流板间隔，使管子振幅变小；加大管壁厚度和折流板厚度，增加管子刚性等。

2. 管壁积垢

由于换热器操作中所处理的悬浮液或黏度大的流体，在换热管的内外表面上会产生积垢。积垢产生的后果有：总传热系数下降，传热效率降低；使换热管的管径，因积垢而减小，使得流体通过管内的流速增加，造成压力损失增大；积垢导致管壁腐蚀，腐蚀严重时，造成管壁穿孔，两种流体混合而破坏正常操作。

对积垢采取的措施有：掌握物料性质，了解积垢的程度；对某些可净化的流体，在进入换热器前进行净化（如水处理）；对于易结垢的流体，应采用容易检查、拆卸和清洗的结构；定期进行污垢的清除等。

3. 管子泄漏

管子发生泄漏的现象较多，主要原因有介质的冲刷引起的磨损，导致管壁破裂；介质或积垢腐蚀穿孔；管子振动引起管子与管板连接处泄漏。

对管子泄漏采取的措施：如果管束中仅有一根或数根管子泄漏，可采用堵塞的方法进行修理。即用做成锥形的金属材料塞在管子两端打紧焊牢，将损坏的管子堵死不用。采用堵管的方法解决管子泄漏现象简单易行，但堵管总数不得超过10%，否则将对传热效果产生较大影响。当发生泄漏的管子较多时，应采用更换管子的方法进行修理。

项目实训

在实训室完成饱和卤水由20℃加热到80℃的操作，壳程是压力为0.1MPa（表压）的饱和水蒸气。具体操作：

① 检查换热器各通道畅通后，送电；

② 打开卤水进口阀门，记录流量；

③ 徐徐开启蒸汽进口阀门；

④ 维持蒸汽压力不变，排除换热器内产生的不凝气及冷凝水；

⑤ 测卤水出口温度，维持在80℃；

⑥ 维持蒸汽压力恒定。

? 项目练习

1. 如何选择换热器？
2. 简述换热器开车顺序。
3. 简述换热器停车步骤。
4. 简述管壳式换热器的常见故障及排除方法。

项目二 反应设备

子项目1 认识反应釜结构

项目目标

- **知识目标：** 掌握反应釜的基本结构；掌握反应釜各部件的名称及用途。
- **技能目标：** 能拆装反应釜。

项目内容

1. 说明反应釜的外部结构，说出各部分名称。
2. 拆反应釜。
3. 观察反应釜内部结构及名称。
4. 装反应釜。

相关知识

搅拌式反应釜是化工生产中使用的典型设备之一，大多用于液-液相反应、液-固相反应、液-气相反应。由于搅拌的作用，可以使物料间可以充分的传热、传质提高反应速率，使物料混合均匀。

搅拌式反应釜主要由搅拌装置、传动装置、传热装置、罐体构成。

一、釜体

釜体由筒体、上封头、下封头组成，主要为物料反应提供反应空间。上封头与筒体连接通过法兰，有椭圆形盖、平盖、碟形盖、锥形盖，其中最常用的是椭圆形盖。封头上安装各种工艺接管。

1. 进料管

进料管一般设在顶部，其下端一般成 45°切口，以防物料沿壁面流动。如图 2-33 所示。

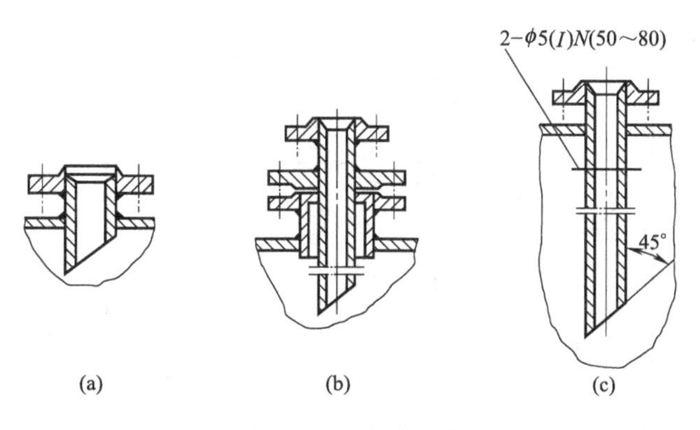

图 2-33　进料管结构

图 2-33（a）为常用结构。图 2-33（b）为便于装拆更换和清洗，适用于易腐蚀、易磨损、易堵塞的介质。图 2-33（c）为管子较长，沉浸于料液中，可减少进料时产生的飞溅和对液面的冲击，并可起液封作用。为避免虹吸，在管子上部开有小孔。

2. 出料管

出料管有上出料管和下出料管两种。

(1) 下出料管　适用于黏性大或含有固体颗粒的介质，如图 2-34 所示。

(2) 上出料管　物料需要输送到较高位置或需要密闭输送时，必须装设压料管，使物料从上部排出。上部出料常采用压缩空气或其他惰性气体，将物料从釜内经压料管压送到下一工序设备。如图 2-35 所示。

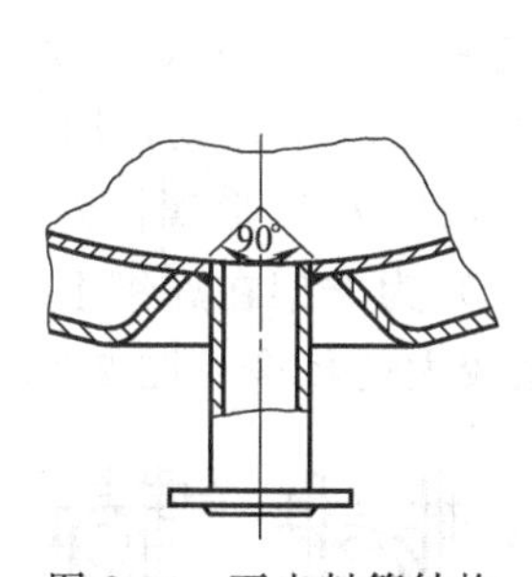

图 2-34　下出料管结构

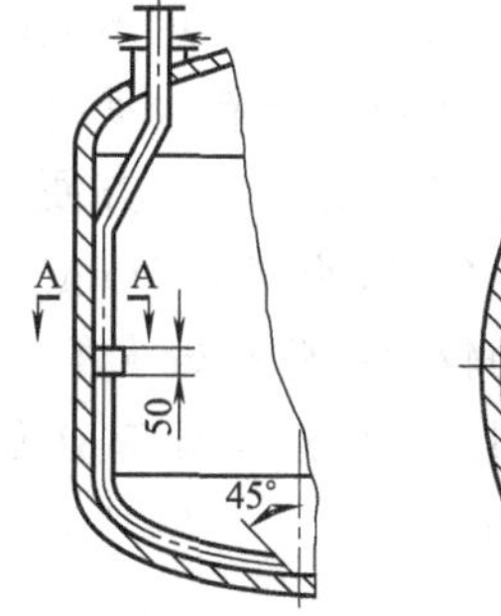

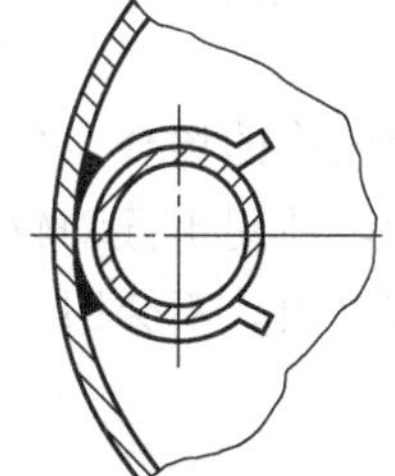

图 2-35　上出料管结构

为使物料排出干净，应使压出管下端位置尽可能低些，且底部做成与釜底相似形状。

二、传热装置

反应釜上常用的传热装置有夹套、蛇管、电感应加热、直接蒸汽加热、外部换热器加热等方式。下面主要介绍夹套传热和蛇管传热装置。

1. 夹套结构

用焊接或法兰连接的方式在容器的外侧装设各种形状的结构，使其与容器形成封闭的空间。

当夹套的换热面积能满足传热要求时，应首选夹套结构，这样可减少容器内构件，便于清洗，不占用有效容积。

夹套结构有可拆结构和不可拆结构。不可拆结构将夹套焊接在内筒上，连接可靠，结构简单。当夹套内盛不清洁介质，需要经常清洗或需要经常检查内筒外表面的场合，常用可拆结构。如图 2-36 所示。

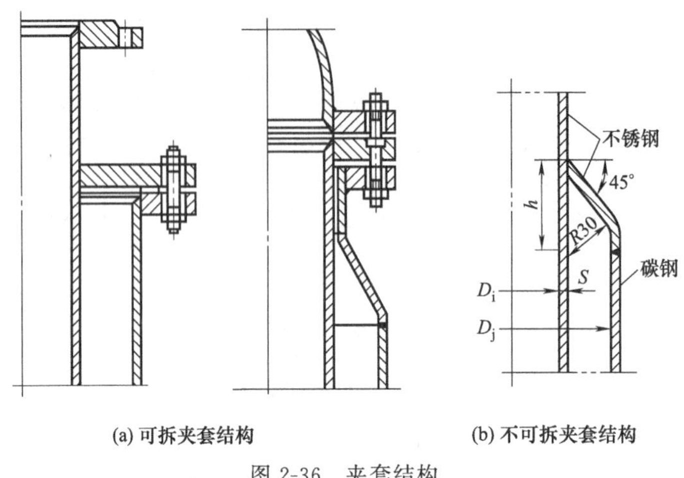

图 2-36 夹套结构

2. 蛇管结构

当反应釜所需传热面积较大，而夹套传热不能满足要求时，可增加蛇管传热。如图2-37所示。蛇管一般由无缝钢管冷弯成螺旋形盘管，可采用单圈或同心圆组蛇管结构。同心圆组结构各圈蛇管间距 t 一般取（2～3d），各层蛇管的垂直距离 h 一般取（1.5～2d），d 为蛇管外径，蛇管最外圈直径，一般取小于筒体内径 200～300mm。

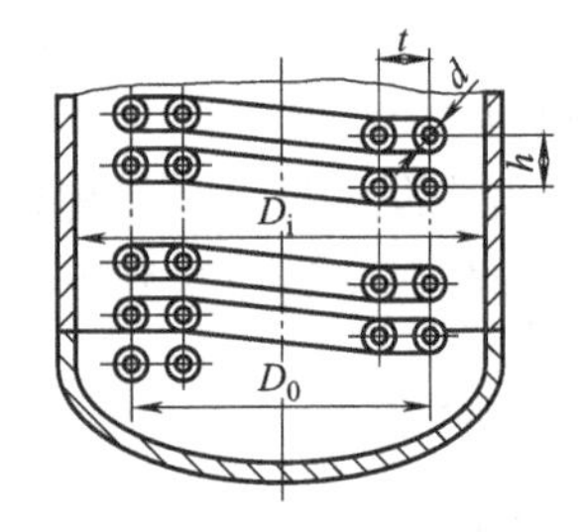

图 2-37 蛇管结构尺寸

蛇管的固定方式很多，如图 2-38 所示。中心圆直径较小或圈数不多、质量不大时，不设支架固定；中心圆直径较大、比较笨重或搅拌有振动时，用支架固定蛇管。图 2-38（a）为半 U 形螺栓固定，制造方便，但拧紧时易偏斜，难于拧紧，用于操作压力不大及管径较小的场合，（一般小于 ϕ45mm）；图 2-38（b）、（c）为 U 形螺栓固定，能很好地固定蛇管，适用于振动较大和管径较大的场合；图 2-38（d）为支架在扁钢上，蛇管温度变化时伸缩自由，不会因压紧而产生局部应力，适用于膨胀较大的场合；图 2-38（e）为两

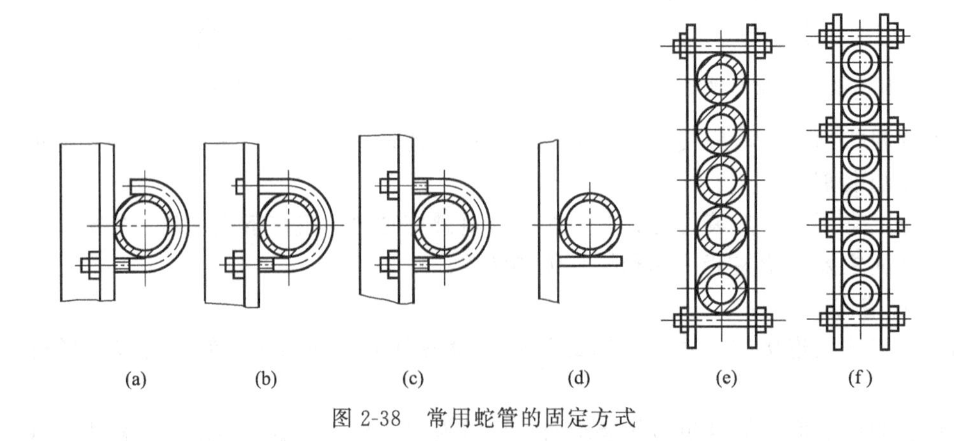

图 2-38 常用蛇管的固定方式

块扁钢和螺栓夹紧，适用于蛇管密排的搅拌设备中，兼作导流筒；(f) 为两块扁钢和多个螺栓夹紧，安全可靠，用于剧烈振动的场合。

三、搅拌装置

搅拌装置的作用是使参加反应的各种物料充分混合，增强物料分子之间的碰撞概率，加快反应速率，强化传质与传热效果。搅拌装置包括搅拌器、搅拌轴及支撑结构等。选择合理的搅拌装置是提高反应釜生产能力的重要手段。

1. 搅拌器形式

桨式搅拌器、推进式搅拌器、涡轮式搅拌器、框式和锚式搅拌器、螺旋式搅拌器、螺杆式和螺带式搅拌器。其中桨式、推进式、涡轮式、框式和锚式、螺旋式搅拌器应用最广泛。如图 2-39 所示。

(1) 桨式搅拌器　桨式搅拌器结构简单，制造容易。一般由扁钢制造，当反应器内物料对碳钢有显著腐蚀性时，可用合金钢或有色金属制成，也可以采用钢制外包橡胶或环氧树脂等方法。桨式搅拌器分平直叶和折叶。平直叶是叶面与旋转方向互相垂直，折叶则是与旋转方向成一倾斜角度。

在料液层较高时，常装有几层桨叶，相邻层的桨叶常交错安装成 90°。

(2) 推进式搅拌器　推进式搅拌器一般采用整体铸造，加工方便。常用材料为铸铁或不锈钢，也可采用焊接成型。推进式搅拌器有三瓣叶片，桨叶上表面为螺旋面，桨叶直径较小，一般为筒体内径的 1/3 左右，宽度较大，且从根部向外逐渐变宽。主要用于黏度低、流量大的场合。

(3) 涡轮式搅拌器　涡轮式搅拌器有开式和盘式。开式涡轮常用 2 叶或 4 叶片，盘式涡轮常用 6 叶，桨叶的形状有平直叶、斜叶和弯叶等。

涡轮式搅拌器叶轮直径一般为容器直径的 1/3～1/2，转速较高，适用于各种黏度物料的搅拌操作。

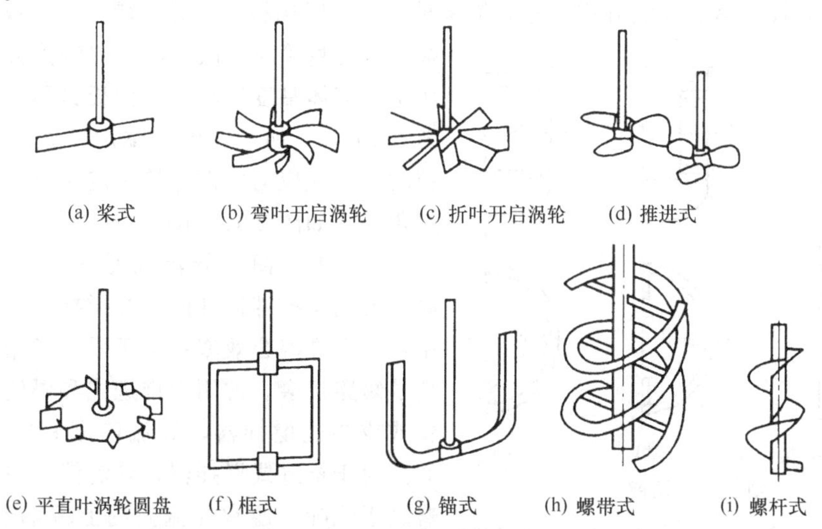

图 2-39　典型搅拌器形式

(4) 框式和锚式搅拌器　锚式搅拌器是由垂直桨叶和形状与底封头形状相同的水平桨叶所组成。整个旋转体可铸造而成，也可用扁钢或钢板制造。若在锚式搅拌器的桨叶上加固横梁即成为框式搅拌器。

该类搅拌器直径较大，为筒体直径的 0.9 倍以上。主要适用于有固体沉淀或容易挂料的场合。

(5) 螺旋式搅拌器　螺旋式搅拌器桨叶是一定宽度和一定螺距的螺旋带，通过横向拉杆与搅拌轴连接。螺旋带外直径接近筒体内直径，搅动时液体呈现复杂运动，混合和传质效果好。主要用于高黏度、低转速的场合。

2. 搅拌器选用

搅拌器的选用，既要考虑搅拌效果，同时应考虑动力消耗问题。在达到同样搅拌效果时，消耗动力要尽量少。同时考虑搅拌器结构，根据搅拌过程的目的、搅拌器造成的流动状态、搅拌容量、搅拌范围及流体最高黏度，考虑适用的搅拌器类型，参考表 2-1。

表 2-1　搅拌器类型和适用条件

搅拌器类型	流动状态			搅拌目的									搅拌容器容积/m³	转速范围/(r/min)	最高黏度/Pa·s
	对流循环	湍流扩散	剪切流	低黏度混合	高黏度混合	分散	溶解	固体悬浮	气体吸收	结晶	传热	液相反应			
桨式	●	●	●	●	●		●	●	●		●	●	1～1000	100～500	50
推进式	●	●		●		●	●	●		●	●	●	1～200	10～300	2
涡轮式	●	●	●	●	●	●	●	●	●	●	●	●	1～100	10～300	50
锚式、框式	●				●		●						1～100	1～100	100
螺旋式	●				●		●						1～50	0.5～50	100

注：表中“●”为适合，空白处为不适合或不允许。

3. 搅拌附件

为了改善反应釜内流体的流动状态，常在罐内增设挡板和导流筒等附件。

(1) 挡板　挡板可以增大被搅动液体的湍流程度，从而改善搅拌效果。常用于推进式、涡轮式、桨式搅拌器。安装方式有竖和横两种，常用竖挡板；当黏度较高的时候，使用横挡板。装有蛇管时一般可不再安装挡板。如图 2-40 所示。流体黏度较小时，挡板紧贴内壁安装，如图 2-40 (a) 所示；流体黏度较大或含有固体颗粒时，挡板应与壁面保持一定距离，也可倾斜一定角度，如图 2-40 (b)、(c) 所示。

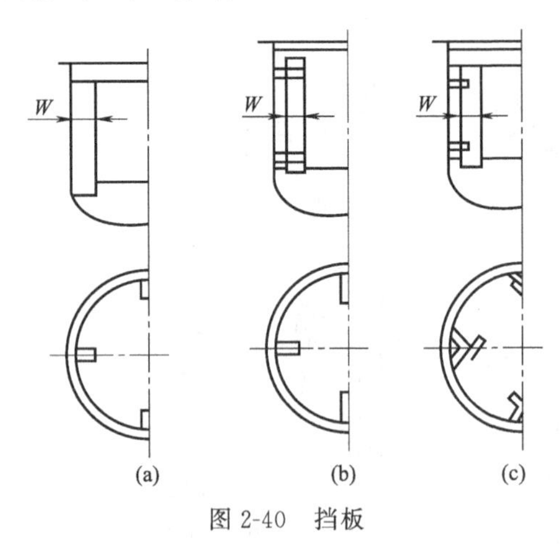

图 2-40　挡板

(2) 导流筒　导流筒是一个上下敞口的圆筒，安装于搅拌器外面，在搅拌混合中起导流作用，可提高混合效率；由于限定了循环路径，减少了短路机会。常用于推进式和涡轮式。对于涡轮式或桨式搅拌器，导流筒刚好置于桨叶的上方。对于推进式搅拌器，导流筒套在桨叶外面或略高于桨叶，通常导流筒的上端都低于静液面，且筒身上开孔或槽，当搅拌器置于导流筒之下，且容器直径又较大时，导流筒的下端直径应缩小，使下部开口小于搅拌器的直径。如图 2-41 所示。

四、传动装置

为了使搅拌装置转动，需要有动力和传动装置。传动装置包括电动机、减速机、联轴器及机架。通常设在反应器的顶部，一般采用立式布置。

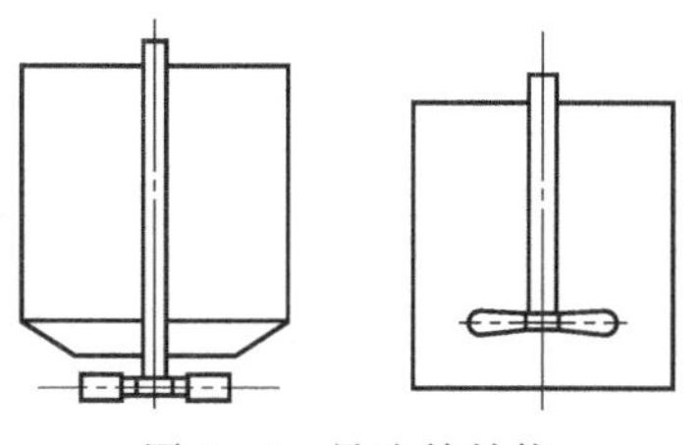

图 2-41　导流筒结构

常用电动机有 Y 系列普通电动机、YA 系列增强型电动机、YB 系列防爆型电动机等。选用时查有关标准。减速机常用立式减速机，有立式摆线针轮减速机（HG5-745-78)、立式 LC 型两级齿轮减速机（HG5-746-78)、V 型皮带减速机（HG5-747-78)、圆弧圆柱蜗杆式减速器（HG5-744-78)。联轴器是将两个独立设备的轴牢固地连在一起，以传递运动和功率，有刚性和挠性联轴器。

电动机经减速机减速后，通过联轴器带动搅拌装置转动，电动机和减速机支撑在机架上，机架固定在封头的底座上。

五、轴封装置

搅拌轴与罐体上封头之间有空隙，为了阻止釜内介质泄漏，同时阻止空气、杂质漏入反应釜内，通常采用密封装置。常用的密封装置有填料密封和机械密封。

1. 填料密封

填料密封又称为压盖密封，由底环、本体、油环、填料、螺柱、压盖及油杯组成。如图 2-42 所示。填料箱本体固定在顶盖的底座上，装在搅拌轴和填料箱之间的填料，在压盖压力作用下对搅拌轴表面产生径向压紧力。由于填料中含有润滑剂，因此，在对搅拌轴产生径向压紧力的同时，形成一层极薄的液膜，一方面使搅拌轴得到润滑，另一方面阻止设备内流体的逸出或外部流体的渗入，达到密封的目的。为了保证轴与填料之间的润滑，需要按时从油杯里加油。为了保证密封性，在操作中应适当调整压盖的压紧力，并需定期更换填料。

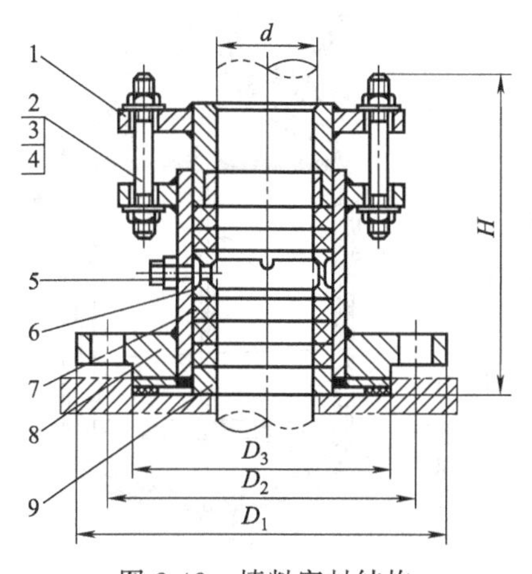

图 2-42　填料密封结构

1—压盖；2—双头螺柱；3—螺母；4—垫圈；5—油杯；6—油环；7—填料；8—本体；9—底环

填料密封结构简单，易于制造，拆装方便，但轴的不断旋转会磨损填料，会有微量泄漏，填料的使用寿命也短。一般使用于低压、低速的场合。

2. 机械密封

机械密封又称为端面密封，基本结构由动环、静环、弹簧加荷装置和辅助密封装置等组成。当轴旋转时，带动弹簧座、动环一起旋转，由于弹簧力的作用使动环紧紧压在静环上，而静环则固定在静环座上，静止不动。

机械密封由 *A*、*B*、*C*、*D* 四个密封点保证其密封。其中 *A* 点是静环座与釜体之间的密封，属静密封，加上垫片即可保证密封；*B* 点是静环与静环座之间的密封，也是静密封；*C* 点是动环与静环相对旋转接触的环形密封端面，它将极易泄漏的轴向密封变为不易泄漏的端面密封。两端面必须保证高度光洁平直。*D* 点是动环与轴之间的密封，是静密封。如图 2-43 所示。

项目实训

拆开反应釜，说明反应釜各部分名称、作用及结构（图 2-44)。

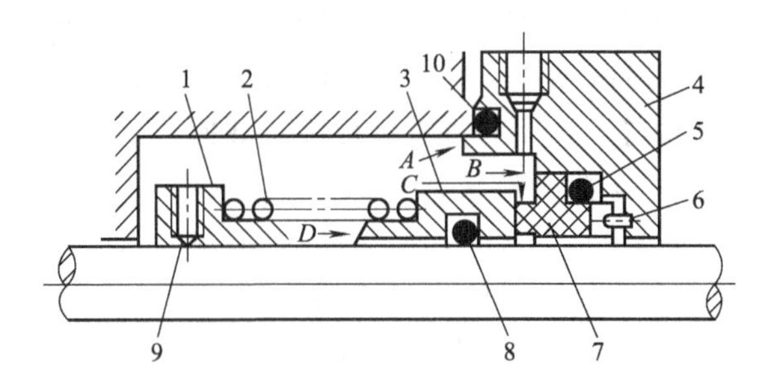

图 2-43 机械密封结构

1—弹簧座；2—弹簧；3—动环；4—静环座；5—静环密封圈；6—防转销；7—静环；8—动环密封圈；9—紧定螺钉；10—静环座密封圈

图 2-44 各注详述如下。

1——搅拌器，使物料混合均匀，提高反应速率。

2——釜体，贮存物料的空间。

3——夹套，传热设备，为釜体内物料加热或冷却。

4——搅拌轴，与搅拌器一起构成搅拌装置。

5——压出管，上部出料管。

6——支座，支撑釜体，并固定其位置。

7——人孔，为检修或安装釜体内部构件而开设的孔。

8——轴封，密封装置，阻止釜内介质泄漏，阻止空气、杂质漏入反应釜内。

9——传动装置，有电动机、减速机、联轴器等，带动搅拌器旋转。

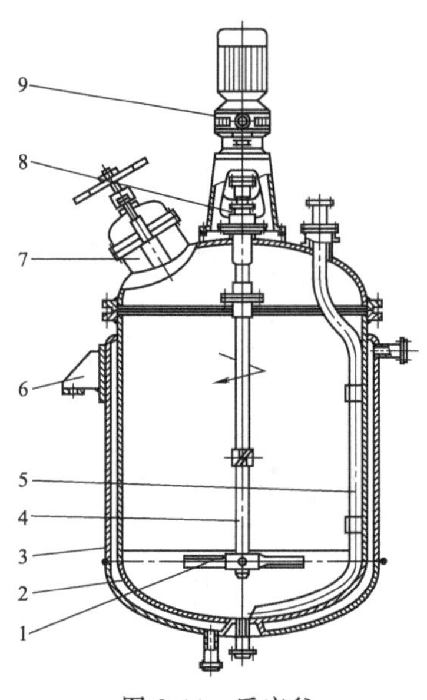

图 2-44 反应釜

项目练习

1. 反应釜有几部分构成？各部分作用是什么？
2. 夹套传热和蛇管传热各有何特点？
3. 常用搅拌器有哪些类型？各有何特点？各适用什么场合？
4. 挡板和导流筒各有什么作用？
5. 简述填料密封和机械密封的结构组成、工作原理及密封特点。

子项目 2 反应釜操作

项目目标

- **知识目标**：掌握反应釜开车、运行、停车操作；掌握反应釜常见故障及处理方法。
- **技能目标**：能熟练操作反应釜，并能处理反应釜出现的简单故障。

项目内容

1. 检查反应釜管路系统各阀门启闭情况。
2. 加料。
3. 开车。
4. 停车。
5. 排料。

相关知识

一、开车前准备

1. 开车前检查总体检查

①各阀门的开关状态（出料阀门关，进料阀门开），仪表、安全阀、管路；②釜体、釜盖、焊缝有无裂纹、变形、泄漏，内表面的腐蚀状况，紧固件有无松动；③水、电、气是否符合安全要求。

2. 传动装置检查

①电动机通过减速机带动搅拌器转动；②减速机要求润滑良好、无振动、无泄漏、长期稳定运转。

3. 搅拌器检查

①在运转中检查轴的径向摆动量是否大于规定值；②搅拌器不得反转；③与釜体内的蛇管、压料管、温度计套管应保持一定的距离，防止碰撞；④检查搅拌器的腐蚀情况，有无裂纹、变形和松脱。

4. 有底轴承和中间轴承的搅拌器，应检查

①底轴瓦（或轴承）的间隙；②中间轴承的润滑油是否有物料进入，损坏轴承；③固定螺栓是否松动，否则会使搅拌器摆动量增大，引起反应釜振动；④搅拌轴与桨叶的固定要保持垂直，要保证其垂直度公差。

二、开车

1. 开车步骤

① 开搅拌器（无杂音且正常）。

② 加料，按顺序加料（注意数量）。

③ 升温，温度应缓慢上升，不应过快。

④ 保温过程中，应随时查看釜温并做好记录。

⑤ 若需冷却，a. 先打开冷却水出水阀，b. 后开冷却水进水阀（冷却水压力0.1～0.2MPa）。

⑥ 若需加热，打开蒸汽阀门，冷凝水阀门排放需流畅（釜内上部温度与下部温度之差不得大于40℃）。

2. 开车时应巡回检查，检查重点内容是以下几点。

①检查工作介质的压力、温度、流量，液面和成分是否在工艺控制指标范围以内；②查看各法兰接口有无渗漏，容器外壳有无局部变形、鼓包和裂纹；③测量容器壁温有无超温的地方（一般容器壁温规定最高温度为200℃）；④测听容器和管道内介质流速情况，判断是否畅通；⑤检查容器和管道有无振动。

三、停车

1. 紧急停车情形

①容器发生超温、超压、过冷或严重泄漏情况之一时，经采取各种措施仍无效果，并有恶化的趋势时；②容器的主要受压元件发生裂纹、鼓包、变形，危及安全运行时；③容器近处发生火灾或相邻设备管道发生故障，直接威胁到容器安全运行时；④安全附件失效，接管断裂，紧固件损坏，难以保证安全运行时。

2. 停车步骤及注意事项

（1）停车步骤

①切断蒸汽阀门；②关进料阀门；③关冷凝水阀；④打开排空阀，使压力和温度降下来；⑤关搅拌器；⑥排料。

（2）注意事项

① 放料完毕，应将釜内残渣冲洗干净。

② 设备温度降至室温后，方可拆卸夹紧螺栓，否则密封垫片易松动。

四、反应釜常见故障及处理方法

1. 釜内有异常杂音

生产过程中如果听到反应釜内有异常杂音，应停车检查。检查反应釜衬里是否鼓包；搅拌轴是否弯曲；轴承是否损坏；搅拌器是否松脱；搅拌器是不是接触到筒体内壁或摩擦到釜内附件（如蛇管、温度计等）。采取的处理方法：衬里鼓包、搅拌轴弯曲、轴承损坏应进行检修或更换；搅拌松脱，应禁固搅拌器上螺栓；搅拌器接触到筒体内壁或摩擦到釜内附件（如蛇管、温度计等），则应将搅拌轴找正，使搅拌器与附件有一定距离。

2. 超温超压

反应釜在运行过程中，应严格执行操作规程，禁止超温超压。操作中出现超温超压，可能原因是仪表失灵；出现误操作；因传热或搅拌性能不佳，产生副反应；进气阀失灵，进气压力过大，压力高。反应釜在超温超压条件下操作容易导致安全事故，所以应严格控制工艺指标。处理方法：检修仪表、检查自控系统；紧急放压，按规定定量、定时投料，严防误操作；检查传热系统（面积、污垢），检查搅拌装置；关总气阀，断气修理阀门。

3. 电动机电流超过额定值

电机在转动过程中突然电流过大，可能是瞬时的，如在顺转时突然换向逆转，这是正常的。确定不是瞬时的，应检查：轴承是否损坏；釜内温度过低，物料过于黏稠；主轴转数较大；搅拌器直径过大。处理的方法：更换轴承；按照温度调整温度，物料黏稠度不能过大；控制主轴转数在一定范围；适当调整搅拌器直径。

4. 壳体损坏

由于介质的腐蚀或裂纹、磨损，会导致壳体损坏，影响生产的正常进行。造成的原因有：介质的腐蚀；热应力的影响产生的裂纹或碱脆；磨损变薄或均匀腐蚀。采取的方法有：局部补焊，有衬里的重新修衬；焊接后要消除热应力，产生裂纹应修补；超过设计厚度，应该更换本体。

5. 密封泄漏

此处密封泄漏是指搅拌轴与封头轴封处的泄漏，该处泄漏会导致介质泄漏、杂质的进入，同时压力难以维持。轴封装置分为填料密封和机械密封两种。

填料密封泄漏原因有：搅拌轴在填料处磨损或腐蚀，造成间隙过大；油环位置不当或油路堵塞不能形成油封；压盖没压紧，填料质量差，或使用过久；填料箱腐蚀。处理方法有：修理或更换搅拌轴，保证搅拌轴粗糙度；调整油环位置，清洗油路；压紧填料，或更换填料；修补或更换填料箱。

机械密封泄漏原因有：动静环端面变形或碰伤；端面比压过大，摩擦副产生热变形；密封圈选材不对，压紧力不够，或密封圈装反，失去密封性；轴线与静环端面垂直误差过大；操作不当，硬颗粒进入摩擦副；动、静环的黏接镶缝泄漏。处理方法有：修理或更换摩擦副；调整比压合适，加强冷却系统，及时带走热量；密封圈选材、安装要合理，压紧力要足够；停车，重新找正，保证不垂直度小于0.5mm；严格操作，颗粒及结晶物不能进入摩擦副；安装的过盈量要适当，黏接剂要好用、牢固。

项目实训

在实训室用反应釜完成烷基苯磺酸与氢氧化钠的中和反应。

具体操作如下。

① 检查设备的运行情况（搅拌器无杂音且正常）。

② 由进料口加入烷基苯磺酸，向釜内按体积比添加20%～40%的氢氧化钠溶液。

③ 升温，控制温度在50～70℃之间。

④ 开搅拌器，开始中和反应，反应时间1～3h。

⑤ 用氢氧化钠调整pH值7～9。

⑥ 排料。

? 项目练习

1. 开车前需做哪些检查？
2. 哪些情形下需要紧急停车？
3. 如何开车、停车？

子项目3 反应釜检验与维护

项目目标

• **知识目标**：掌握反应釜的检验方法；掌握反应釜的四级保养制；掌握反应釜的“五定”润滑制。

• **技能目标**：能正确维护、检验反应釜。

项目内容

1. 清洗反应釜。
2. 对反应釜进行外部检查。
3. 对反应釜进行内外部检验。
4. 对反应釜进行日常维护。

相关知识

一、反应釜的检查

反应釜检查是对反应釜的运行状况、工作性能、磨损腐蚀程度等方面进行检查和校验，是设备维修工作中的重要环节。反应釜检查一般分为日常检查和定期检查两种。

（1）日常检查　指操作者每天对反应釜进行的检查。

（2）定期检查　按规定的时间对反应釜检查，查明零部件的实际磨损程度，确定修理时间和修理内容。定期检查可按年、月、周，由专职维修人员按计划进行，操作工人参加。

1. 检查方法

（1）主观检查法　凭人的感觉器官，采用看、听、摸、嗅、感觉等简单的方法，检查反应釜。

（2）宏观检查法　应用各种测量工具、仪器、仪表和检查技术测定反应釜的技术性能，检查反应釜的运转状况的方法。宏观检查的方法有以下几种。

① 宏观检查法　将壳体或衬里清洗干净，用肉眼或5倍放大镜检查腐蚀、变形、裂纹等缺陷。

② 无损检测法　将被测点除锈，磨光，用超声波测厚仪测厚度。

③ 钻孔实测法　当使用仪器无法测量时，采用钻孔方法测量，可用手电钻钻孔实际测量厚度，测后应补焊修复。对用铸铁、低合金高强度钢等可焊性差的材料制作的容器，不宜采用此法。

④ 测定壳体内、外径　对铸造材料在使用中属于均匀腐蚀，通过测量壳体内外径实际尺寸，并查阅相关技术档案，确定反应釜减薄程度。

⑤ 气密性检查　对衬里，在衬里与壳体之间通入空气或氨气。采用空气检查，在焊缝或腐蚀部位涂肥皂水；采用氨气检查，在焊缝或腐蚀部位贴酚酞试纸，保压5～10min，使之不出现红色斑点即合格。

2. 检查内容

反应釜的检查包括外部检查、内外部检验和全面检验。

（1）外部检查内容

①反应釜外表面有无裂纹、变形、泄漏、局部过热等不正常现象；②安全附件是否齐全、灵敏、可靠；③螺栓是否完好、紧固；④反应釜表面的油漆、保温材料、包装外罩是否齐全整洁、无破损；⑤基础是否下沉、倾斜以及防腐层有无损坏；⑥不用的反应釜内部介质要排放干净，防止腐蚀和冻结，对于易燃、易爆、有毒介质应用氮气或液体置换或中和合格，然后清洗干净。

（2）内外部检验内容　除进行外部检查外，还要进行下列检查。

①查看反应釜内外表面和焊缝腐蚀面积和深度、有无裂纹、测量实际壁厚是否超标；②检查衬里有无开裂和脱落，若有则应修补；③检查介质进出管口、压力表和安全阀等连接管路是否有结疤和杂物堵塞以及有无冲刷伤痕；④检查内件有无腐蚀，变形和错位现象；⑤对反应釜的纵环焊缝进行20%的无损探伤检查，发现超标缺陷应扩大抽查百分数，一般大于10%；⑥测量厚度，如果测得壁厚小于反应釜最小壁厚时，应重新进行强度校核，提出降压使用或修理措施。

（3）全面检验　除进行上述检验外，还要进行压力试验，对反应釜进行密封性检查和整体强度检验。对主要焊缝进行无损探伤抽查或全部焊缝检查。

二、反应釜的维护

1. 反应釜的维护

反应釜在运行使用过程中，不可避免地会出现如松动、干摩擦、声音异常等不正常现象，这种情况如不及时处理，就会造成反应釜过早磨损。采用擦拭、清洗、润滑、调整等方法对反应釜进行护理，以维持和保护反应釜的性能和技术状况，维护保养可以延缓反应釜的磨损，延长反应釜的使用寿命，保证反应釜正常运转。

2. 反应釜的四级保养制

（1）日常维护保养，又称为例行保养。重点是对反应釜进行清洗、润滑、紧固易松动的螺丝、检查零部件的状况。这项工作的基本要求是：操作工人应严格按操作规程使用反应釜，经常观察反应釜运转状况；应保持反应釜完整，附件齐全，安全防护装置、线路、管道完整无损；经常擦拭反应釜的各个部件，保持反应釜清洗无油垢；要及时注油、换油，保持油路畅通，经常紧固松动部件，保持反应釜运转灵活，不泄漏。由反应釜操作工人负责。

（2）一级保养，除要做到例行保养工作外，还要部分地进行调整。一级保养是按计划对反应釜局部拆卸和检查，清洗规定的部位，疏通油路、管道，更换或清洗油线、毛毡、滤油器，调整反应釜各部位的配合间隙，紧固反应釜的各个部位。一级保养所用时间为4～8h，操作工人为主，维修工人协助。

（3）二级保养对反应釜进行部分解体检查和修理，更换或修复磨损件，清洗、换油、检查修理电气部分，使反应釜的技术状况全面达到规定反应釜完好标准的要求。二级保养所用时间为7天左右。以维修工人为主，操作工人参加来完成。

（4）三级保养是对反应釜的主体部分进行解体检查和调整工作，同时更换一些磨损的零部件，并对主要零部件的磨损情况进行测量鉴定。专业维修人员执行，操作工人参加。

三、反应釜的“五定”润滑制

润滑是反应釜维护保养的一个重要内容。反应釜的润滑“五定”制为：定点、定质、定量、定时、定人，具体内容如下。

1. 定点　要求熟悉反应釜的结构、作用和润滑方法，根据反应釜的润滑部位、润滑点及润滑装置（油标、油槽、油泵、油池等）的位置和数量，进行加油，换油。

2. 定质　按照反应釜说明书上要求或润滑图表、卡片中规定的品种、牌号使用润滑油。对使用的润滑油质量必须经过检验并符合标准。如需代用时，必须经主管部门审核同意后方可使用。润滑部位的各种润滑装置要经常保持完整、清洁。

3. 定量　严格按照润滑图表规定的注油量和油料消耗定额，对各润滑部位，润滑点和润滑装置加注润滑油。防止油量不足，使各润滑部位得不到所需的油量，造成润滑不良，产生咬焊、拉痕、砸伤等损伤反应釜，也要防止过多地注入油量，产生漏油、滴油，造成损失浪费。

4. 定时　反应釜操作人员和专业维修人员要严格按反应釜说明书和润滑图表或润滑卡片上的规定，按时在各润滑点加注润滑油，并按计划规定进行清洗和换油。

5. 定人　对反应釜上各润滑部位的润滑工作都应有明确的分工，责任到人，做到分工明确、各负其责，并有人进行检查落实。

项目实训

对反应釜进行例行保养。

操作如下。

① 清洗反应釜。

② 紧固反应釜上各处螺丝。

③ 润滑轴封。

④ 检查各零部件是否齐全，检查其使用状况。

⑤ 检查反应釜运转状况。

? 项目练习

1. 如何检查、检验反应釜？

2. 反应釜的维护保养按工作量的大小可分几个等级？

3. 简述一级保养需要完成的基本工作。
4. 解释润滑“五定”制含义。
5. 对反应釜进行例行保养。

项目三 塔 设 备

子项目1 板式塔结构认识

项目目标

- **知识目标**：掌握板式塔的基本结构；掌握板式塔各部件的名称及用途。
- **技能目标**：能拆装板式塔模型。

项目内容

1. 说明板式塔外部结构、用途。
2. 说明板式塔内部零部件结构、名称、用途及特点。
3. 练习拆装板式塔模型。

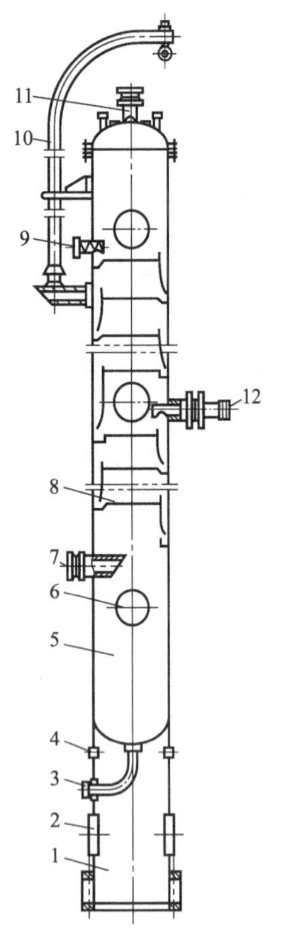

图 2-45 板式塔结构

1—裙座；2—裙座人孔；3—出料口；4—裙座排气孔；5—塔体；6—人孔；7—气体入口；8—塔盘；9—回流口；10—吊柱；11—气体出口；12—进料口

相关知识

塔设备是实现气相和液相或液相和液相之间的传质或传热设备。塔设备可以完成萃取、精馏、吸收、解吸等单元操作。塔设备按塔的内部结构可分为板式塔和填料塔。

一、板式塔的总体结构与基本类型

板式塔的内部装有一定数量的塔盘，一定间距的开孔塔板，气体自塔底向上以鼓泡喷射的形式穿过塔板上的液层，而液体则从塔顶部进入，顺塔而下，气液两相充分接触，进行传质、传热。塔内以塔板为基本构件，两相的组分呈阶梯状变化。

板式塔的总体结构如图 2-45 所示，主要由圆柱形壳体、支座、塔内件、接管以及塔附件组成。其中塔内件是塔式容器的核心，由塔板、降液管、溢流堰、受液盘、紧固件、支撑件及除沫装置等组成。

板式塔按塔盘结构不同，可分为泡罩塔、筛板塔、浮阀塔等形式。

1. 泡罩塔

泡罩塔是工业上应用最早的板式塔，它最主要的传质元件是泡罩。如图 2-46 所示，主要由泡罩、升气管、降液管（溢流管）构成。泡罩安装在升气管的顶部，分圆形和条形两种，圆形使用较广。泡罩的下部周边开有很多齿缝，齿缝一般有三角形、矩形或梯形。泡罩在塔板上呈正三角形排列。

如图 2-47 所示，泡罩塔在操作时，液体横向流

过塔板，靠溢流堰保持板上有一定厚度的液层，齿缝浸没于液层之中而形成液封。升气管的顶部应高于泡罩齿缝的上沿，以防止液体从中漏下。上升气体通过齿缝进入液层时，被分散成许多细小的气泡或流股，在板上形成鼓泡层，为气液两相的传热和传质提供大量的界面。

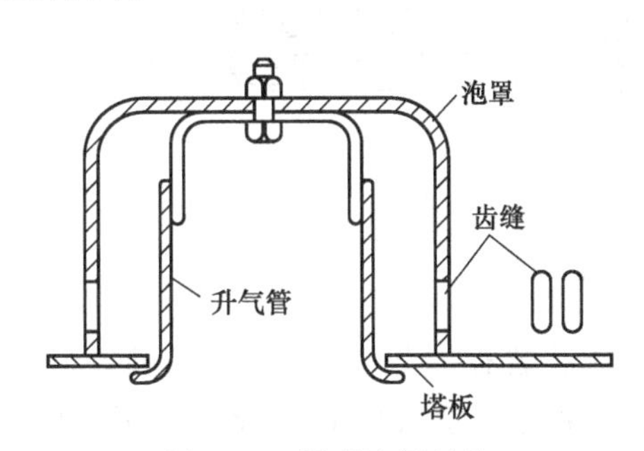

图 2-46　圆形泡罩结构

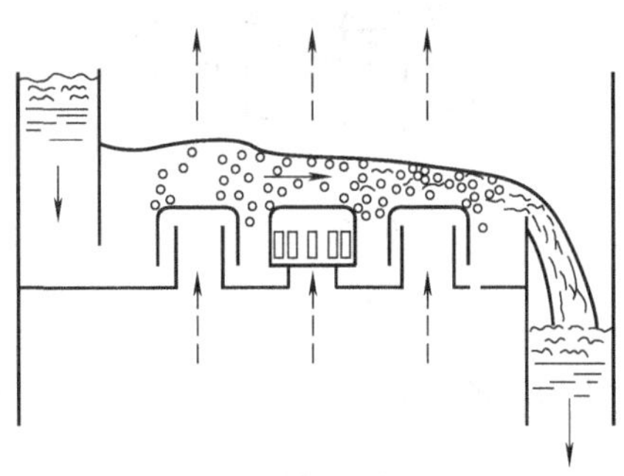

图 2-47　泡罩塔盘上气液接触状况

泡罩塔板的优点是操作弹性较大，塔板不易堵塞；缺点是结构复杂，造价高，板上液层厚，塔板压降大，生产能力及板效率较低。泡罩塔板已逐渐被筛板、浮阀塔板所取代，已很少采用。

2. 筛板塔

筛板塔的塔盘为一钻有许多孔的圆形平板。其结构如图 2-48（a）所示。

塔板上开有许多均匀的小孔，孔径一般为 3～8mm。筛孔在塔板上为正三角形排列，孔间距与孔径之比为 2.5～5，近年来，发展了大孔筛板，孔径为 20～25mm。塔板上设置溢流堰，使板上能保持一定厚度的液层。

操作时，气体经筛孔分散成小股气流，鼓泡通过液层，气液间密切接触而进行传热和传质。在正常的操作条件下，通过筛孔上升的气流，应能阻止液体经筛孔向下泄漏。如图 2-48（b）所示。

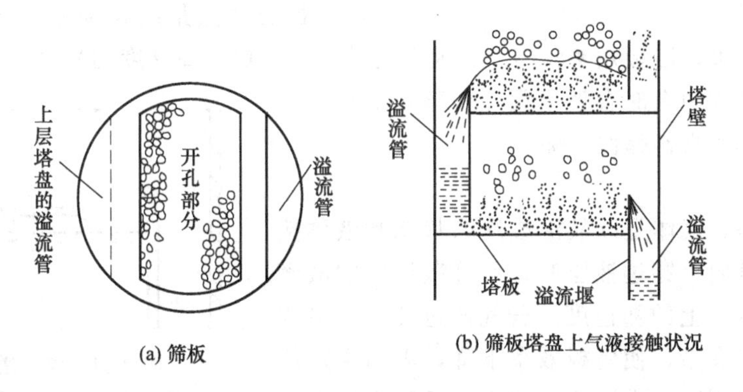

图 2-48　筛板塔结构

筛板的优点是结构简单、造价低，板上液面落差小，气体压降低，生产能力大，传质效率高。其缺点是筛孔易堵塞，不宜处理易结焦、黏度大和带有固体颗粒的物料。

应予指出，筛板塔的设计和操作精度要求较高，过去工业上应用较为谨慎。近年来，由于设计和控制水平的不断提高，可使筛板塔的操作非常精确，故应用日趋广泛。

3. 浮阀塔

浮阀塔板具有泡罩塔板和筛孔塔板的优点，应用广泛。浮阀的类型很多，国内常用的有

F-1 型、十字架型、条型，如图 2-49 所示。其中常用的是 F-1 型浮阀。

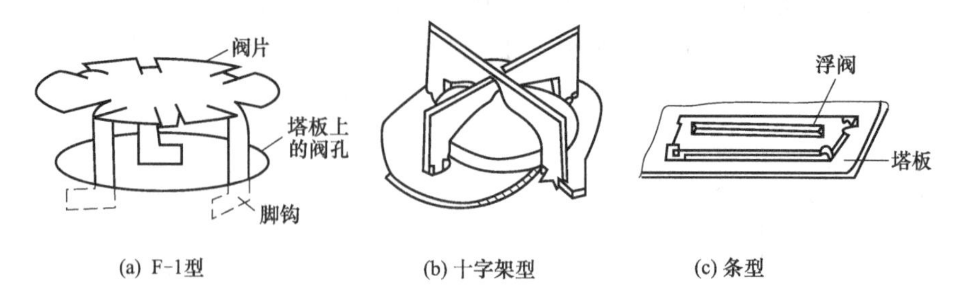

(a) F-1型　(b) 十字架型　(c) 条型

图 2-49　浮阀常用类型

浮阀塔的结构是在塔板上开有若干个阀孔，每个阀孔装有一个可上下浮动的阀片，阀片本身连有几个阀腿，插入阀孔后将阀腿底脚扭转 90°，以限制阀片升起的最大高度，并防止阀片被气体吹走。阀片周边冲出几个略向下弯的定距片，当气速很低时，由于定距片的作用，阀片与塔板呈点接触而坐落在阀孔上，在一定程度上可防止阀片与板面的黏结。如图 2-50 所示。

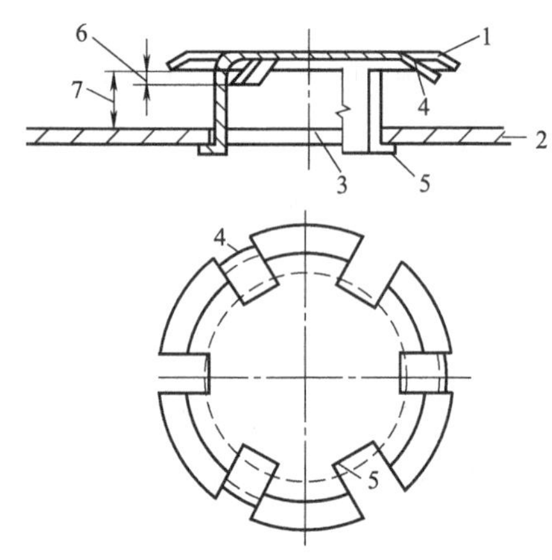

图 2-50　F-1 型浮阀结构

1—门件；2—塔盘；3—阀孔；4—起始定距片；5—阀腿；6—最小开度；7—最大开度

如图 2-51 所示，浮阀在操作时，由阀孔上升的气流经阀片与塔板间隙沿水平方向进入液层，形成两相混合体，然后从液面上方逸出，故气液接触时间长而液沫夹带较低。浮阀开度随气体负荷而变，在低气量时，开度较小，气体仍能以足够的气速通过缝隙，避免过多地漏液；在高气量时，阀片自动浮起，开度增大，使气速不致过大。

浮阀塔板的优点是结构简单、造价低，生产能力大，操作弹性大，塔板效率较高。其缺点是处理易结焦、高黏度的物料时，阀片易与塔板黏结；在操作过程中有时会发生阀片脱落或卡死等现象，使塔板效率和操作弹性下降。

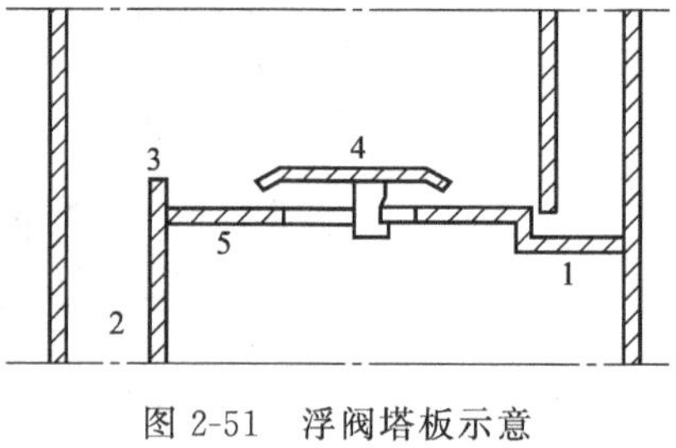

图 2-51　浮阀塔板示意

1—受液盘；2—降液管；3—溢流堰；4—浮阀；5—塔板

4. 喷射型塔

上述几种塔，气体是以鼓泡或泡沫状态和液体接触，当气体垂直向上穿过液层时，使分散形成的液滴或泡沫具有一定向上的初速度。若气速过高，会造成较为严重的液沫夹带，使塔板效率下降，因而生产能力受到一定的限制。为克服这一缺点，近年来开发出喷射型塔板，大致有以下几种类型。

(1) 舌型塔　舌型塔的结构如图 2-52 所示，在塔板上冲出许多舌孔，方向朝塔板液体流出口一侧张开。舌片与板面成一定的角度，有 18°、20°、25°三种（一般为 20°），舌片尺寸有 50mm×50mm 和 25mm×25mm 两种。舌孔按正三角形排列，塔板的液体流出口一侧不设溢流堰，只保留降液管，降液管截面积要比一般塔板设计得大些。

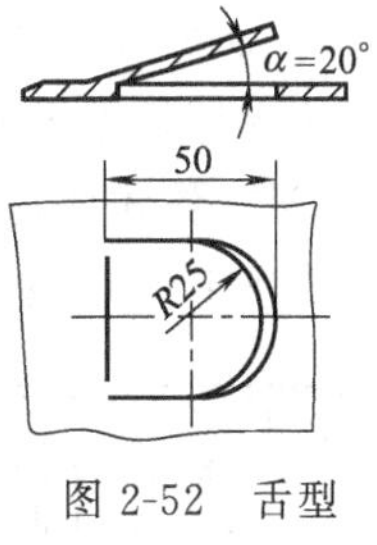

图 2-52　舌型塔盘舌片

操作时，上升的气流沿舌片喷出，其喷出速度可达 20～30m/s。当液体流过每排舌孔时，即被喷出的气流强烈扰动而形成液沫，被斜向喷射到液层上方，喷射的液流冲至降液管上方的塔壁后流入降液管中，流到下一层塔板。

舌型塔板的优点是：生产能力大，塔板压降低，传质效率较高。缺点是：操作弹性较小，气体喷射作用易使降液管中的液体夹带气泡流到下层塔板，从而降低塔板效率。

（2）浮舌塔板　如图 2-53 所示，与舌型塔板相比，浮舌塔板的结构特点是其舌片可上下浮动。因此，浮舌塔板兼有浮阀塔板和固定舌型塔板的特点，具有处理能力大、压降低、操作弹性大等优点，特别适宜于热敏性物系的减压分离过程。

（3）斜孔塔板　斜孔塔板的结构如图 2-54 所示。在板上开有斜孔，孔口向上与板面成一定角度。斜孔的开口方向与液流方向垂直，同一排孔的孔口方向一致，相邻两排开孔方向相反，使相邻两排孔的气体向相反的方向喷出。这样，气流不会对喷，既可得到水平方向较大的气速，又阻止了液沫夹带，使板面上液层低而均匀，气体和液体不断分散和聚集，其表面不断更新，气液接触良好，传质效率提高。

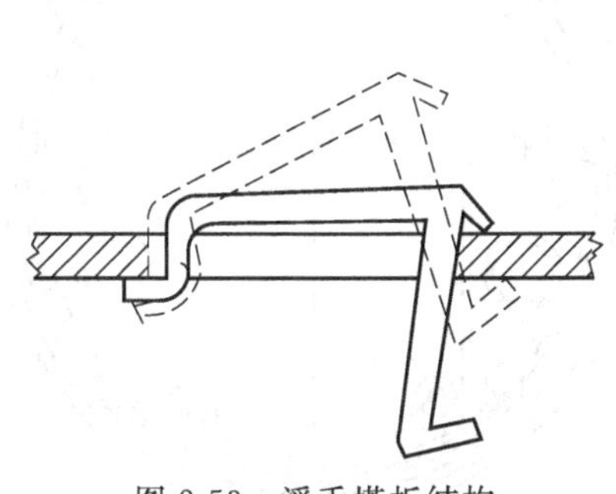
图 2-53　浮舌塔板结构

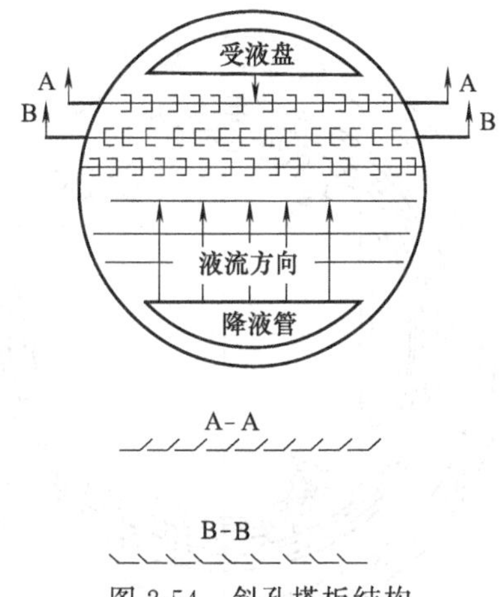

图 2-54　斜孔塔板结构

斜孔塔板克服了筛孔塔板、浮阀塔板和舌型塔板的某些缺点。斜孔塔板的生产能力比浮阀塔板大 30%左右，效率与之相当，且结构简单，加工制造方便，是一种性能优良的塔板。

二、板式塔的结构

板式塔的塔盘是塔中的气、液通道，分溢流式和穿流式两类。溢流式与穿流式相比具有塔盘效率高、操作弹性大等优点，受到广泛应用。在此只介绍溢流式塔盘。

溢流式塔盘由气液接触元件、塔板、受液盘、溢流堰、降液管等构成。

1. 塔盘

塔盘的结构有整块式和分块式两种。一般塔径在 300～800mm 时，为方便安装和检修，采用整块式塔盘；而塔径在 900mm 以上时，为了使人能进入塔内进行装拆，通常采用分块式塔盘；塔径在 800～900mm 之间时，可根据具体情况，选择整块式或分块式塔盘。

（1）整块式塔盘　塔径小（直径不超过 900mm），人无法进入塔内安装塔件，整个塔由若干个塔节组成，每个塔节中安装若干层塔板，塔节之间用法兰和螺栓连接。常用结构有定距管式和重叠式两种。

① 定距管式塔盘　塔盘由拉杆和定距管固定在塔节内的支座上，如图 2-55 所示。定距管起着支撑塔盘和保持塔盘间距的作用，塔盘与塔壁间的缝隙用软填料（如石棉绳）密封。

② 重叠式塔盘　与定距管式塔盘不同处是每一塔节的下部焊有一组支座，底层塔盘支撑在支座上。塔盘间距由支柱保证，还有 3 个调节螺钉调节塔盘的水平度。如图 2-56 所示。

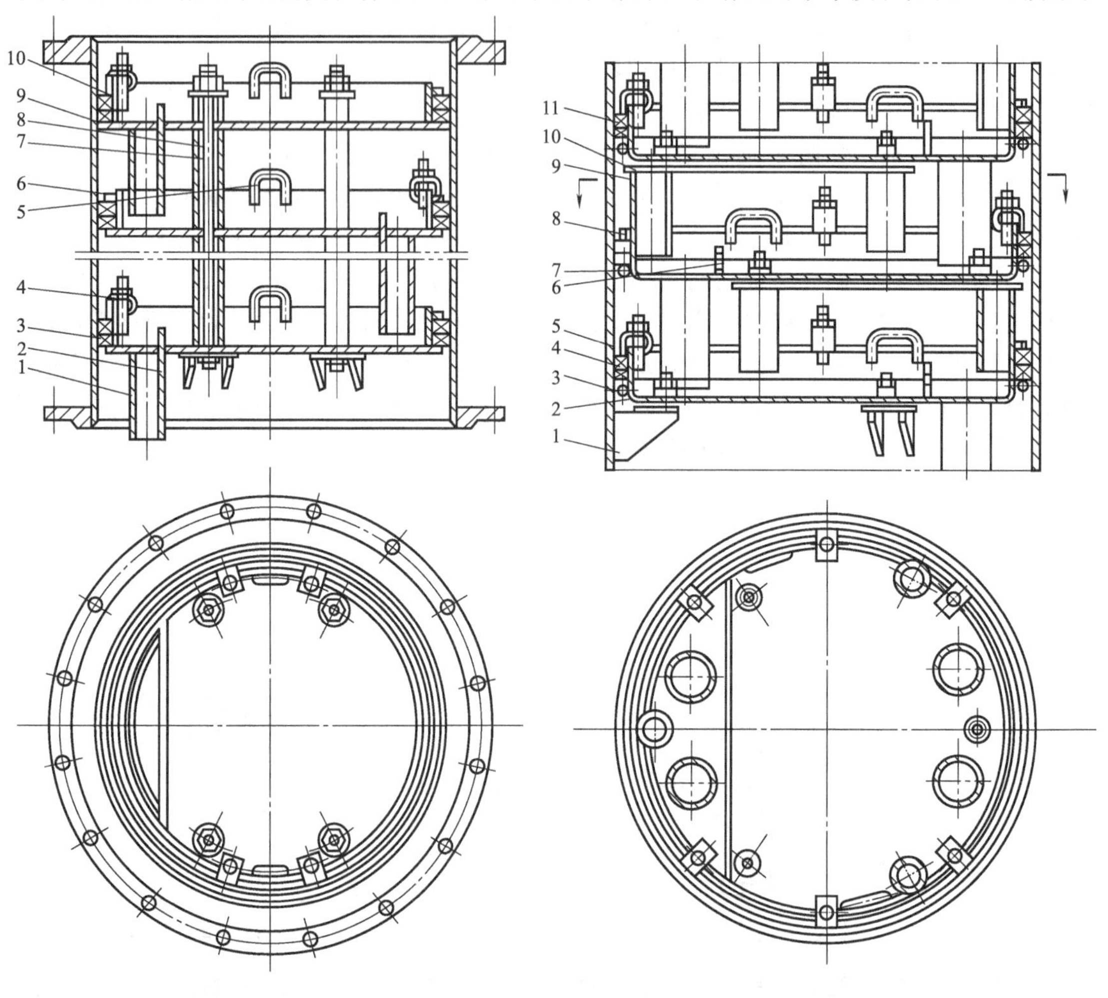

图 2-55　定距管式塔盘结构

1—降液管；2—支座；3—密封填料；4—压紧装置；5—吊耳；6—塔盘圈；7—拉杆；8—定距管；9—塔板；10—压圈

图 2-56　重叠式塔盘结构

1—支座；2—调节螺钉；3—圆钢圈；4—密封填料；5—塔盘圈；6—溢流堰；7—塔板；8—压圈；9—支柱；10—支撑板；11—压紧装置

（2）分块式塔盘　分块式塔盘不分塔节，通常为整体焊制圆筒。塔盘通过人孔送入塔内，装在焊于塔体内壁的塔盘支撑件上。

塔盘分块具有以下目的：①塔直径大，塔盘过大，分液不均匀；②塔直径过大，易形成弧形，安装时水平度不好；③塔直径大，为满足刚度和强度要求，塔盘厚度必然增加，给制造、安装、维修带来困难。因此直径大的塔盘要分块。

分块式塔盘根据塔径大小，又分为单溢流型塔盘和双溢流型塔盘。如图 2-57 所示。塔径在 800～2400mm 之间时，采用单溢流型塔盘；塔径大于 2400mm 时，采用双溢流型塔盘。

分块式塔盘与整块式塔盘相比，无塔盘圈，有支持圈（支持板），无密封结构，而整块式塔盘有塔盘圈，无支持圈（支持板），有密封结构。

（3）塔盘板结构　塔盘板形式很多，主要有自身梁式和槽式。如图 2-58 所示。

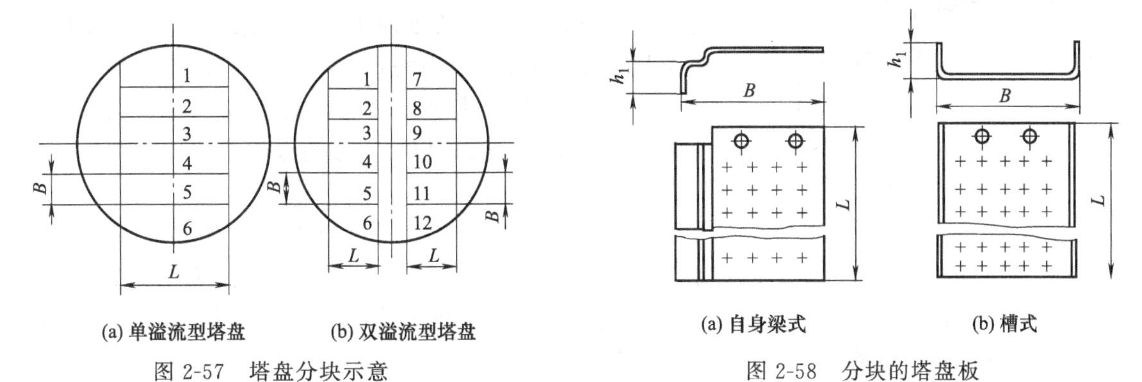

(a) 单溢流型塔盘　(b) 双溢流型塔盘

图 2-57　塔盘分块示意

(a) 自身梁式　(b) 槽式

图 2-58　分块的塔盘板

2. 溢流装置

根据液体的回流量和气液比，液体在塔板上的流动采用 3 种不同的方式。当回流量较小、塔径较小时，采用 U 形流；当回流量稍大，而塔径较小时，则采用单溢流；当回流量较大，塔径也较大时，常采用双溢流。如图 2-59 所示。

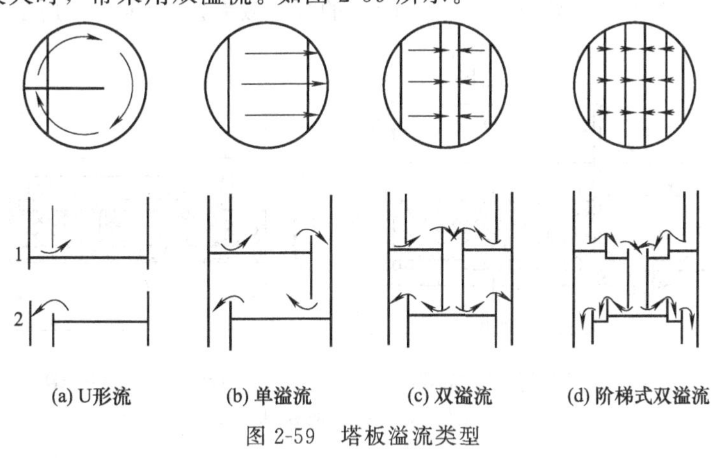

(a) U形流　(b) 单溢流　(c) 双溢流　(d) 阶梯式双溢流

图 2-59　塔板溢流类型

板式塔内溢流装置包括降液管、受液盘、溢流堰等部件。

（1）降液管　降液管分为圆形和弓形两种类型。常用的是弓形降液管。弓形降液管由平板和弓形板焊制而成，并焊接在塔盘上。液体负荷较小或塔径较小时，可采用圆形降液管。圆形降液管分为带溢流堰和兼做溢流堰两种结构。如图 2-60 所示。

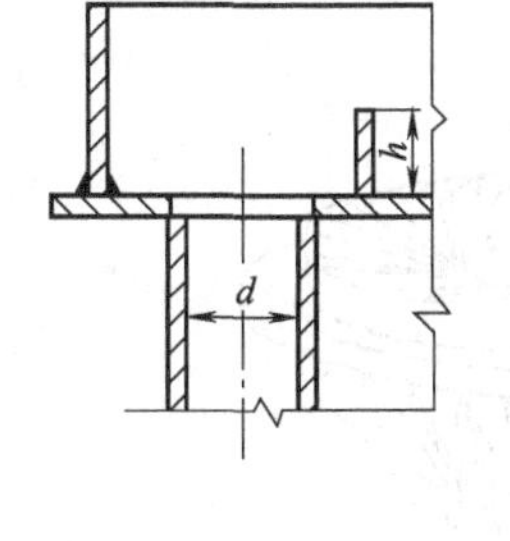

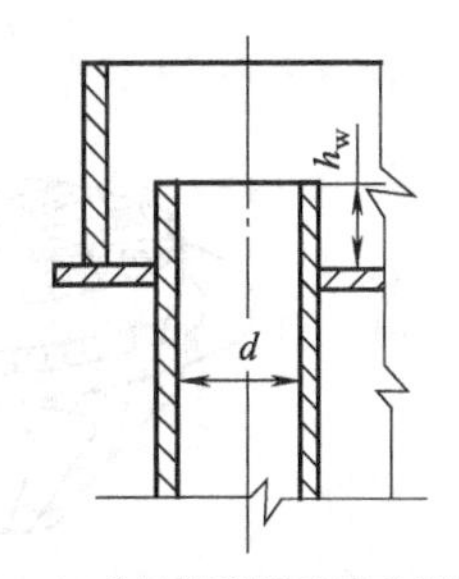

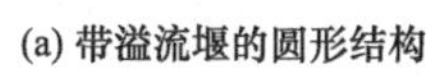

(a) 带溢流堰的圆形结构　(b) 兼作溢流堰的圆形结构

图 2-60　降液管结构

（2）受液盘　有平板形和凹形两种结构形式，一般采用凹形，因为凹形受液盘不仅能够缓冲降液管流下的液体冲击，减小因冲击造成的液体飞溅，而且具有较好的“液封”作用，避免气体沿降液管上升。如图 2-61 所示。

（3）溢流堰　根据溢流堰在塔盘上的位置，可分为进口堰和出口堰。进口堰的作用是保证降液管的液封，使液体均匀流入下一

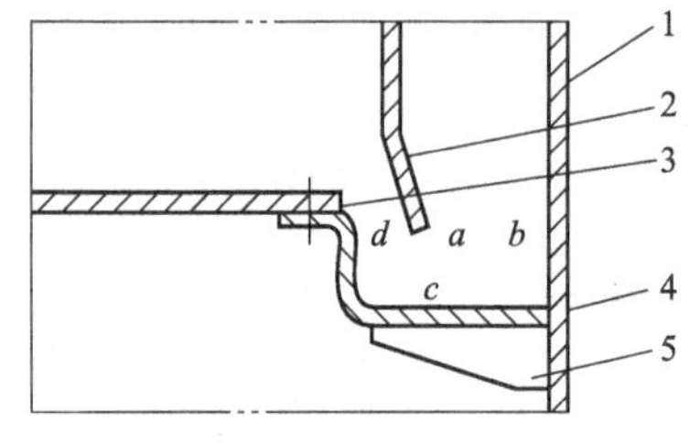

图 2-61 凹形受液盘

1—塔壁；2—降液板；3—塔盘板；4—受液盘；5—支座

层塔盘，并减少液流沿水平方向的冲击；出口堰的作用是保持塔盘上液层的高度。溢流堰高度和长度取决于回流量的多少和塔盘上的液层高度。当回流量较大时，溢流堰的高度应低些，长度应大些，以减小溢流堰以上的回流层高度，降低气体通过液层时的塔板压力降。当回流量较小时，为了使回流液均匀地由塔盘流入降液管，采用齿形堰的结构形式以减小溢流堰的有效长度。

3. 除沫器

在塔内操作气速较大时，会出现塔顶雾沫夹带，这不但造成物料的流失，也使塔的效率降低，同时造成环境污染。安装除沫器可以除去塔顶逸出气体中的液滴，减少夹带，确保生产的进行。除沫器通常安装在塔顶的最上一块塔盘之上，与塔盘之间的距离一般略大于两块塔盘的间距。

除沫器种类很多，常见的有折板除沫器、丝网除沫器、离心分离式除沫器。丝网除沫器具有比表面大、质量小、空隙率大、除沫效率高、压力降小等优点，如图 2-62 所示。离心式除沫器通常用于含有较大液滴或颗粒的气液分离，除沫效率较丝网除沫器低。如图 2-63 所示。折板除沫器常用 50mm×50mm×3mm 的角钢制作，结构简单，但造价高，只能除去 50μm 的微小液滴，若增加折流次数，能有较高的分离效果。如图 2-64 所示。

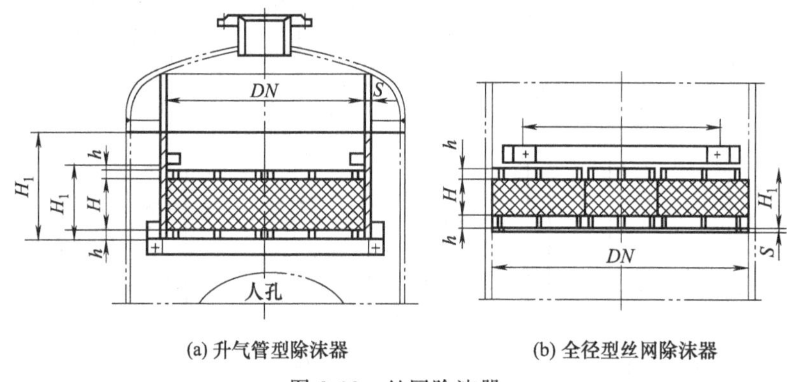

(a) 升气管型除沫器　(b) 全径型丝网除沫器

图 2-62 丝网除沫器

图 2-63 离心分离式除沫器

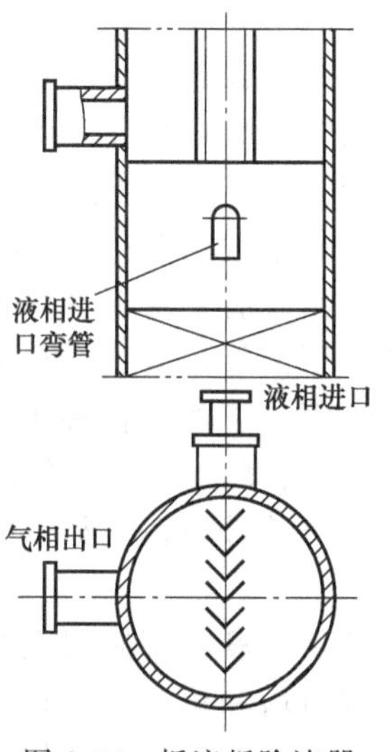

图 2-64 折流板除沫器

项目实训

图 2-65 是工业上常用的空心式鼓泡塔。试说明其结构、工作原理、适用范围。

提示如下。

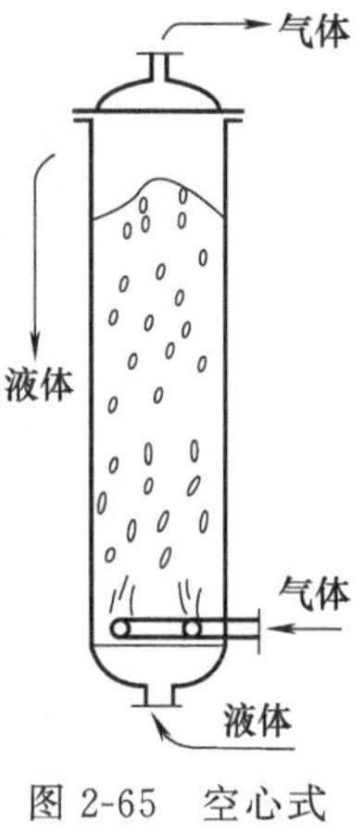

图 2-65　空心式鼓泡塔

空心式鼓泡塔是空心塔。液体从下部进入，上部出，气体也从下部进入，上部出，采用并流方式。液相是连续相，气相是分散相。结构简单，操作简便。

鼓泡塔主要结构有塔筒体部分、塔底部气体分布装置、塔顶部气液分离装置。

(1) 塔筒体部分　主要是气体鼓泡层，是反应物进行化学反应和物质传递的气液层。如果需要加热或冷却，可在筒体内安装蛇管，或在筒体外安装夹套。

(2) 塔底部气体分布装置　气体分布装置将气体鼓出泡，鼓的泡要小，以保证液层中含气率高，液层内搅动激烈，有利于气、液相传质过程的进行。

(3) 塔顶部气液分离装置　在塔顶内装液滴捕集装置，以分离从塔顶出来的气体中夹带的液滴，达到净化气体和回收反应液的作用。

空心式鼓泡塔适用于缓慢化学反应系统或伴有大量热效应的反应系统。

? 项目练习

1. 板式塔有几部分构成？工作原理是什么？
2. 塔盘有什么作用？如何分类？各有什么特点？
3. 简述降液管、受液盘的作用及结构形式。
4. 除沫装置的作用是什么？有哪几种类型？各用在什么场合？

子项目 2　填料塔结构认识

项目目标

- **知识目标：** 掌握填料塔的基本结构；掌握填料塔各部件的名称、用途、结构。
- **技能目标：** 能拆装填料塔。

项目内容

1. 说明填料塔的外部各部分结构。
2. 拆填料塔，说明填料塔的内部零部件结构。
3. 装填料塔。

相关知识

填料塔也是化工生产中较常用的一种气、液传质设备。与板式塔相比，填料塔具有结构简单、压降小、填料易用耐腐蚀性材料制造等优点。如图 2-66 所示。填料塔常用于吸收、真空蒸馏等操作，特别是当处理量小、采用小塔径对板式塔在结构上有困难时，或处理的是在板式塔中难以操作的高黏度或易发泡物料时，常采用填料塔。但填料塔清洗、检修都较麻烦，对含固体杂质、易结焦、易聚合的物料适应能力较差。近年来，随着高效、高负荷填料的开发，填料塔已被推广应用到许多大型气液操作中。

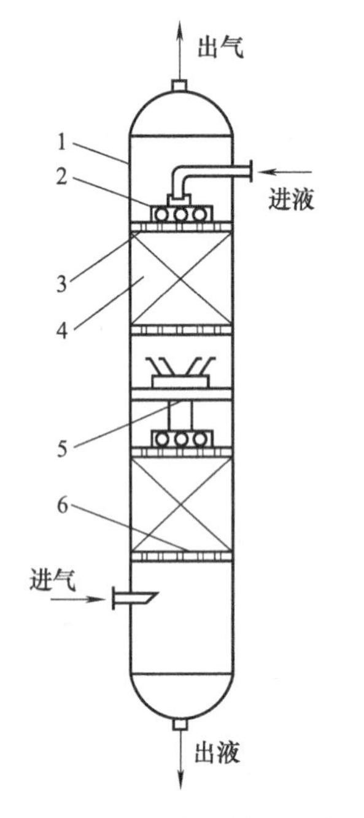

图 2-66 填料塔的结构示意

1—塔体；2—液体分布器；3—填料压板；4—填料；5—液体再分布装置；6—填料支撑板

一、填料及支撑结构

1. 对填料的基本要求

填料是一种固体填充物，其作用是为气、液两相提供充分的接触面，并为强化其湍流程度创造条件，以利于传质。所以填料塔效率的高低与其所使用的填料关系很大，一般对填料有如下几方面的要求。

(1) 空隙率（也称自由体积）要大。即单位体积填料层中的空隙体积要大。

(2) 比表面要大。即单位体积填料层的表面积要大。

(3) 填料表面润湿性能要好，并在结构上有利于两相密切接触，促进湍动。

(4) 对所处理的物料具有良好的耐腐蚀性。

(5) 填料本身的密度要小，具有足够的机械强度。

(6) 取材容易，制造方便，价格便宜。

2. 填料的种类

填料的种类很多，按其堆砌方式大体可分为颗粒填料和规整填料两大类。颗粒填料由于其结构上的特点，不能按某种规律安放，而是自由堆砌，称为“乱堆”填料。常见的颗粒填料有拉西环、鲍尔环、θ环、十字环、矩鞍形等，这种填料气、液两相分布不够均匀，故塔的分离效率不够理想。为此产生了规整填料，这种填料分离效果好、压降低，适用于在较高的气速或较小的回流比下操作，目前使用的主要是波纹网填料和波纹板填料。填料塔常用的填料如图 2-67 所示。

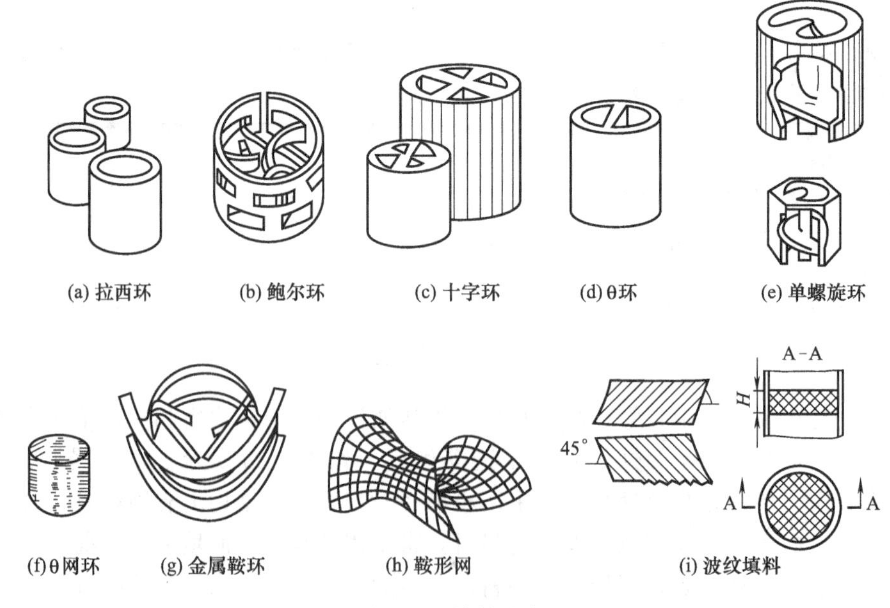

图 2-67 填料种类

3. 填料支撑装置

填料支撑装置的作用是支撑塔内填料层，对填料塔的操作性能影响很大。要求其有足够大的自由截面（应大于填料的空隙截面），有足够强度和刚度，以支撑填料的重量，要利于液体再分布且便于制造，安装和拆卸。常用的填料支撑装置是栅板，如图 2-68 所示。

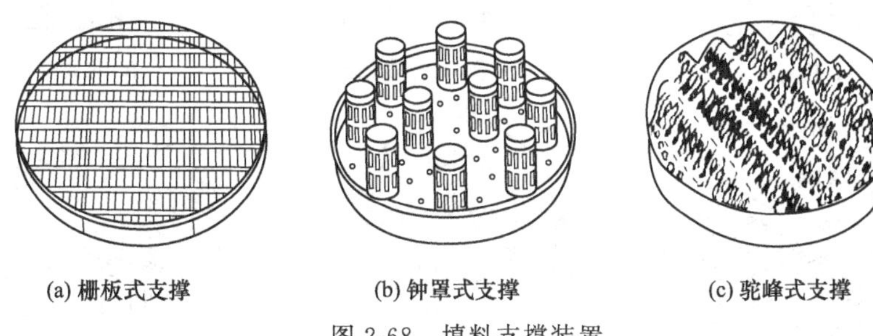

(a) 栅板式支撑　(b) 钟罩式支撑　(c) 驼峰式支撑

图 2-68　填料支撑装置

为了限定填料在塔中的相对位置，不至于在气、液冲击下发生移动、跳跃或撞击，填料塔还应安装填料压板或床层限制板。填料压板自由放置于填料层上端，靠自身重力将填料压紧，一般适用于陶瓷、石墨制的散装填料。当填料破碎，填料压板随填料层一起下降，紧紧压住填料而不会造成填料的松动。床层限制板用于金属散装填料、塑料散装填料或所有规整填料，因金属、塑料填料不易破碎，且有弹性，在填装正确时不会使填料下沉。床层限制板要固定在塔壁上，为不影响液体分布器的安装和使用，不能采用连续的塔圈固定，对于小塔，可用螺钉固定于塔壁，而大塔则用支耳固定。常用的填料的压紧装置如图 2-69 所示。

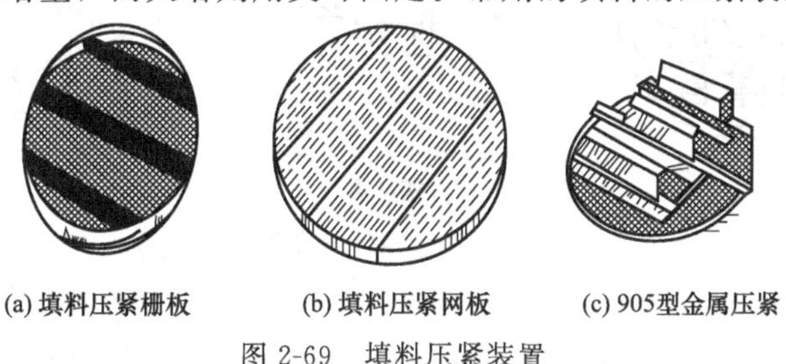

(a) 填料压紧栅板　(b) 填料压紧网板　(c) 905型金属压紧

图 2-69　填料压紧装置

二、液体分布装置

为了使液体能均匀地分布在填料上，以利于气、液两相的均匀接触，所以在最上层填料的上部设置液体分布装置。由于气体填料层上升速度在塔截面上分布是不均匀的，中央气速大，靠近塔壁气速小，这样对下流的液体的作用也就不一样，使得液体流经填料层时有向塔壁倾斜流动的现象，这种现象称为“壁流”，这样在一定高度的填料层内，中心部分填料便不能被润湿，形成了所谓的“干锥”，使气、液两相不能充分地接触，降低了塔的效率。为了减少和消除壁流，避免干锥现象发生，所以在经一定高度填料层时，还应设置液体分布装置，使液体再一次被均匀分布在整个塔截面的填料上。上述在不同部位设置的液体分布装置作用相同，但结构不同，为区别将最上层填料上部的液体分布装置称为喷淋装置，而将填料层之间设置的分布装置称为液体再分布装置。

1. 喷淋装置

喷淋装置的类型很多，常用结构如图 2-70 所示。

对于塔径在 600mm 以下，直径较小的填料塔，通常使用喷头式分布器，如图 2-70（a）所示。液体由半球形喷头的小孔喷出，小孔直径 3～10mm 之间，同心圆排列。因小孔容易

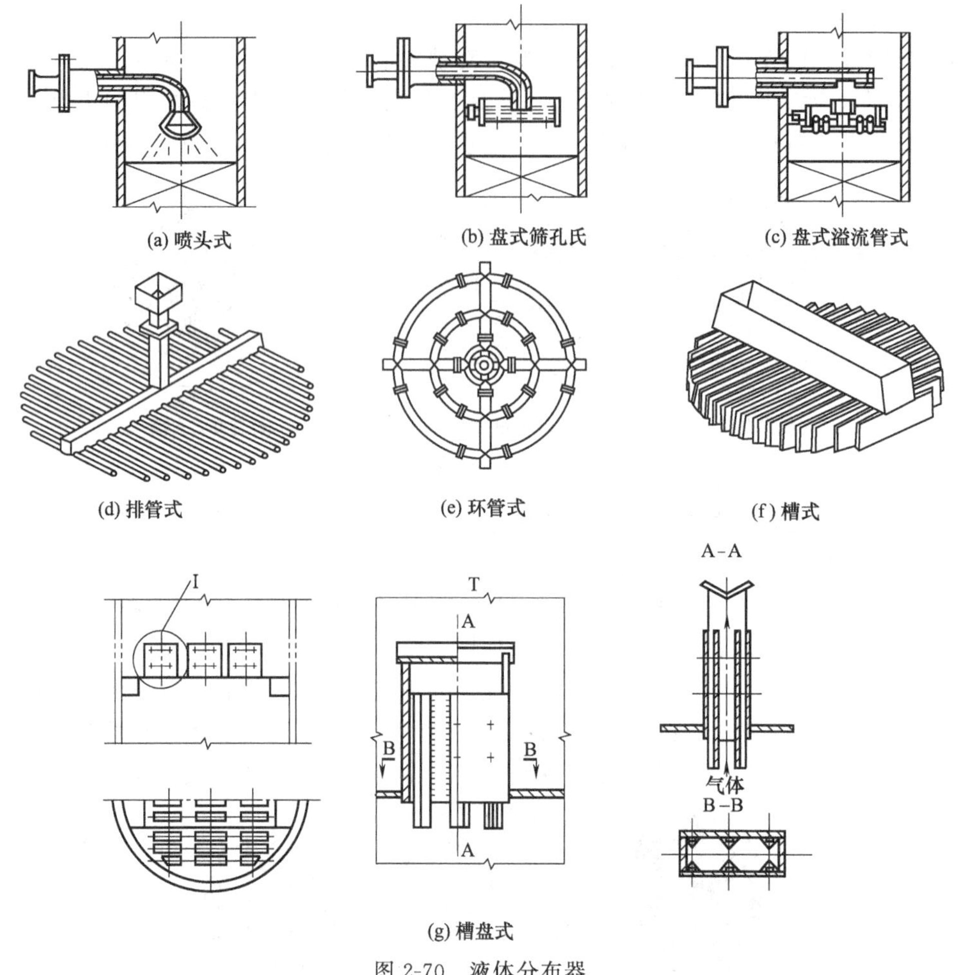

图 2-70 液体分布器

堵塞，一般应用较少。

塔径在 800mm 以下的填料塔，通常使用盘式分布器，有盘式筛孔氏和盘式溢流管式两种形式如图 2-70（b）、图 2-70（c）所示。液体加至分布盘上，经筛孔或溢流管流下。

管式分布器用于中等以下液体负荷的填料塔中，常用于减压精馏及丝网波纹板填料中。常用结构有排管式、环管式，如图 2-70（d）、图 2-70（e）所示。根据负荷情况，可做成单排或双排。该类分布器结构简单，供气体流过的自由截面大，阻力小，但小孔容易堵塞，弹性一般较小。

槽式分布器，如图 2-70（f）所示。液体由顶槽进入各分槽，然后沿分槽的开口溢流，喷洒在填料上。该类分布器有优良的分布性能和抗污垢堵塞性能，应用范围广，适合于气液负荷大及含有固体悬浮物、黏度大的分离场合。

槽盘式分布器，如图 2-70（g）所示。它是一种新型分布器，集槽式、盘式的优点于一身，兼有集液、分液及分气三种作用，结构紧凑，操作弹性高，气液分布均匀，阻力小。适合于易发生夹带、易堵塞的场合。

2. 液体再分布装置

当液体沿填料层向下流动时，有逐渐向塔壁集中的趋势，使得塔壁附近的液流量逐渐增大，造成气液两相在填料层分布不均均匀，使反应效率下降。所以当填料层较高时，需要进行分段，中间设置再分布装置。

液体再分布装置应有足够自由截面，一定的强度和耐久性，能承受气、液流体的冲击，

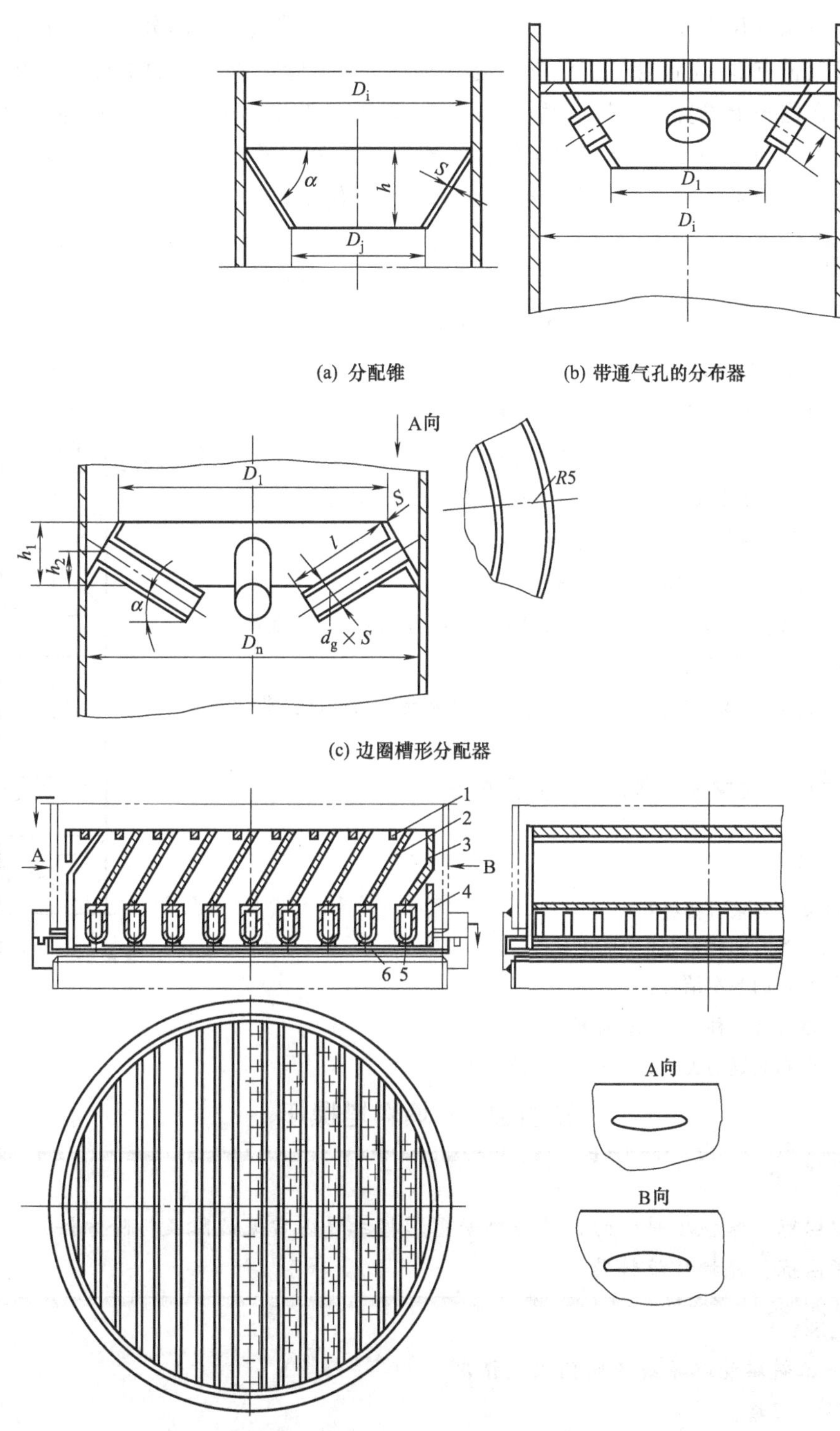

(a) 分配锥　　(b) 带通气孔的分布器

(c) 边圈槽形分配器

1—支撑栅板；2—导流集液板；3—圆角；4—环形槽；5—分布槽；6—溢流管

(d) 斜板复合再分布器

图 2-71　液体再分布器结构

且结构简单可靠，便于装拆。常见的液体再分布装置有分配锥、槽形再分布器和盘式分布器等。常用再分布器如图 2-71 所示。图 2-71（a）分配锥结构简单，适用于直径小于 1000mm 的塔，锥壳下端直径为 0.7～0.8 倍的塔径；图 2-71（b）带通气孔的分布器是在塔壁上焊接环形槽，槽上带有 3～4 根管子，沿塔壁流下的液体通过管子流到塔的中央；图 2-71（c）槽形分配锥是在锥壳上设置 4 个气体通道管，这样增加了气体的通过能力，避免了中心气体流速过大的现象。图 2-71（d）分布槽既是收集器又是再分配器，液体均布性能好，操作弹性大，适应性好，特别适宜在液体负荷变化较大场合下使用。

项目实训

指出图 2-72 中填料塔各部分结构名称及作用。

图 2-72 各注详述如下。

1——填料支撑装置，支撑塔内填料层。

2——填料，提供气、液两相传质界面。

3——液体再分布装置，避免液体在塔壁形成壁流，使液体分布更加均匀，提高气、液传质效率。

4——塔体，气、液传质的空间。

5——喷淋装置，将液体均匀地分布在填料表面上，提高填料表面的有效利用率。

6——除沫器，除去塔顶逸出气体中的液滴，减少夹带，保护环境。

7——支座，支撑填料塔，并固定其位置。

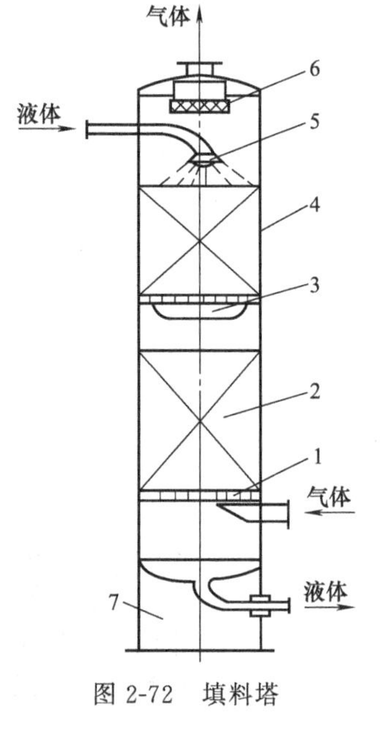

图 2-72 填料塔

项目练习

1. 填料的基本要求有哪些？
2. 填料的种类有哪些？
3. 简述填料塔的基本结构。
4. 简述喷淋装置的种类和工作原理。
5. 液体再分布装置的类型有几种？作用如何？

子项目 3 填料塔操作

项目目标

• **知识目标**：掌握填料塔的操作与维护；掌握填料塔常见故障及排除方法。

• **技能目标**：能操作填料塔。

项目内容

1. 检查填料塔管路系统各阀门启闭情况。
2. 洗塔、温塔。
3. 加料。
4. 开塔运行。
5. 停车。

相关知识

一、填料塔的操作

1. 开塔前准备

开塔前应进行机械清洗及检查。

（1）清洗　在塔内装入填料前应彻底清洗塔。

（2）检查　检查塔内是否有脏物和碎屑；检查保温及伴热是否安装完毕；确认滴孔是否打开；检查管路系统各阀门的启闭情况；检查仪表的使用情况。

2. 开塔运行

对塔进行加热，使其接近操作温度；对塔进行加压，达到正常操作压力；向塔中加入原料；开启再沸器和各加热器的热源，开启塔顶冷凝器和各冷却器电源；对塔的操作条件和参数进行逐步的调整。

3. 塔停车

逐渐减少加料；蒸汽短期内不减；相应地减少加热剂和冷却剂用量，直至完全停止；排放塔中存液；实施塔的降压、降温；用水清洗塔。

二、塔的检查

1. 日常检查

填料塔在日常运行中，除受到内部介质压力、温度的作用，还会受到物料的化学腐蚀与电化学腐蚀，能否长期正常运行与日常检查有很大关系。所以为了保证填料塔安全稳定运行，必须做好日常检查，并认真记录检查结果，以作为定期停车检修的历史资料。日常检查有以下项目。

（1）原料、成品及回流液的流量、温度、纯度，公用工程流体，如水蒸气、冷却水、压缩空气等的流量、温度及压力。

（2）塔底、塔顶的压力以及塔的压力降。

（3）塔底的温度　若低于正常温度，及时排水、并彻底排净。

（4）安全装置、压力表、温度计、液面计等仪表是否正常，动作是否灵敏可靠。

（5）保温、保冷材料是否完整，并根据具体情况及时进行修复。

2. 定期检查

填料塔在一般情况下，每年定期停车检修1～2次，将设备打开，对其内部构件及壳体上大的损坏进行检查、检修。定期检查的主要有以下项目。

（1）检查塔盘水平度，支持件、连接件的腐蚀、松动等情况，必要时取出塔外进行清洗或更换。

（2）检查塔体腐蚀、变形及各部位焊缝的情况，对塔壁、封头、进料口处筒体、出入口接管等处进行超声波测量，判断设备的使用寿命。

（3）全面检查安全阀、压力表、液面计有无发生堵塞现象，是否在规定的压力下动作，必要时重新进行调整和校验。

（4）如在运行中发现异常振动现象，停车检查时一定要查明原因、并妥善处理。

三、填料塔设备常见故障及处理

塔设备的故障可分为两大类。一类是工艺性故障，如操作时出现的液泛、漏液量大、雾沫夹带过多、传质效率下降等现象；另一类是机械性故障，如塔设备振动、腐蚀破坏、工作表面积垢、局部变形、壳体减薄、产生裂纹等。

1. 工作表面结垢

工作表面结垢产生的原因有：①被处理物料中含有杂质；②被处理物料中有晶体析出沉淀；③硬水产生水垢；④设备被腐蚀产生腐蚀物。处理办法：①加强管理，考虑增加过滤设备；②清除结晶、水垢和腐蚀产物；③采取防腐蚀措施。

2. 介质泄露

介质泄露主要发生在法兰连接处，会造成设备漏损，生产能力下降，劳动条件恶化，如果泄漏的是剧毒、易燃气体，还会发生严重的事故。介质泄漏的原因有：法兰安装时未达到技术要求；连接螺栓拧得过紧而使螺栓产生塑性变形；由于振动引起螺栓连接的松动；密封垫圈失效，操作压力过大等。处理方法：更换新法兰；拧紧松动螺栓；更换变形螺栓；消除振动，拧紧松动螺栓；更换变质的垫圈，严格操作条件。

3. 壳体减薄与局部变形

壳体减薄与局部变形原因有：塔局部腐蚀或过热使材料降低而引起设备变形；开孔无补强，焊缝应力集中使材料产生塑性变形；受外压设备工作压力超过临界压力，设备失稳变形。处理方法：防止局部腐蚀或过热；矫正变形或割下变形处，焊上补板；稳定正常操作。

在设备的工作压力不大，局部变形不严重及未产生裂缝的情况下，可以用压模将变形处压回原状，在矫正过的壁面上，应堆焊一层低碳钢，这样可以防止再次发生局部变形。

若设备局部变形很严重，则可采用外加焊接补板的方法来进行修理。

项目实训

某企业欲将氯气与溴的混合物蒸馏分离，试说明蒸馏的操作步骤。

提示：氯气与溴的混合物，氯气沸点是－34.1℃，溴的沸点是58.78℃。

溴从塔上部或中部进入，经填料向下流动，用蒸汽间接加热，温度控制在接近溴沸点，氯气完全汽化，与部分溴蒸气一同向塔顶上升，进入塔外的冷凝器冷凝，沸点较高的溴大部分冷凝，回流到塔内。回流液与上升的蒸汽互相接触，反复汽化和冷凝，液溴从塔底排出。氯气从冷凝器上部排出。

操作步骤如下。

(1) 温塔　将塔及附属设备安装完毕，然后温塔、清洗。

先将氯气与溴的混合物预热到40℃左右，自塔顶加入，流量稍大于平时生产量，可以将污秽冲洗干净，直至洗水不浑浊。

温塔：再用蒸汽加热，保持塔顶温度：60～70℃。

(2) 开塔运行　用手触摸塔有温热感觉，开大蒸汽阀门，出塔口温度升到50℃左右，可以投料运行。

加料，控制蒸汽量，保持塔温度上升，逐步达到工艺操作条件。控制塔底温度55～58℃，塔顶温度45～50℃。

(3) 停塔　停塔时，逐渐减少加料量，蒸汽量维持不变，等塔内残留溴、氯气全部蒸馏出来，即出塔口蒸汽变白，关闭蒸汽阀门，塔温降至60℃以下时，停止加料，结束运行。

? 项目练习

1. 塔设备运行中日常检查项目有哪些？
2. 塔设备定期检查的主要项目有哪些？
3. 简述填料塔的操作步骤。
4. 防止塔设备的腐蚀措施有哪些？
5. 清除塔设备表面积垢的方法有哪些？

模块三　压力容器

项目一　压力容器结构认识

项目目标

- **知识目标**：掌握压力容器的定义；掌握压力容器的结构及各部件名称、作用；掌握压力容器类型；掌握易燃介质概念及介质毒性程度划分等级。
- **技能目标**：能准确判断盛装不同化学物品的压力容器的类型，并能灵活运用于生产。

项目内容

1. 认识压力容器。
2. 观察压力容器由几个部分构成，说出各部件名称、作用。
3. 拆装压力容器，查看压力容器内部结构及辅件。

相关知识

压力容器大多都是能承受一定压力且具有一定容积的密闭容器。按照《压力容器安全技术监察规程》的有关规定，若密闭容器同时具备以下条件即可视为压力容器。

(1) 最高工作压力大于或等于0.1MPa（不含液柱压力）。

(2) 内直径（非圆形截面指断面最大尺寸）大于或等于0.15m，且容积大于或等于0.025m^3。

(3) 介质为气体、液化气体或最高工作温度等于标准沸点的液体。

压力容器的形状有圆筒形、球形和方形三种。球形容器制造困难，但同样体积可以节省钢材，通常用于容器压力和直径比较大的容器；方形容器用几块平板焊成，加工简单，但承压能力差，焊接处容易开焊，常用于低压容器；圆筒形容器介于球形和方形容器之间，加工比较简单，承压能力较好，又易于安装内构件，所以应用广泛。重点介绍圆筒形容器的结构及分类。

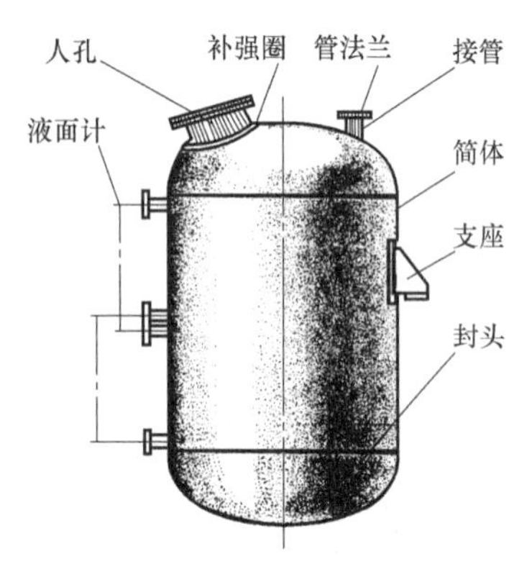

图3-1　圆筒形压力容器

一、压力容器结构

圆筒形压力容器通常由筒体、封头、法兰、支座、人（手）孔、接管等构成。如图3-1所示。

1. 筒体

筒体是用以贮存物料或完成传质、传热或化学反应所需要的工作空间，是化工容器最主要的受压元件之一。一般由钢板卷焊而成，其大小由工艺要求确定。

2. 封头

封头与筒体一起构成设备的壳体。根据几何形状的不同，封头可分为球形、椭圆形、碟形、锥形和平盖等几种，其中最常用的是椭圆形封头。

封头一般与筒体配套使用，当筒体由钢板卷焊成形时，筒体所对应的封头，其公称直径相等，都是它们的内径。封头与筒体的连接方式有可拆连接与不可拆连接（焊接）两种，可拆连接一般采用法兰连接方式。

3. 法兰

法兰连接是由一对法兰、一个垫片、数个螺栓和螺母组成。法兰连接是一种可拆连接，在化工设备上应用非常普遍。化工设备上用的标准法兰有压力容器法兰和管法兰两大类。压力容器法兰用于设备筒体与筒体、筒体与封头的连接；管法兰主要用于设备与接管或附件、管道与管道之间的连接。

4. 人（手）孔

为了便于安装、检修或清洗设备内部的装置，在设备上需要开设人孔或手孔。

5. 接管

设备上的接管用来连接设备与介质的输送管道，安装测量、控制仪表，如安装压力表、液面计、安全阀、温度计的管口及物料进出口等的接管。

6. 补强圈

补强圈用来弥补设备因开孔过大而造成的强度损失，在压力容器上，开设人（手）孔、各种接管后，不仅器壁材料被削弱，同时由于结构连续性被破坏，在孔口边缘应力值显著增加，其最大应力值往往高出正常器壁应力的数倍，为了改善开孔边缘的受力情况，保证容器的整体强度，采取补强措施。

7. 支座

支座用来支撑设备的质量、固定设备的位置。支座有卧式设备支座、立式设备支座和球形容器支座三大类。

二、压力容器类型

压力容器形式多种多样，分类方法也很多，下面介绍压力容器几种常见的分类方法。

1. 按承压性质分

分内压容器和外压容器。当作用于器壁内部的压力高于容器外表面所承受的压力，这类压力容器称为内压容器；反之，称为外压容器。

内压容器按其所能承受的工作压力可分 4 个等级。

（1）低压　$0.1\text{MPa} \leqslant p < 1.6\text{MPa}$。

（2）中压　$1.6\text{MPa} \leqslant p < 10\text{MPa}$。

（3）高压　$10\text{MPa} \leqslant p < 100\text{MPa}$。

（4）超高压　$p \geqslant 100\text{MPa}$。

2. 按结构材料分

按照结构材料划分，可分为金属材料和非金属材料。具体内容参考模块一之项目二。

3. 按容器的壁厚分

按容器厚度可分为薄壁容器和厚壁容器。

（1）薄壁容器　$k \leqslant 1.2$　$k = D_o / D_i$　D_o 是容器外径，D_i 是容器内径。

（2）厚壁容器　$k > 1.2$ 的容器。

通常情况下，高压容器都视为厚壁容器。

4. 按工作温度分类

按照容器工作温度的高低可分为 4 个等级。

(1) 低温容器 设计温度≤-20℃。

(2) 常温容器 设计温度>-20～200℃。

(3) 中温容器 设计温度>200～450℃。

(4) 高温容器 设计温度>450℃。

5. 按工艺用途分

(1) 反应压力容器 主要用于完成介质的物理、化学反应。如反应器、聚合釜、合成塔等。

(2) 换热压力容器 主要用于完成介质的热量交换。如冷凝器、加热器、蒸发器等。

(3) 分离压力容器 主要用于完成介质的净化、分离。如分离器、过滤器、洗涤器等。

(4) 贮存压力容器 主要用于完成介质的贮存，盛装气体、液体、固体的各种贮罐。

6. 按安全技术监察规程分类

以上分类方法比较单一，中国《压力容器安全技术监察规程》综合考虑容器的压力等级、容积大小、介质的危害程度及在生产中的作用，把压力容器分为 3 个类别，有第一类压力容器、第二类压力容器、第三类压力容器。具体划分如下。

(1) 第一类压力容器 除第二类压力容器、第三类压力容器外的所有低压容器。

(2) 第二类压力容器

① 除第三类压力容器外的所有中压容器。

② 易燃介质或毒性程度为中度危害介质的低压反应容器和贮存容器。

③ 毒性程度为极度和高度危害介质的低压容器。

④ 低压管壳式余热锅炉。

⑤ 搪玻璃压力容器。

(3) 第三类压力容器

① 毒性程度为极度和高度危害介质的中压容器和 $pV \geqslant 0.2\mathrm{MPa \cdot m^3}$ 的低压容器，p 为设计压力，V 为容积。

② 易燃介质或毒性程度为中度危害介质且 $pV \geqslant 0.5\mathrm{MPa \cdot m^3}$ 的中压反应容器或 $pV \geqslant 10\mathrm{MPa \cdot m^3}$ 的中压贮存容器。

③ 高压、中压管壳式余热锅炉。

④ 高压容器。

上述提到的介质毒性程度的分类，是参照 GB 5044《职业毒性危害程度分级》的规定，按介质毒性最高允许的浓度值划分为 4 个等级。

① 极度危害介质（Ⅰ级） 最高允许浓度<$0.1\mathrm{mg/m^3}$，如氟、氢氟酸、光气等介质。

② 高度危害介质（Ⅱ级） 允许浓度 $0.1 \sim 1.0\mathrm{mg/m^3}$，如氟化氢、氯、碳酰氟等介质。

③ 中度危害介质（Ⅲ级） 允许浓度 $1.0 \sim 10\mathrm{mg/m^3}$;，二氧化硫、氨、一氧化碳、甲醇等介质。

④ 轻度危害介质（Ⅳ级） 允许浓度≥$10\mathrm{mg/m^3}$，氢氧化钠、四氟乙烯、丙酮等介质。

易燃介质是指与空气混合的爆炸下限小于 10%或爆炸上限和下限之差值大于或等于 20%的气体，如：一甲胺、乙烷、乙烯、环氧乙烷、环氧丙烷等。

项目实训

某钢瓶盛有氯气，压力在 2MPa，温度 -40～+60℃，材料是碳钢，试说明该钢瓶的类型，并简要说明在贮存、运输过程中应注意的问题。

分析：氯气有强烈的刺激性气味，黄绿色气体，能使人窒息，有毒，属于高度危害介质（Ⅱ级），所以盛装液氯的钢瓶，属于第三类压力容器，中压、低温、金属薄壁贮存容器。

贮存、运输时应注意堆放整齐，装卸要轻取轻放，应放于通风遮阳、不易起火处，应随时观察钢瓶表面是否有腐蚀，瓶嘴是否漏气。

? 项目练习

1. 针对压力容器实物说明各部件结构及作用。
2. 压力容器按不同的方法有哪些分类方法？
3. 什么是压力容器？
4. 什么是易燃介质？
5. 按介质毒性最高允许的浓度值划分哪几个等级？

项目二　内压薄壁容器

子项目1　内压薄壁容器最大应力确定

项目目标

- **知识目标**：掌握内压圆筒和球壳应力计算公式；掌握边缘应力的概念、特性、产生条件；掌握应力公式在生产中的实际应用。
- **技能目标**：能解决生产中的压力容器受力问题。

项目内容

1. 计算压力容器中最大应力。
2. 说明压力容器中产生边缘应力位置。
3. 说明边缘应力对设备的影响。
4. 说明生产中解决边缘应力问题的方法。

相关知识

一、内压薄壁容器最大应力确定

1. 内压薄壁圆筒最大应力确定

（1）应力分析　薄壁圆筒容器在工程中采用无力矩理论来进行应力计算，在内压 p 作用下，筒壁承受轴向应力（σ_1）和环向应力（σ_2）作用，由于壳体壁厚较薄，且不考虑壳体与其他连接处的局部应力，忽略了弯曲应力，这种应力称为薄膜应力。

（2）薄膜应力计算

① 轴向应力 σ_1 计算　采用截面法，以垂直于筒体轴线的横截面，将筒体截成左右两部分，移去右面部分，对左面部分列力的平衡式。

轴向外力 $\frac{\pi}{4}D^2p$ 与轴向内力 $\pi D\delta\sigma_1$ 相等，即：

$$\frac{\pi}{4}D^2p=\pi D\delta\sigma_1$$

$$\sigma_1=\frac{pD}{4\delta} \tag{3-1}$$

式中 p——筒体内压力，MPa；

D——筒体中径，mm；

δ——筒体壁厚，mm。

② 环向应力 σ_2 计算 取出一段长为 L 的筒体，用通过筒体轴线的平面（轴平面）将筒体截成上下两部分，移去上面部分，对下面部分列力的平衡式。

垂直作用在轴平面上内压力 p 的合力为 pDL，与均匀分布在截面上环向应力的合力 $\sigma_2 2L\delta$ 相等，即：

$$pDL=\sigma_2 2L\delta$$

$$\sigma_2=\frac{pD}{2\delta} \tag{3-2}$$

比较式（3-1）和式（3-2），$\sigma_2=2\sigma_1$，可见筒体中最大应力是环向应力。

注意：在制造圆筒形容器时，纵向焊缝的质量要求比环向焊缝高；在圆筒体上开设椭圆形人孔，应使短轴与筒体的轴线方向一致；尽量避免在纵向焊缝上开孔。

2. 内压薄壁球壳最大应力确定

球壳内也存在着两向应力，由于对称于球心，所以承受气体压力时它们的数值相等。

用通过球心的截面将球壳截为上下两部分，移去上部分，对下部分列力的平衡式。内压产生的向下的合力 $\frac{\pi}{4}D^2p$ 与轴向内应力 $\pi D\delta\sigma$ 相等，即：

$$\frac{\pi}{4}D^2p=\pi D\delta\sigma$$

$$\sigma=\sigma_1=\sigma_2=\frac{pD}{4\delta} \tag{3-3}$$

可见，球壳中最大应力为 $\frac{pD}{4\delta}$。

比较球壳中应力与筒体中环向应力（最大应力），可看出：在同样直径、壁厚、压力条件下，球壳中拉应力仅为筒体中环向应力的一半。如果球壳中拉应力等于筒体中环向应力，那么球壳壁厚仅为筒体壁厚的一半，所以采用球形容器可以节省钢材。

3. 椭球中最大应力确定

由于椭球受力推导比较烦琐，在此不予讨论，只给出结果，感兴趣的可以查阅相关资料。对于标准椭圆形壳体，$\frac{a}{b}=2$。a、b 分别是椭球的长轴、短轴半径。

标准椭球壳体顶点处应力：

$$\sigma_1=\sigma_2=\frac{pa}{\delta} \tag{3-4}$$

标准椭球壳体边缘处应力：

边缘处为

$$\sigma_1=\frac{pa}{2\delta} \tag{3-5}$$

$$\sigma_2=-\frac{pa}{\delta}\text{（负号表示力的方向，为压应力）} \tag{3-6}$$

可以看出，椭球壳中最大应力是 $\frac{pa}{\delta}$。如果筒体中两端封头采用椭圆形封头，取长轴半

径 a 等于筒体半径，两者最大应力相同，计算的厚度也相同，即等厚度连接，这对加工非常有利，也减小了边缘应力。所以，椭圆形封头是圆筒形容器中最常用的封头。

二、边缘应力

1. 边缘应力概念、产生条件

薄膜应力的讨论都是假设在远离端盖的位置上，此时，即认为在内压作用下壳体截面产生的应力是均匀连续的。但在实际生产中，除了球壳外，圆柱形容器是用圆筒与圆形平板、圆锥、椭圆组合而成，零部件受压后，各自产生的变形不一致，称为变形不连续，该类壳体的连接边缘处必然存在应力的不连续性。另外，壳体材料的变化、厚度的变化、局部承受载荷等都会引起壳体应力的不连续性。

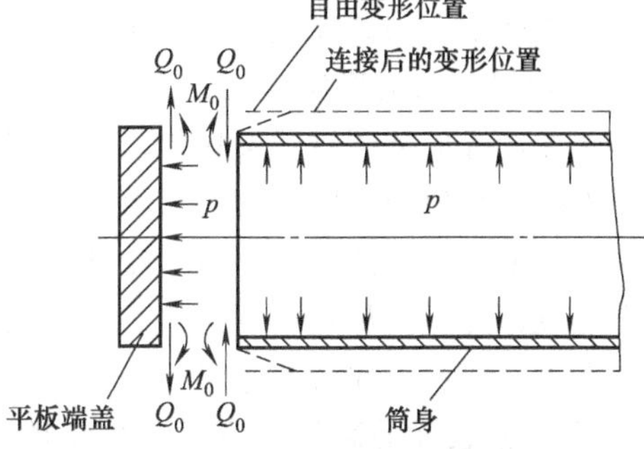

图 3-2　圆筒与平板封头连接处的弯曲变形

图 3-2 是带有平板形封头的圆筒形容器。圆筒形容器的厚度与平板形封头厚度不相等，且平板形封头厚度大，刚性亦大，在内压作用下沿半径方向的变形很小；圆筒较薄，半径方向变形较大，而两者刚性连接的，所以，在连接处圆筒的变形就受到平封头的约束而不能自由膨胀。图中 Q_0 表示边缘剪力，M_0 表示边缘力矩，统称为边缘力系，它们是由于圆筒与封头之间的相互约束而产生的。由边缘力系引起的应力，称为边缘应力。边缘应力有时比薄膜应力大得多，由于这种现象只发生在连接边缘，故称其为边缘效应或边缘问题。

边缘应力是壳体连接的两部分受力后变形不同，产生相互约束。因此当组合壳体存在此条件，即使不在连接边缘部位，仍然会产生边缘应力。这些常见的连接边缘部位如下所述。

（1）壳体与封头的连接处，两部分母线有突变。

（2）直径和材料相同，但厚度不同的两圆筒的连接处，由于厚度不同，刚度不同，变形也不同。

（3）同直径、同厚度但材料性能不同的两圆筒的连接处，因为材料性能不同，变形不同。

（4）壳体上有集中载荷，因为有局部载荷，导致变形有约束。

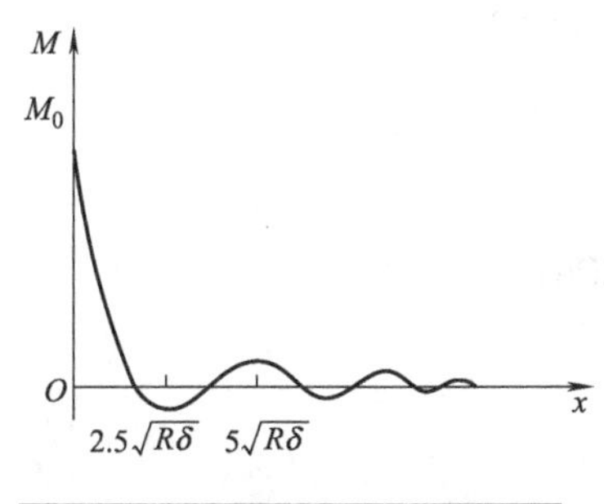

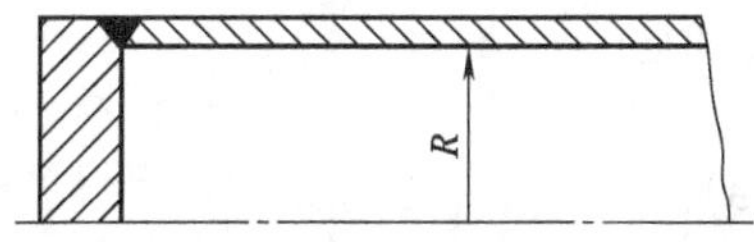

图 3-3　带平板封头的圆筒形容器边缘力矩变化示意

（5）圆筒上有法兰、管板、支座等部位，因为法兰、管板、支座导致壳体局部有约束。

可见，边缘应力是因为几何形状不同，或材料的物理性能不同，或载荷不连续等原因而使边界处的变形受到约束而产生的局部应力。这种局部应力往往成为容器破裂的起源。

2. 边缘应力特性

（1）局限性　不同形状的组合壳体，在边缘处产生的边缘应力大小不同，但它们有明显衰减的特性，影响范围很小，应力只存在于连接处附近的区域，离开连接边缘稍远一些，边缘应力就沿着圆筒的轴线呈波形曲线迅速衰减至零。如图 3-3 所示为带平板封头的圆筒形容器边缘力矩变化示意。

当 $x=2.5\sqrt{R\delta}$（R 为圆筒平均半径，δ 为圆筒厚度），圆筒体中产生的边缘力矩的绝对值 $|M_x|=0.043M_0$（M_0 为边缘力矩的最大值）。可见，在离开边缘距离为 $2.5\sqrt{R\delta}$ 时，其边缘力矩已衰减掉 95.7%，而与壳体半径 R 相比是很小的，说明边缘应力具有很大的局限性。

（2）自限性　边缘应力是由于变形不协调而引起的局部应力，一旦连接处材料产生塑性变形，这种弹性约束就会开始缓解，使变形趋于协调，边缘应力自行得到限制，因而在高应力区出现所谓的“塑性铰”，它可使载荷部分地卸给邻近的弹性区，使之分担部分载荷，故整个容器并不会因此在边缘区发生破裂。这是边缘应力的自限性特点。

3. 边缘应力的影响及处理

塑性较好的低碳钢或奥氏体不锈钢以及有色金属（如铜、铝）制作的容器，塑性较好，一般不对边缘应力特殊考虑，容器厚度按设计计算公式确定即可，在结构上需作某些处理，如对焊缝采取焊后热处理，以减小热应力；结构上要尽量合理，如采取等厚度连接，折边要圆滑过渡，焊缝要尽量离开连接边缘，要正确使用加强圈等。

在下列情况下应考虑边缘应力：

① 塑性较差的高强度钢制压力容器；

② 低温下操作的铁素体制的重要压力容器；

③ 受疲劳载荷作用的压力容器；

④ 受核辐射作用的压力容器。

这些压力容器，若不注意控制边缘应力，在边缘高应力区有可能导致脆性破坏或疲劳。因此必须正确计算边缘应力并按 JB 4732—1995《钢制压力容器分析设计》进行设计。

项目实训

某工程用列管式换热器，其左封头为半球形，筒身为圆柱形，右封头为半椭圆形，其长短轴 $a/b=2$，圆柱体的平均直径是 $D=420$mm，筒身与封头的壁厚均为 8mm，壳程压力是 4.5MPa，管程（双管程）压力是 4.0MPa，试确定封头和筒身中的最大应力。

1. 球形封头中的应力

$$\sigma_1=\sigma_2=\frac{pD}{4\delta}=\frac{4.0\times420}{4\times8}=52.5\ (\text{MPa})$$

球形封头中的最大应力是 52.5MPa。

2. 筒身中的最大应力是环向应力　因为 $\sigma_2=2\sigma_1$

$$\sigma_2=\frac{pD}{2\delta}=\frac{4.5\times420}{2\times8}=118\ (\text{MPa})$$

筒体中最大应力是筒体的环向应力，为 118MPa。

3. 椭球封头中的最大应力

顶点处：

$$\sigma_1=\sigma_2=\frac{pa}{\delta}=\frac{4.0\times210}{8}=105\ (\text{MPa})$$

边缘处：

$$\sigma_1=\frac{pa}{2\delta}=\frac{4.0\times210}{2\times8}=52.5\ (\text{MPa})$$

$$\sigma_2=-\frac{pa}{\delta}=-\frac{4.0\times210}{8}=-105\ (\text{MPa})$$

由计算结果可见，椭球的顶点和边缘产生最大应力都是 105MPa，但是力的方向不同，一个拉应力，一个压应力。$\sigma<0$，代表壳体内产生的力为压应力；$\sigma>0$，代表壳体内产生的力为拉应力。

项目练习

1. 写出内压薄壁筒体中最大应力公式。
2. 写出内压薄壁球壳中最大应力公式。
3. 比较圆筒形容器与球壳的受力特点。
4. 什么是边缘应力？产生条件是什么？边缘应力有何特点？
5. 在哪些情况下应考虑边缘应力的影响？

子项目 2　内压薄壁容器壁厚确定

项目目标

- **知识目标**：掌握内压薄壁容器的设计依据；掌握圆筒和球壳厚度计算公式；掌握内压圆筒封头的结构、特点及应用场合；掌握椭圆形封头厚度计算公式。
- **技能目标**：能校核压力容器的强度。

项目内容

1. 确定圆筒形容器筒体壁厚。
2. 确定圆筒形容器封头壁厚。
3. 确定球形容器壁厚。

相关知识

一、内压圆筒及球壳厚度确定

1. 圆筒计算厚度确定

根据第一强度理论（最大主应力理论），即圆筒在内压作用下产生的最大内应力应小于或等于材料设计温度下的许用应力，才能保证安全可靠，即：

$$\sigma_{max} \leqslant [\sigma]^t$$

圆筒环向应力 $\sigma_2=\dfrac{pD}{2\delta}=2\sigma_1$

即 $\sigma_2 \leqslant [\sigma]^t$

圆筒除了无缝钢管外，一般由钢板卷焊而成。焊缝内可能由于有夹渣、气孔、未焊透、裂纹以及焊缝两侧过热区的影响，造成焊缝本身或焊缝两侧的强度比圆筒钢板本体的强度为弱，所以要将钢材的许用应力打个折扣，即乘以焊缝系数 ϕ，变为 $[\sigma]^t\phi$，$\phi \leqslant 1$，所以设计公式成为：

$$\frac{pD}{2\delta} \leqslant [\sigma]^t\phi$$

式中　p——设计压力，MPa；

D——圆筒中径，mm；

δ——圆筒的计算厚度，mm；

$[\sigma]^t$——设计温度下圆筒材料的许用应力，MPa。

因工艺条件以圆筒的内径为决定尺寸，所以把上式中的中径 D 换算为内径 D_i 的形式，可得

$$D=D_i+\delta$$

根据 GB 150—1998 的规定，确定筒体厚度的压力为计算压力，故计算壁厚：

$$\delta=\frac{p_c D_i}{2[\sigma]^t\phi-p_c} \tag{3-7}$$

式中 p_c——计算压力，MPa。

式（3-7）适用于设计压力 $p\leqslant 0.4[\sigma]^t\phi$ 的范围。

2. 球壳计算厚度确定

球壳：

$$\sigma_1=\sigma_2=\frac{pD}{4\delta}$$

按上述同样思路推导，计算壁厚：

$$\delta=\frac{p_c D_i}{4[\sigma]^t\phi-p_c} \tag{3-8}$$

从圆筒形和球形容器的设计公式可以看出，在相同内压和直径的情况下，球形容器的壁厚约为圆筒形的一半，因此球形容器消耗的材料少。例如一个内压为 0.5MPa，容积为 $5000m^3$ 的球形容器，比相同内压和容积的圆筒形容器可节省钢材 45%，同时球形容器占地面积小，保温材料、防腐涂料等用量均少，维护保养等也比较简单。目前石油化工企业广泛采用球形容器来贮存氧气、石油液化气、乙烯、液氨、天然气等。但球形容器制造和安装比圆筒形容器复杂，技术要求比较高，所以目前球形容器主要用直径 2.5m 以上的中压贮罐。

3. 厚度计算公式各参数确定

（1）设计压力　容器设计时，必须考虑在工作情况下可能达到的工作压力和对应的工作温度两者组合中的各种工况，并以最苛刻工况下的工作压力来确定设计压力。

① 设计压力 p　指设定的容器顶部的最高工作压力，其值不低于工作压力 。无安全泄放装置时，设计压力取 $(1.0\sim1.1)p_w$；装有安全阀时，设计压力不低于（等于或稍大于）安全阀开启压力（安全阀开启压力取 1.05～1.10 倍工作压力）；装有爆破片时，设计压力取爆破片设计爆破压力加制造范围上限。

② 工作压力 p_w　指容器在正常操作情况下，顶部可能出现的最高压力。

③ 计算压力 p_c　指在相应设计温度下，用以确定容器壳体厚度的压力，其中包括液柱静压力。计算压力等于液柱静压力加设计压力。当容器各部位或元件所承受的液柱静压力小于 5%设计压力时，可忽略不计。此时计算压力为设计压力。

（2）设计温度　设计温度是指在正常工作情况下，设定的元件的金属温度。设计温度应是容器内物料工作时的最高温度或最低温度。若容器内壁与介质直接接触且有外保温时，设计温度按表 3-1 确定。

表 3-1　设计温度选用

最高或最低工作温度 t_w/℃	设计温度 t /℃	最高或最低工作温度 t_w/℃	设计温度 t /℃
$t_w\leqslant-20$	t_w-10	$15<t_w\leqslant350$	t_w+20
$-20<t_w\leqslant15$	t_w-5(但最低为-20)	$t_w>350$	$t_w+(5\sim15)$

表 3-2 钢板许用应力表（节选）

钢号	厚度/mm	常温强度指标		在下列温度(℃)下的许用应力/MPa															
		σ_b/MPa	σ_s/MPa	≤20	100	150	200	250	300	350	400	425	450	475	500	525	550	575	600
Q235-AF	3～4	375	235	113	113	113	105	94	—	—	—	—	—	—	—	—	—	—	—
	4.5～16	375	235	113	113	113	105	94	—	—	—	—	—	—	—	—	—	—	—
Q235-A	3～4	375	235	113	113	113	105	94	86	77	—	—	—	—	—	—	—	—	—
	4.5～16	375	235	113	113	113	105	94	83	77	—	—	—	—	—	—	—	—	—
	16～40	375	225	113	113	107	99	91	83	75	—	—	—	—	—	—	—	—	—
20R	6～16	400	245	133	133	132	123	110	101	92	86	83	61	41	—	—	—	—	—
	16～36	400	235	133	132	126	116	104	95	86	79	78	61	41	—	—	—	—	—
	36～60	400	225	133	126	119	110	101	92	83	77	75	61	41	—	—	—	—	—
	60～100	390	205	128	115	110	103	92	84	77	71	68	61	41	—	—	—	—	—
16MnR	6～16	510	345	170	170	170	170	156	144	134	125	93	66	43	—	—	—	—	—
	16～36	490	325	163	163	163	159	147	134	125	119	93	66	43	—	—	—	—	—
	36～60	470	305	157	157	157	150	138	125	116	109	93	66	43	—	—	—	—	—
	60～100	460	285	153	153	150	141	128	116	109	103	93	66	43	—	—	—	—	—
	100～120	450	275	150	150	147	138	125	113	106	100	93	66	43	—	—	—	—	—
15MnVR	6～8	550	390	183	183	183	183	183	172	159	147	—	—	—	—	—	—	—	—
	8～16	530	390	177	177	177	177	177	172	159	147	—	—	—	—	—	—	—	—
	16～36	510	370	170	170	170	170	170	163	150	138	—	—	—	—	—	—	—	—
	36～60	490	350	163	163	163	163	163	153	141	131	—	—	—	—	—	—	—	—
0Cr18Ni10Ti	2～60			137	137	137	130	122	114	111	108	106	105	104	103	101	83	58	44

(3) 许用应力的确定　许用应力是容器壳体、封头等受压元件的材料许用强度，是用材料的各项强度指标分别除以相应的安全系数 n 而得，并取其中最小值。用 $[\sigma]^t$ 表示。在强度计算时，许用应力值可从表 3-2 中查取。

(4) 焊接接头系数的确定　由于焊缝可能存在夹渣、气孔、未焊透、微裂纹等缺陷，致使焊缝本身的强度削弱，同时在焊缝的热影响区还会产生金相组织的变化，使晶粒长大，也使该区的力学性能有所降低。现引入焊缝系数来表征焊缝对设备强度削弱程度。焊缝系数是焊缝强度与母材强度的比值。

① 双面焊或相当于双面焊的全焊透对接焊缝

100%无损探伤：　　$\phi=1.00$

局部无损探伤：　　$\phi=0.85$

② 单面焊的对接焊缝（沿焊缝根部全长具有紧贴基本金属垫板）

100%无损探伤：　　$\phi=0.9$

局部无损探伤：　　$\phi=0.8$

(5) 厚度附加量的确定　厚度附加量包括两部分，即：

$$C=C_1+C_2$$

式中　C_1——钢板或钢管的厚度负偏差。按相应钢板的标准选取（表 3-3）；

C_2——腐蚀裕量，C_2＝腐蚀速度×容器或设备的使用年限，mm。

不同介质对金属材料的腐蚀速度不同。对碳素钢和低合金钢取 C_2 不小于 1mm，对不锈钢，当介质的腐蚀性极微时，取 $C_2=0$。参考表 3-4。

表 3-3　钢板的厚度负偏差　　单位：mm

钢板厚度 δ_n	2.0～2.5	2.8～4.0	4.5～5.5	6.0～7.0	8.0～25	26～30	32～34	36～40	42～50	50～60	60～80
负偏差 C_1	0.2	0.3	0.5	0.6	0.8	0.9	1.0	1.1	1.2	1.3	1.8

表 3-4　腐蚀裕量 C_2　　单位：mm

容器类别	碳素钢低合金钢	铬钼钢	不锈钢	备注	容器类别	碳素钢低合金钢	铬钼钢	不锈钢	备注
塔器及反应器壳体	3	2	0		不可拆内件	3	1	0	包括双面
容器壳体	1.5	1	0		可拆内件	2	1	0	包括双面
换热器壳体	1.5	1	0		裙座	1	1	0	包括双面
热衬里容器壳体	1.5	1	0						

4. 各厚度含义

(1) 最小厚度　常压或低压容器，按照壁厚公式计算出来的壁厚很薄，这样不仅给焊接带来了困难，而且因为壁薄就显得刚度不足，容易变形。特别对于一些大型容器或设备，壁厚太薄就无法进行吊装和运输。因此设计时不管按壁厚计算出来的数值有多小，必须取一个不包括腐蚀裕量的最小壁厚 δ_{min}，以满足上述要求。

① 对碳素钢和低合金钢制容器。

δ_{min}不小于 3mm，腐蚀裕量另加。

② 对高合金钢制容器，取 δ_{min}不小于 2mm，腐蚀裕量另加。

(2) 容器各厚度相互关系

① 计算厚度 δ　由计算公式得到的厚度。

② 设计厚度 δ_d　计算厚度和腐蚀裕量之和，$\delta_d=\delta+C_2$。

③ 名义厚度 δ_n　设计厚度加钢板负偏差，圆整后的厚度，($\delta+C_1+C_2$) 再圆整为整数。

④ 有效厚度 δ_e　名义厚度减去腐蚀裕量，即 δ_n-C，$C=C_1+C_2$。

二、内压容器封头壁厚确定

封头是容器的重要组成部分。常用的封头有半球形封头、椭圆形封头、碟形封头、锥形封头和平板封头，如图 3-4 所示。

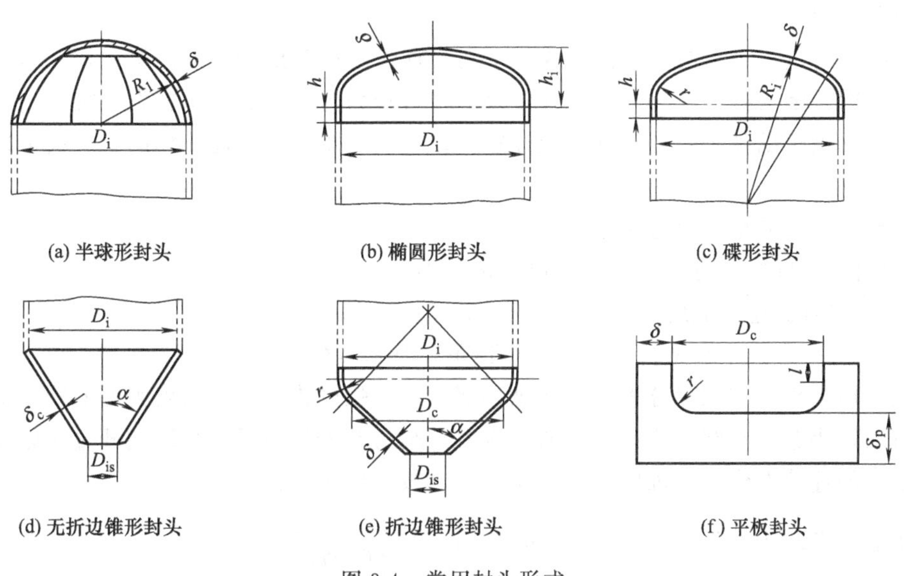

图 3-4　常用封头形式

1. 半球形封头

半球形封头的设计公式和球形容器一样，即：

设计公式为
$$\delta=\frac{p_c D_i}{4[\sigma]^t\phi-p_c} \tag{3-9}$$

符号同前。

半球形封头与球形容器具有相同的优点，即在同样的容积下其表面积最小，在相同的直径与压力下，它所需的壁厚最薄，因此可节省钢材。对大直径（$D_i>2.5$m）的半球形封头，可用数块成型后的钢板拼焊而成。它们一般是先在水压机上用模具把每瓣冲压成型后再在现场焊接。对一般中小直径的容器很少采用半球形封头。

2. 椭圆形封头

椭圆形封头由半个椭球和具有一定高度的圆筒壳体组成（或直边部分），直边高度的目的是为了避开在椭球边缘与圆筒壳体的连接处设置焊缝，使焊缝转移至圆筒区域，以免出现边缘应力与热应力叠加的情况。

椭圆形封头设计计算公式
$$\delta=\frac{kp_c D_i}{2[\sigma]^t\phi-0.5p_c} \tag{3-10}$$

式中　k——椭圆形封头形状系数，标准椭圆形封头 $k=1$。

3. 碟形封头

碟形封头又称带折边的球形封头，它由三部分组成，第一部分是以 R_i 为半径的球面部分，第二部分是高度为 h 的直边部分（圆筒部分），第三部分是连接两部分的过渡区。将碟形封头的直边部分和过渡区去掉，只留下球面部分并直接与圆筒连接就成为无折边球形封头，这种封头在连接处造成突然转折，将会产生很大的横推力和边缘力，因此很少采用。

碟形封头设计计算公式：

$$\delta=\frac{Mp_cR_i}{2[\sigma]^t\phi-0.5p_c} \tag{3-11}$$

式中 M——碟形封头形状系数，标准碟形封头 $M=1.33$。其中 $R_i=0.9D_i$，$r=0.7D_i$。

4. 锥形封头

(1) 结构特点　锥形封头在同样条件下与半球形、椭圆形和碟形封头比较，其受力情况比较差，原因是因为锥形封头与圆筒连接处的转折较为厉害，曲率半径发生突变而产生边缘力的缘故。常用于黏度大或悬浮性的流体物料，有利于排料，因此筒体的下封头常采用锥形封头。

(2) 锥形封头的结构及适用范围

① 两端都无折边　适用于锥体半顶角 $\alpha\leqslant30°$。

② 两端都有折边　适用于锥体半顶角 $45°<\alpha\leqslant60°$。

③ 大端有折边、小端无折边　锥体半顶角 $30°<\alpha\leqslant45°$。

折边锥形封头，有三部分组成，即锥体部分、圆弧过渡部分和高度为 h 的圆筒部分。过渡部分可以减小锥体与圆筒体连接处的边缘力，圆筒部分是为了将焊缝避开过渡区而转移到圆筒与圆筒的连接部位。当锥体半顶角 $\alpha>60°$，按平封头考虑。

无折边锥形封头设计计算公式

$$\delta_c=\frac{p_cD_i}{2[\sigma]^t\phi-0.5p_c}\times\frac{1}{\cos\alpha} \tag{3-12}$$

式中 D_i——锥形封头大端内直径，mm；

α——锥形封头半顶角，(°)。

无折边封头的大端与圆筒体的连接处不是圆滑过渡而是发生转折，在内压的作用下，该处会产生一个指向轴心的横向推力，该力与此处的边缘力矩共同作用会使圆筒被压瘪，这对圆筒和圆锥连接处的焊缝是非常不利的。为了提高连接处的稳定性，常采用加强圈以增强连接处的刚性。并不是所有的无折边锥形封头与筒体的连接部分都需要加强，这是因为内压引起的环向拉应力可以抵消部分横推力引起的压应力，因此只有当达到一定值时才需采取加强措施。无折边锥形封头大、小端加强计算及折边锥形封头的设计计算，请查阅有关标准。

5. 平盖

平盖主要用于常压和低压的设备，或者高压小直径的设备。它的特点是结构简单、制造方便。所以也常常用于可拆的人孔盖、换热器端盖等处。平盖按连接方式可分为，一种是可拆卸的平盖，另一种是不可拆卸的平盖。

圆形平封头的强度计算公式如下：

$$\delta_p=D_c\sqrt{\frac{kp_c}{[\sigma]^t\phi}} \tag{3-13}$$

式中 δ_p——平板封头的计算厚度，mm；

D_c——平板封头计算直径，mm；

k——平盖系数，查有关标准。

其他符号同前。

项目实训

某化工厂有一反应釜，已知釜体内径 1400mm，工作温度 5～150℃，工作压力 1.5Pa，釜体上装有安全阀，其开启压力 1.6MPa。釜体选用材料为 0Cr18Ni10Ti，双面对接焊，全部无损检测。试确定釜体的厚度。若选用标准椭圆形封头，试确定釜体封头厚度。

已知 $D_i=1400$mm，设计温度 $t=150+20=170$（℃），釜体上装有安全阀，设计压力取 1.6MPa，双面对接焊全部无损探伤，$\phi=1.00$，查许用应力表 $[\sigma]^t=134.2$MPa（内插法），采用不锈钢材料，$C_2=0$mm。

圆筒部分厚度 $\delta=\dfrac{p_cD_i}{2[\sigma]^t\phi-p_c}=\dfrac{1.6\times1400}{2\times134.2\times1.00-1.6}=8.40$（mm）

设计厚度确定　比较不锈钢的最小厚度 δ_{min} 不小于 2mm，所以取计算厚度 8.40mm，$\delta_d=\delta+C_2=8.4+0=8.4$（mm）

假设名义厚度在 8～25mm 之间，查表 $C_1=0.8$mm。

$\delta_d+C_1=8.4+0.8=9.2$（mm），圆整为整数取 10mm。

即釜体的厚度为 10mm。

封头部分厚度　　$\delta=\dfrac{kp_cD_i}{2[\sigma]^t\phi-0.5p_c}=\dfrac{1\times1.6\times1400}{2\times134.2\times1.00-0.5\times1.6}=8.37$（mm）

假设名义厚度在 8～25mm 之间，查表 $C_1=0.8$mm

不锈钢的最小厚度 δ_{min} 不小于 2mm，所以取计算厚度 8.40mm，

$$\delta_d=\delta+C_2=8.37+0=8.37\ (\text{mm})$$

$\delta_d+C_1=8.37+0.8=9.17$（mm），圆整为整数取 10mm。

即釜体封头的厚度为 10mm。

? 项目练习

1. 内压薄壁筒体、球壳厚度计算公式，比较其特点。
2. 简述内压薄壁封头结构、特点及适用范围。
3. 为了满足容器刚度要求，对容器最小厚度有哪些规定？
4. 有一长期闲置的压力容器，实测壁厚为 8mm，内径为 1000mm，材料是 Q235-A，纵向焊缝为双面对接焊，是否做过无损探伤不清楚，现要求该容器承受 1MPa 的内压，工作温度为 160℃，介质无腐蚀性，并装有安全阀，试判断该容器是否能用？

子项目 3　内压薄壁容器压力试验

项目目标

- **知识目标：** 掌握压力容器压力试验的目的；掌握压力试验的方法；掌握压力试验的步骤。
- **技能目标：** 能对压力容器进行压力试验；能校核压力容器强度。

项目内容

1. 安装水压试验装置。
2. 检查试验装置的可靠性。
3. 水压试验操作。

相关知识

一、压力试验目的及对象

新制造的容器或大检修后的容器，在交付使用前都必须进行压力试验。主要用于检验容器在超过工作压力条件下密封结构的可靠性、焊缝的致密性以及容器的宏观强度。同时观测压力试验后受压元件的母材及焊接接头的残余变形量，还可以及时发现材料和制造过程中存在的缺陷。

常用的压力试验方法有液压试验和气压试验。一般用液压试验，因为其危险性小。属于以下情况不能做液压试验，应做气压试验。①容器内不允许残留微量液体；②寒冷冬季容器内液体结冰可能胀破容器；③液压试验时因液体重量超过基础承受能力，如高大的塔。

二、试验介质及步骤

1. 液压试验介质及要求

凡在压力试验时不会导致发生危险的液体，在低于其沸点温度下都可作为液压试验的介质，一般采用水。液压试验应注意问题。

(1) 液压试验应采用清洁水。对于奥氏体不锈钢制造的容器，用水进行试验后，应采取措施将水渍去除干净，防止氯离子腐蚀。当无法达到这一要求时，就应当控制水的氯离子含量不超过 25mg/L。

(2) 当采用不会导致危险的其他液体做试验介质时，液体的温度应低于其闪点或沸点。

(3) 对于碳钢或 16MnR 和正火 15MnVR 钢制造的容器，在液压试验时温度不低于5℃。低合金钢容器液体温度不得低于 15℃。由于板厚等因素造成材料脆性转变温度升高时，还要相应提高试验液体的温度。其他钢种的容器液压试验温度按图样规定。

铁素体钢制低温压力容器，液体温度不得低于受压元件及焊接接头进行夏比（V 形缺口）冲击试验的温度再加上 20℃。

(4) 新制造的容器液压试验后，应及时将试验介质排净，并用压缩空气或其他惰性气体将容器内表面吹干，以免腐蚀。

2. 气压试验介质

气压试验时通常选用干燥洁净的空气、氮气或其他无毒的惰性气体。若容器内残留易燃气体存在，会导致爆炸，则不得使用空气作为试验介质。

气压试验有一定危险性，必须做好防护措施，在有关安全部门监督下进行。

在进行气压试验前，必须对容器主要焊缝进行 100%无损探伤检查。

三、应力校核

压力试验时的试验压力大于设计压力，故试验时容器壁内的应力值也必然相应增大，因此在对容器或设备进行压力试验都要进行应力校核，满足要求时才能进行压力试验的实际操作。

1. 试验压力

试验压力时进行压力试验时规定容器应达到的压力，其值反映在容器顶部的压力表上。

液压试验时试验压力：

$$p_T=1.25p\frac{[\sigma]}{[\sigma]^t} \tag{3-14}$$

气压试验时试验压力

$$p_T=1.15p\frac{[\sigma]}{[\sigma]^t} \tag{3-15}$$

式中　p_T——试验压力，MPa；

p——设计压力，MPa；

$[\sigma]$——圆筒材料在试验温度下的许用应力，MPa；

$[\sigma]^t$——圆筒材料在设计温度下的许用应力，MPa。

在确定试验压力时应注意以下几点。

① 容器铭牌上规定有最大允许工作压力时，公式中应以最大允许工作压力代替设计压力。

② 容器各元件所用材料不同时，应取各元件材料的 $[\sigma]/[\sigma]^t$ 比值中最小者。

③ 立式容器（如塔器）卧置进行液压试验时，其试验压力值应为试验压力加立置时圆筒所承受的最大液柱静压力。容器的试验压力（液压时为立置和卧置两个压力值）应标在设计图样上。

2. 压力试验前容器的应力校核

液压试验时（无论容器立置或卧置）圆筒的应力应满足的条件：

$$\sigma_T=\frac{(p_T+p_L)(D_i+\delta_e)}{2\delta_e}\leqslant 0.9\phi\sigma_s \tag{3-16}$$

式中　σ_T——试验压力下圆筒的应力，MPa；

p_T——试验压力，MPa；

p_L——液柱静压力，MPa；

D_i——圆筒内径，mm；

δ_e——圆筒的有效厚度，mm；

ϕ——焊接接头系数；

σ_s——圆筒材料在常温下的屈服点，MPa。

气压试验时圆筒的应力应满足的条件

$$\sigma_T=\frac{p_T(D_i+\delta_e)}{2\delta_e}\leqslant 0.8\phi\sigma_s \tag{3-17}$$

式中字母含义同前。

四、致密性试验

致密性试验是为了检查容器可拆连接部位的密封性。致密性试验包括气密性试验和煤油渗漏试验两种方法。

1. 气密性试验

对剧毒介质和设计要求不允许有微量介质泄漏的容器，在压力试验合格后，还要做气密性试验。

试验压力为设计压力的 1.05 倍，试验时压力应缓慢上升，达到规定试验压力后保持 10min，然后降到设计压力，对所有焊接接头和连接部位进行泄漏检查。小型容器可浸入水中检查。如有泄漏，修补后重新进行液压试验和气密性试验。

已经做过气压试验，经检查合格的容器，可免做致密性试验。

2. 煤油渗漏试验

将焊缝能够检查的一面清理干净，涂以白粉浆，晾干后在焊缝的另一面涂以煤油，使表面得到足够的浸润，经 30min 后白粉上没有油渍出现为合格。否则说明有渗漏或微裂纹，应进行修补。

五、水压试验操作

1. 按图 3-5 安装试验装置。

2. 检查试验装置可靠性，注意紧固螺栓，检查压力表量程。

3. 试验过程

(1) 在容器的顶部先打开出气阀 8，关闭排水阀 10，打开进水阀 7。

(2) 开启水泵 1，直至试验容器出气口液体溢出，关闭出气阀 8。

(3) 压力缓慢上升至设计压力，确认无泄漏后，继续升压至试验压力，保压时间一般不少于 30min。然后将压力降至规定试验压力的 80%，并保持足够长的时间（一般不少于 30min），对所有焊接接头和连接部位进行检查，试验中，不得带压紧固螺栓。如有渗漏，修补后重新试验。

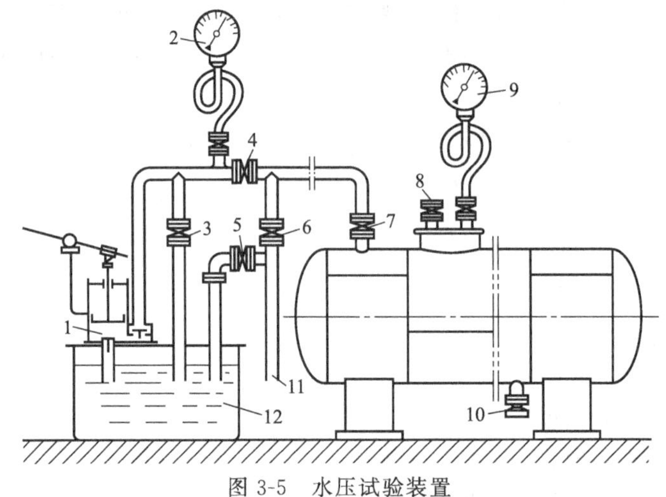

图 3-5 水压试验装置

1—水泵；2,9—压力表；3～6—阀门；7—进水阀；8—出气阀；10—排水阀；11—水管；12—水槽

(4) 液压试验合格的标准

①无渗漏；②无可见的异常变形；③试验中无异常的响声。

项目实训

某化工厂有一立式设备，罐体内直径 2000mm，材料为 Q235-A，正常操作时罐内液面高度不超过 2500mm，灌顶至罐底高度 3200mm，罐内工作温度为 50℃，液面上方气体压力不超过 0. 15MPa，液体密度 1160kg/m³，随温度变化小，罐体实测厚度为 6mm，试问该罐体是否满足水压试验要求。

已知 $p=0.15\text{MPa}$，$t_w=50℃$，$t=t_w+20℃=70℃$，$\phi=0.85$，$C_2=2\text{mm}$，$D_i=2000\text{mm}$，$\delta_n=6\text{mm}$

罐体正常工作时承受的最大液柱静压力 $p_L=\rho gH=1160\times9.81\times2.5\times10^{-6}=0.0284$ (MPa)

$5\%p=0.05\times0.15=0.0075$ (MPa)

因为 $p_L>5\%p$

所以 $p_c=p+p_L=0.15+0.0284=0.1784$ (MPa)

查许用应力表，Q235-A 在 70℃ 时许用应力值 $[\sigma]^t=113\text{MPa}$

在 20℃ 时许用应力值 $[\sigma]=113\text{MPa}$

查钢板负偏差表，钢板6mm时，$C_1=0.6\text{mm}$，$C_1+C_2=2.6\text{mm}$，$\delta_e=\delta_n-C=3.4\text{mm}$

试验压力 $p_T=1.25p\dfrac{[\sigma]}{[\sigma]^t}=1.25\times0.15\times\dfrac{113}{113}=0.1875\ (\text{MPa})$

液柱静压力 $p_L=\rho gH_1=1160\times9.81\times3.2\times10^{-6}=0.0364\ (\text{MPa})$

$$\sigma_T=\frac{(p_T+p_L)(D_i+\delta_e)}{2\delta_e}=\frac{(0.1875+0.0364)\times(2000+3.4)}{2\times3.4}=65.96\ (\text{MPa})$$

查表，Q235-A在20℃时屈服点 $\sigma_s=235\text{MPa}$

$$0.9\phi\sigma_s=0.9\times0.85\times235=179.78\ (\text{MPa})$$

65.96MPa＜179.78MPa 故水压试验时满足强度要求。

项目练习

1. 为什么要对压力容器进行压力试验？为什么一般容器的压力试验都应首先考虑液压试验？在什么情况下才进行气压试验？
2. 说明水压试验的大致过程。
3. 练习水压试验的过程。

项目三　外压薄壁容器

子项目1　外压容器稳定性试验

项目目标

- **知识目标**：掌握外压容器的稳定性概念；掌握临界压力概念及影响因素；掌握外压容器类型判别方法。
- **技能目标**：能判别外压容器的类型。

项目内容

1. 取一密封铝制圆筒，接真空泵。
2. 开启真空泵，将圆筒抽真空。
3. 圆筒变形时，记录真空度数值和失稳时波形。

相关知识

一、外压容器的稳定性概念

外压容器压力低，壁厚薄，大部分容器壁厚能满足强度要求，但因为壁薄直径大，呈现出刚度不足，导致失效。刚性不好的容器在压应力低于屈服极限时，圆筒突然被压瘪，导致破坏，使筒体失去了原来的形状，这种现象类似于压杆失稳现象，称为外压容器的失稳。实践证明，失稳是外压容器破坏的主要形式，因此对外压容器，在保证其壳体强度的同时，也保证其壳体的稳定性，是外压容器能够正常操作的必要条件。

二、临界压力

外压容器压力上升到某一临界值，引起筒体的形状发生了改变，此刻的压力值称为临界压力，常用 p_{cr} 表示。

影响临界压力的因素有以下几点。

1. 圆筒尺寸

圆筒几何尺寸不同，临界压力值不一样。

将四个直径相同的铝箔圆筒编号Ⅰ、Ⅱ、Ⅲ、Ⅳ号，其中Ⅰ、Ⅱ号圆筒长度相同、壁厚不同；Ⅱ、Ⅲ壁厚相同、长度不同；Ⅲ、Ⅳ号壁厚相同、长度相同，Ⅳ号圆筒筒身中间有一个加强圈。观察圆筒变形顺序，记录变形时真空度。试验数据见表3-5所列。

表3-5 临界压力与圆筒尺寸试验表

实验号	筒径/mm	筒长/mm	筒中有无加强圈	壁厚/mm	失稳时真空度/mm水柱	失稳时波形
Ⅰ	20	45	无	0.60	600	4
Ⅱ	20	45	无	0.40	400	4
Ⅲ	20	90	无	0.40	180～200	3
Ⅳ	20	90	有一个	0.40	400	4

比较Ⅰ、Ⅱ：Ⅱ号先变形，说明 L/D 相同时，δ/D 大者，临界压力高；

比较Ⅱ、Ⅲ：Ⅲ号先变形，说明 δ/D 相同时，L/D 小者，临界压力高；

比较Ⅲ、Ⅳ：Ⅲ号先变形，L/D、δ/D 都相同时，有加强圈者，临界压力高。

分析如下。

① 同直径、同长度、壁厚不同的两圆筒，壁厚大者，圆筒的临界压力高。这是因为圆筒失稳时，筒壁发生了变形，筒壁各点的曲率发生了突变。这说明筒壁在环向受到了弯曲。筒壁壁厚大，筒壁抗弯曲能力强。所以，圆筒的临界压力高。这如同一个又粗又短的悬壁梁能承受较大载荷一样。

② 同直径、同壁厚、长度不等的两圆筒，筒长的圆筒的临界压力低。这是因为封头的刚性较好，能够对筒体起一定的支撑作用，故筒体长，封头对筒体的支撑作用小，临界压力低。

③ 同直径、同壁厚、同长度的两圆筒，其中一个焊上加强圈，焊加强圈者，圆筒的临界压力高。加强圈对圆筒起到支撑作用，若在圆筒外壁或内壁焊上一个至数个加强圈，只要加强圈有足够大的刚性，就对筒体有支撑作用。所以有加强圈者，临界压力高。

2. 材料的性能

① 弹性模量 E 值和泊松比 μ　圆筒在弹性失稳时的临界压力与材料弹性模量 E 值和泊松比 μ 有关。E 值大，材料刚性大，抵抗变形的能力也强，其临界压力值高，但是由于各种钢材的 E 值相差不大，所以设计外压容器时不必采用高强度钢来代替一般碳钢。μ 值对临界压力值有影响，但影响不大，一般情况下 μ 值大，临界压力也大。

② 材料组织的不均匀性　材料组织的不均匀性将使圆筒的变形更为容易，导致临界压力值降低。

3. 圆筒的不圆度

圆筒圆度即同一断面用最大直径减去最小直径，用 e 表示，e 值越大圆筒中壳体的弯曲应力越大，圆筒越容易失稳，临界压力值也越低。

三、外压圆筒分类

1. 长圆筒

该圆筒长度足够长，长到两端封头对筒体的支撑作用可以忽略，计算时，常常看作圆环。此圆筒刚性最差，最易失稳，失稳时呈现两个波形。

长圆筒的临界压力可用布莱斯-勃瑞恩公式计算。

$$p_{cr}=\frac{2E}{1-\mu^2}\left(\frac{\delta_e}{D}\right)^3 \tag{3-18}$$

式中　p_{cr}——临界压力，MPa；

D——圆筒中径，mm；

E——设计温度下材料的弹性模量，MPa；

δ_e——圆筒的有效厚度，mm；

μ——泊松比，对钢材取 $\mu=0.3$。

把 $\mu=0.3$ 代入式（3-18），用圆筒外径代替中径可得钢制长圆筒临界压力计算公式为：

$$p_{cr}=2.2E\left(\frac{\delta_e}{D_o}\right)^3 \tag{3-19}$$

2. 短圆筒

该圆筒刚性较好，两端封头的支撑作用不能忽略，失稳时呈现两个以上的波形。

常用拉姆公式计算临界压力：

$$p_{cr}=\frac{2.59E\delta_e^2}{LD_o\sqrt{D_o/\delta_e}} \tag{3-20}$$

式中　D_o——圆筒外径，mm；

L——圆筒计算长度，mm。

其他符号同前。

3. 刚性圆筒

该圆筒刚性最好，破坏时属强度失效。刚性圆筒强度校核公式与内压圆筒相同，刚性圆筒所能承受的最大外压力是：

$$p_{max}=\frac{2\delta_e\sigma_s^t}{D_o} \tag{3-21}$$

式中　σ_s^t——材料在设计温度下的屈服极限，MPa。

其他符号同前。

四、外压薄壁容器类型的判定

1. 临界长度

随着长圆筒计算长度的缩短，封头对筒体的支撑作用逐渐增强，临界压力也不断增加，当长圆筒计算长度缩短至某一长度时，此时其临界压力与相同条件的短圆筒相等，这一长度称为长圆筒与短圆筒的临界长度。

由式（3-19）与式（3-20）可得：

$$2.2E\left(\frac{\delta_e}{D_o}\right)^3=\frac{2.59E\delta_e^2}{LD_o\sqrt{D_o/\delta_e}}$$

$$L_{cr}=1.17D_o\sqrt{D_o/\delta_e} \tag{3-22}$$

同理由式（3-20）与式（3-21）可得：

$$\frac{2.59E\delta_e^2}{LD_o\sqrt{D_o/\delta_e}}=\frac{2\delta_e\sigma_s^t}{D_o}$$

$$L'_{cr}=\frac{1.3E\delta_e}{\sigma_s^t\sqrt{D_o/\delta_e}} \tag{3-23}$$

(1) 当圆筒计算长度 $L \geqslant L_{cr}$ 时，属于长圆筒。

(2) 当圆筒 $L'_{cr} < L < L_{cr}$ 时，属于短圆筒。

(3) 当圆筒计算长度 $L \leqslant L'_{cr}$ 时，属于刚性圆筒。

2. 计算长度

圆筒的计算长度是指圆筒上两相邻刚性构件支撑线间的距离。按下述方法确定圆筒的计算长度。

(1) 圆筒部分没有加强圈时，或没有可作为加强的刚性构件时，计算长度取圆筒的总长度（包括封头的直边高度）加上每个凸形封头曲面深度的 $\frac{1}{3}$。

(2) 有加强圈或有可作为加强的刚性构件时，计算长度取相邻加强圈或刚性构件的中心线间的最大距离。如图 3-6 所示。

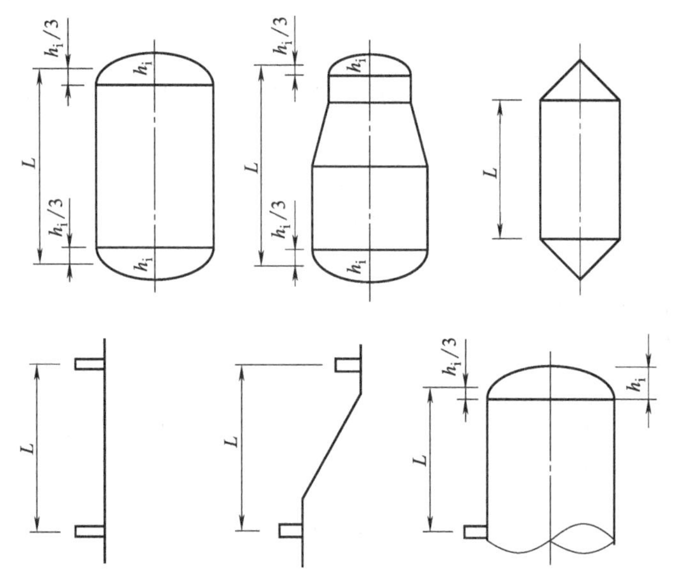

图 3-6 外压圆筒计算长度示意

项目实训

已知图 3-7 的反应釜釜体内径 1400mm，反应釜筒体部分长 1600mm，两端封头为标准椭圆形封头，封头高均为 350mm，直边高度为 40mm，夹套外筒的内直径 $D'_i = 1500$mm，夹套上端离筒体与封头法兰连接处距离为 100mm。反应釜装有安全阀，泄放压力为 $p_1 = 0.3$MPa；夹套用水蒸气加热，蒸汽管线装有安全阀，泄放压力为 $p_2 = 0.4$MPa，反应釜内最低压力为常压。试判断釜体和夹套各属于内压容器还是外压容器？如果是外压容器，试确定其计算长度 L。

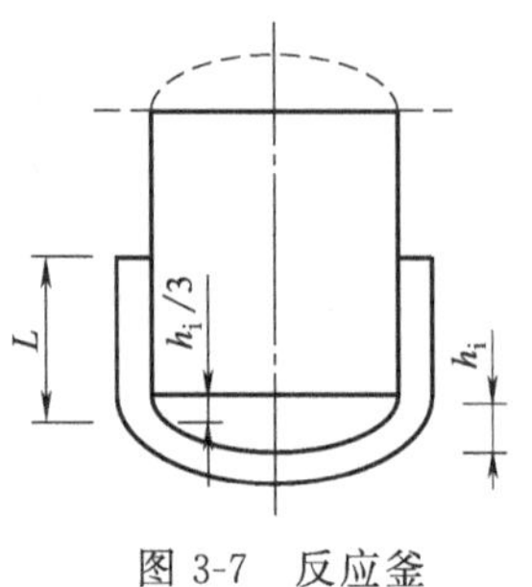

图 3-7 反应釜

① 夹套内承受压力 $p_2 = 0.4$MPa，大于反应釜内部压力 $p_1 = 0.3$MPa，$p_2 > p_1$，夹套属于内压容器。取设计压力 p_2 为 0.4MPa，在此压力下蒸汽的温度 $t = 144$℃，故设计温度 $t = 144$℃。

② 反应釜内最低压力为常压，即 $p_1 = 0$，夹套内压力 $p_2 = 0.4$MPa，所以内筒体承受外压的作用，按外压容器计算。

$$\text{计算长度 } L = (1600 - 100) + 40 + \frac{1}{3} \times 350 = 1656.7 \text{ (mm)}$$

项目练习

1. 解释外压容器稳定性概念。
2. 什么是临界压力？影响临界压力因素有哪些？
3. 什么是临界长度？什么是计算长度？
4. 如何判断外压圆筒的类型？
5. 计算下题塔的计算长度 L。

某一外压圆筒形塔体，内径为 1400mm，筒体总长 6000mm（不包括封头），标准椭圆形封头高（半椭球）为 350mm，直边高度 40mm，设计温度为 200℃，材料为 16MnR，真空操作，无安全控制装置，取腐蚀裕量 $C_2=1.2$mm。

子项目 2　外压容器壁厚确定

项目目标

- **知识目标**：掌握外压容器的稳定条件；掌握图算法确定外压容器厚度的方法；掌握图算法确定外压容器封头的方法。
- **技能目标**：能计算外压容器的壁厚。

项目内容

1. 计算外压圆筒壁厚。
2. 计算外压封头壁厚。
3. 按内压容器压力试验步骤对外压容器做压力试验。

相关知识

一、外压容器稳定条件

失稳是外压薄壁容器主要的破坏形式。外压容器实际承受的压力小于其临界压力时，容器不会失稳，但实际上圆筒存在几何形状、尺寸偏差、材料性能不均匀等缺陷，所以容器的实际临界压力小于理论计算值。工程设计上通常考虑一个安全裕度，用临界压力除以稳定系数 m，即：

$$p_c \leqslant [p] = \frac{p_{cr}}{m} \tag{3-24}$$

式中　p_c——计算外压力；

m——稳定系数，其值取决于计算公式的精确程度、载荷的对称性、筒体的几何精度、制造质量、材料性能以及焊缝结构等。规定：圆筒 $m=3$，凸形封头 $m=14.52$。

二、外压容器壁厚确定

外压容器壁厚确定有解析法和图算法，图算法因为计算简便，受到广泛应用。下面是图算法的计算步骤。

1. 外压容器筒体壁厚确定

(1) $D_o/\delta_e \geqslant 20$ 时

① 假设壁厚 δ_n，$\delta_e=\delta_n-C$，$D_o=D_i+2\delta_n$，定出 L/D_o 和 D_o/δ_e。

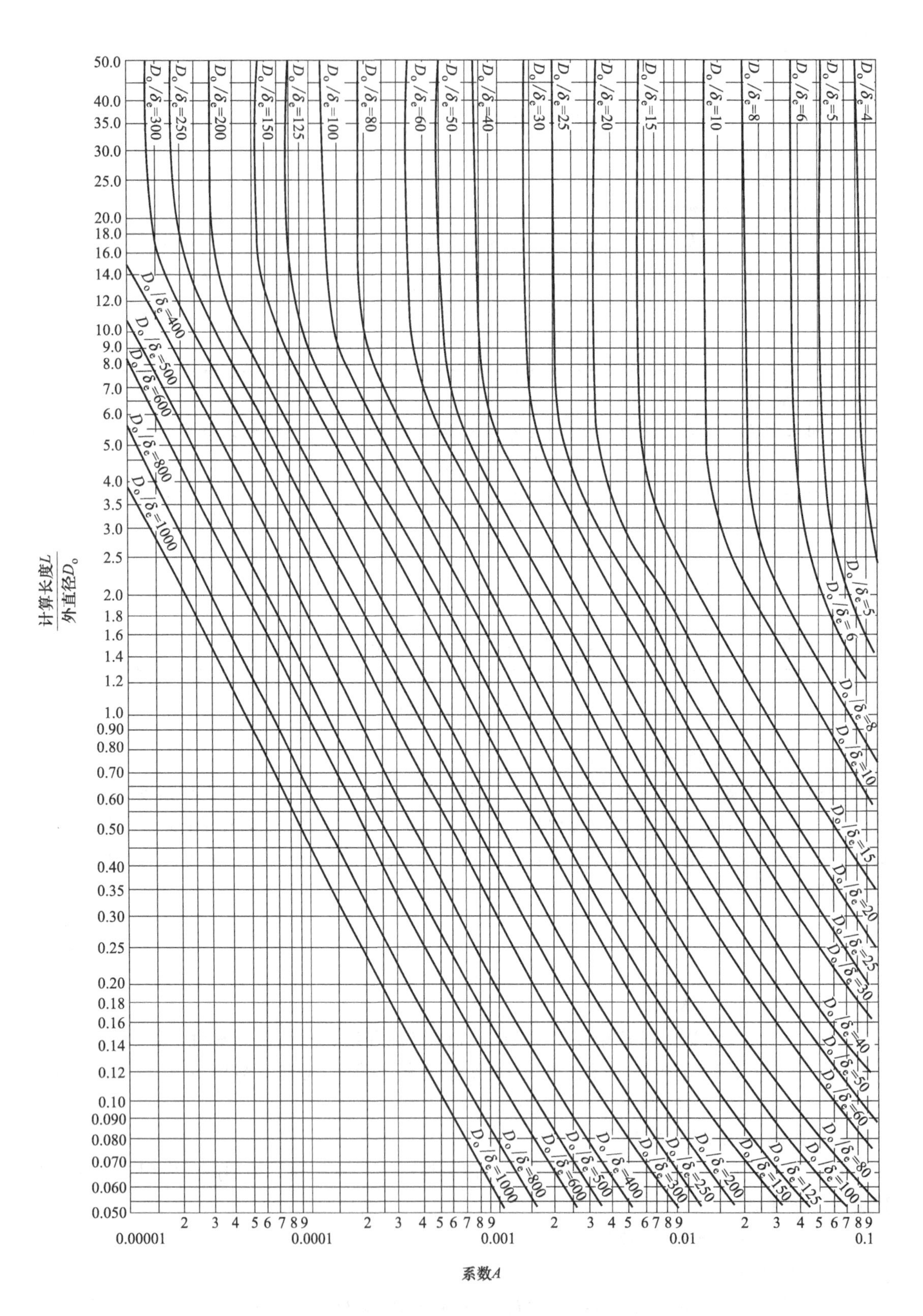

图 3-8 外压圆筒几何参数计算图

② 在图 3-8 的左方找 L/D_o 值，由此点沿水平方向右移与 D_o/δ_e 线相交（遇中间温度用内插法），得一交点。若 $L/D_o>50$，则仍用 $L/D_o=50$ 查图，若 $L/D_o<0.05$，则用 $L/D_o=0.05$ 查图。

③ 过此交点沿垂直方向下移，在图的下方得系数 A。

④ 从图 3-9、图 3-10 中按所用材料来选，在所选图中横坐标上找到系数 A，若 A 值落在设计温度下材料线右方，则过此点垂直上移，与设计温度下的材料线相交（遇中间温度用内插法），再过此交点水平方向右移，在图的右方找到系数 B，将 B 值代入 $[p]=\frac{B}{D_o/\delta_e}$，式中得许用压力 $[p]$。

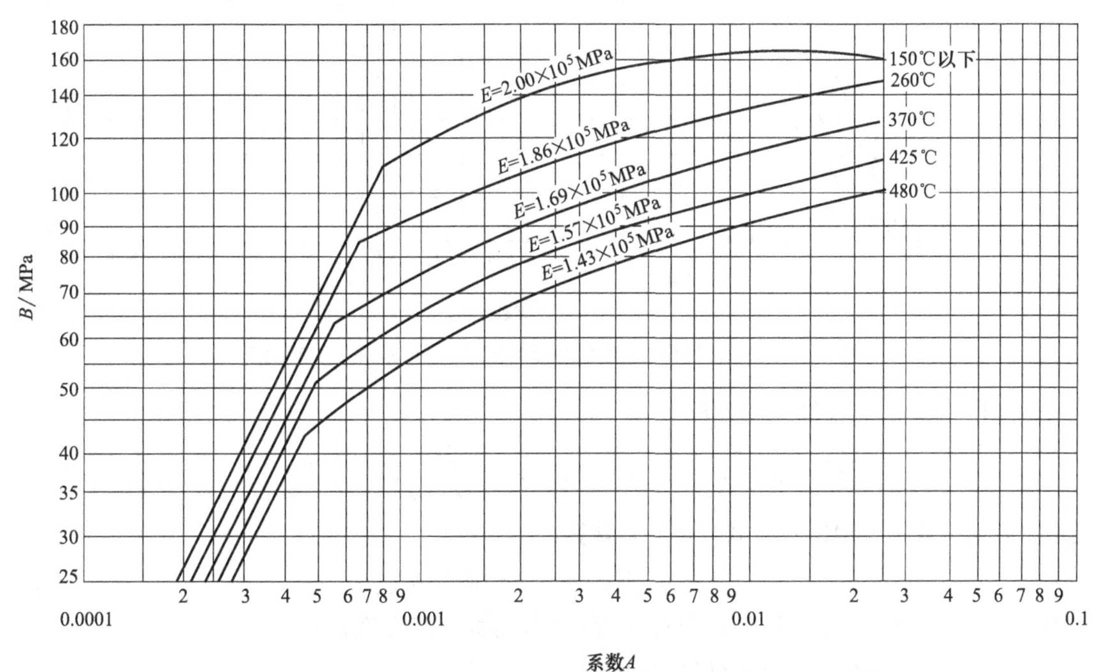

图 3-9　外压圆筒和球壳厚度计算图（屈服点 $\sigma_s>207$MPa 的碳素钢和 0Cr13、1Cr13 钢）

若所得 A 值落在设计温度下材料线左方，可直接将 A 值代入式（3-25）计算：

$$[p]=\frac{2AE}{3(D_o/\delta_e)} \tag{3-25}$$

式中　E——设计温度下材料的弹性模量，MPa。

其他符号同前。

⑤ $[p]$ 应大于或等于 p_c，否则需再重新假设名义厚度 δ_n，重复上述计算步骤，直到 $[p]$ 大于且接近 p_c 为止。

（2）$D_o/\delta_e<20$ 时

① 计算 A 值

当 $4\leqslant D_o/\delta_e<20$，按 $D_o/\delta_e\geqslant 20$ 的方法计算系数 A 值。

当 $D_o/\delta_e<4$ 时

$$A=\frac{1.1}{(D_o/\delta_e)^2} \tag{3-26}$$

若 $A>0.1$ 时，取 $A=0.1$。

② 按 $D_o/\delta_e\geqslant 20$ 的方法确定系数 B。

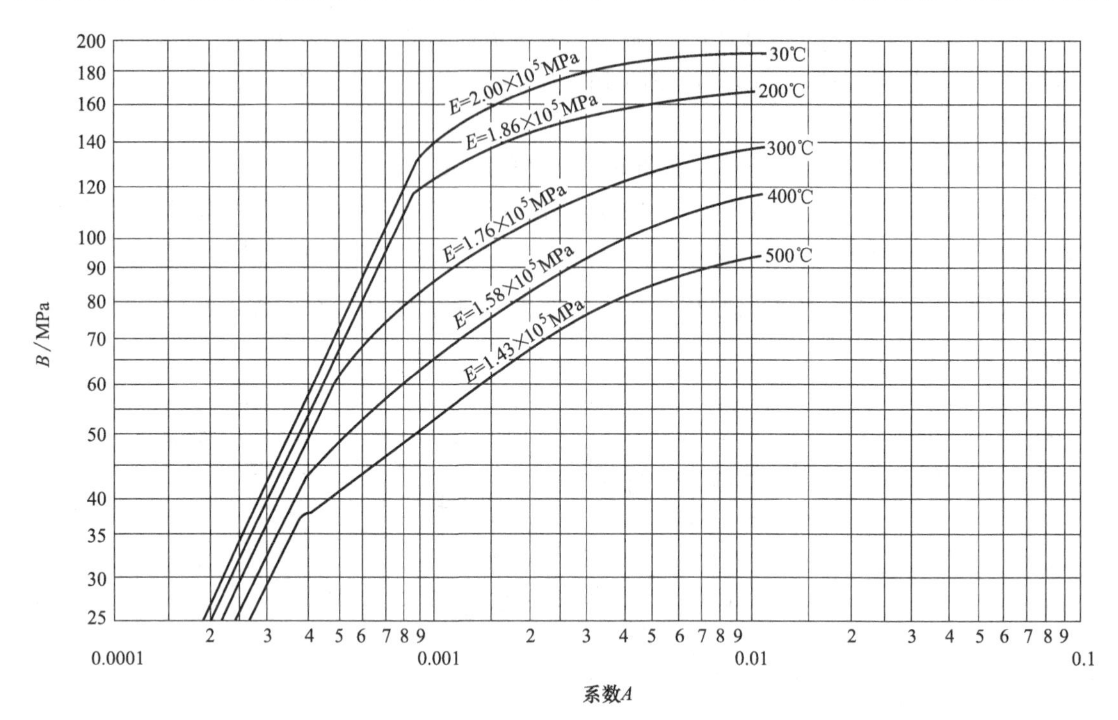

图 3-10 外压圆筒和球壳厚度计算图（16MnR、09MnVDR）

③ 用式（3-27）计算许用外压力

$$[p]=\min\left[\left(\frac{2.25}{D_o/\delta_e}-0.0625\right)B,\ \frac{2\sigma_0}{D_o/\delta_e}\left(1-\frac{1}{D_o/\delta_e}\right)\right] \tag{3-27}$$

式中 σ_0——应力，MPa；按式（3-28）计算。

$$\sigma_0=\min\{2[\sigma]^t,\ 0.9\sigma_s^t\ 或0.9\sigma_{0.2}^t\} \tag{3-28}$$

式中 $\sigma_{0.2}^t$——设计温度下圆筒材料应变为0.2%时的屈服强度，MPa；

σ_s^t——设计温度下圆筒材料的屈服点，MPa；

$[\sigma]^t$——设计温度下圆筒材料的许用应力，MPa。

其他符号同前。

④ $[p]$ 应大于或等于 p_c，否则需再重新假设名义厚度 δ_n，重复上述计算步骤，直到 $[p]$ 大于且接近 p_c 为止。

2. 外压封头壁厚确定

(1) 外压球形封头厚度确定

① 假设壁厚 δ_n，则 $\delta_e=\delta_n-C$，定出 R_0/δ_e。

② 计算球形封头的临界应变值 A

$$A=\frac{0.125}{R_0/\delta_e} \tag{3-29}$$

③ 按所用材料选图 3-9、图 3-10，在所选图中横坐标上找到系数 A，若 A 值落在设计温度下材料线右方，则过此点垂直上移，与设计温度下的材料线相交（遇中间温度用内插法），再过此交点水平方向右移，在图的右方找到系数 B，将 B 值代入 $[p]=\frac{B}{R_0/\delta_e}$，式中得许用压力 $[p]$。若所得 A 值落在设计温度下材料线左方，可直接将 A 值代入式（3-30）计

算，得：

$$[p]=\frac{0.0833E}{(R_0/\delta_e)^2} \tag{3-30}$$

④ $[p]$ 应大于或等于 p_c，否则需再重新假设名义厚度 δ_n，重复上述计算步骤，直到 $[p]$ 大于且接近 p_c 为止。

（2）外压椭圆形封头和碟形封头的厚度确定　外压椭圆形封头和碟形封头的厚度计算与外压球形封头类似，只是 R_0 的含义不同。对于碟形封头，R_0 取球面部分外半径；对于椭圆形封头，由于其曲率半径是变化的，所以，R_0 取当量球壳外半径，即：

$$R_0=K_1D_0(\text{标准椭圆形封头 } K_1=0.9)$$

（3）锥形封头厚度确定　受外压作用的锥形封头，其设计包括两个方面：一是厚度计算；二是锥壳与圆筒连接处的外压加强计算。

厚度计算的方法与锥形封头和锥壳的形状有关。当锥形封头和锥壳的半顶角 $\alpha>60°$，其厚度按平盖计算，计算直径取锥壳的最大内直径；当半顶角 $\alpha\leqslant60°$时，采用当量法计算厚度。

对于半顶角 $\alpha\leqslant60°$的锥形封头，因其与连接处存在结构变形不协调产生的边缘应力，因此，在连接处附近，筒体与锥形封头必须有足够的截面，保证其在外压作用下的稳定性，如果截面不够，则需设置加强段，必要时还需配置加强圈。

锥形封头和锥壳的具体计算方法，可参考有关的设计标准。

3. 计算参数计算外压力 p_c 确定

计算外压力是确定外压容器厚度的依据，因此，计算外压力应考虑正常条件下可能出现的最大内、外压力差。对于真空容器，其壳体厚度按外压容器的设计方法考虑，当装有真空泄放阀类安全控制装置时，设计外压力取 1.25 倍最大内、外压力差或 0.1MPa 两者中的较小值；当无安全控制装置时，设计外压力取 0.1MPa；在以上基础上考虑相应的液柱静压力，可得计算外压力 p_c。对由两室或两个以上压力室组成的容器，如夹套容器，其计算外压力应考虑各室之间的最大压力差。

三、外压容器压力试验

外压容器和真空容器以内压进行压力试验，其试验压力按下列方法确定。

液压试验：$p_T=1.25p$

气压试验：$p_T=1.15p$

对于由两室或两个以上压力室组成的容器，如夹套容器，进行压力试验时应考虑校核相邻壳壁在压力试验下的稳定性，如果不满足稳定要求，则应规定在做压力试验时，相邻压力室内必须保持一定压力，以使在整个试验过程中（包括升压、保压和卸压）的任何时间内，各压力室的压力差不超过允许压力差，这一点也应注在设计图样上。

外压容器压力试验的方法、要求及试验前对圆筒应力的校核与内压容器相同。

外压容器的其他参数，如设计温度、焊接接头系数、许用应力等与内压容器相同。

项目实训

参考子项目 1 中“项目实训”反应釜选用 Q235-A 材料，腐蚀裕量 $C_2=2\text{mm}$，试确定釜体及封头厚度。

1. 反应釜筒体厚度确定

假设壁厚 $\delta_n=12mm$，查表 C_1 为 0.8mm，C_2 取 2mm，$C=2.8mm$。$\delta_e=\delta_n-C=12-2.8=9.2$（mm），$D_o=D_i+2\delta_n=1400+2\times12=1424$（mm），$L=(1600-100)+40+\frac{1}{3}\times350=1656.7$（mm）

$L/D_o=1656.7/1424=1.1634$

$D_o/\delta_e=1424/9.2=154.78$

查图 3-8，$A=0.00055$

查图 3-9，$B=75MPa$

$$[p]=\frac{B}{D_o/\delta_e}=\frac{75}{1424/9.2}=0.4845\ (MPa)>0.4MPa$$

故壁厚取 12mm 反应釜稳定性足够。

2. 反应釜封头厚度确定

因反应釜上封头受内压，而下封头受外压，所以上封头按内压计算，下封头按外压计算。

(1) 上封头　标准椭圆形封头，$k=1$，双面焊全部无损探伤 $\phi=1.00$，经查表 $t=144$℃时 Q235-A $[\sigma]^t=113MPa$，标准椭圆形封头 $k=1$，$p_c=0.3MPa$。

椭圆形封头设计计算公式：

$$\delta=\frac{kp_cD_i}{2[\sigma]^t\phi-0.5p_c}=\frac{1\times0.3\times1400}{2\times113\times1.00-0.5\times0.3}=1.86\ (mm)$$

取 $C=2.8mm$

设计厚度 $\delta_d=1.86+2.8=4.66$（mm）

考虑上封头需要开设人孔、还要支撑电动机、减速机、搅拌器等重力作用，同时考虑边缘应力问题，上封头厚度 $\delta_n=12mm$。因筒体厚度 12mm（前已计算），封头与筒体等厚度连接，可以避免因厚度不同产生边缘应力。

(2) 下封头　假设壁厚 $\delta_n=12mm$，$\delta_e=\delta_n-C=12-2.8=9.2$（mm），$D_o=D_i+2\delta_n=1400+2\times12=1424$（mm），标准椭圆形封头 $R_0=K_1D_o=0.9\times1424=1281.6$（mm）

$$A=\frac{0.125}{R_0/\delta_e}=\frac{0.125}{1281.6/9.2}=0.0008973$$

查图　$B=111MPa$

$$[p]=\frac{B}{R_0/\delta_e}=\frac{111}{1281.6/9.2}=0.7968\ (MPa)>0.4MPa$$

故壁厚取 12mm 反应釜封头稳定性足够。

上、下封头与筒体壁厚同取 12mm。

3. 夹套筒体及封头壁厚

夹套属于内压容器，壁厚计算参考内压薄壁容器壁厚的确定。

? 项目练习

1. 外压容器稳定条件是什么？
2. 简述图算法确定外压容器壁厚的步骤。
3. 如何确定计算外压力 p_c？
4. 试计算子项目 1“项目练习”5 题中塔筒体及封头壁厚。

子项目 3　提高外压容器稳定性方法

项目目标

• **知识目标**：掌握提高外压容器稳定性方法；掌握加强圈的结构要求；掌握设置加强圈要求。

• **技能目标**：能为外压容器设置正确的加强圈。

项目内容

1. 取密封铝制圆筒，中间设一个加强圈，接真空泵，抽真空，记录压力表数据。
2. 圆筒中间设两个加强圈，接真空泵，抽真空，记录压力表数据。
3. 改变两个加强圈的间距，抽真空，记录压力表数据，并比较。

相 关 知 识

一、提高外压容器稳定性方法

缩短刚性构件之间的距离，圆筒的刚度增强，临界压力 p_{cr}值就会提高，虽然增加圆筒壁厚也能使 p_{cr}值增大，但从钢材消耗来看，增大壁厚，不如在圆筒的外边或里边设置加强圈更为有效。

圆筒用不锈钢或其他有色金属制造时，常在圆筒外壁设置一定数量碳钢材料制造的加强圈，可节省大量昂贵的金属，其经济价值更大。

二、加强圈设置

1. 加强圈结构

加强圈是指为增加外压容器的稳定性而设置在圆筒内侧或外侧，具有足够刚性的环状构件。

加强圈常用扁钢、角钢、工字钢或其他型钢制成。如图 3-11 所示。若用加强圈来增加圆筒刚性，则要求加强圈本身应有足够的刚性，并能与圆筒组合成一体，才能对圆筒起支撑作用，加强圈与圆筒连接常采用焊接连接。为了保证加强圈与圆筒焊成一体，对加强圈的间断焊缝有一定的规定，当加强圈设在圆筒外壁时，加强圈每侧间断焊接的总长，不少于圆筒外周长的 1/2；当设在圆筒内壁时，间断焊接的总长，应不少于圆筒内周长的 1/3。间断焊缝的间距 t，对外加强圈为 $8\delta_n$，对内加强圈为 $12\delta_n$。加强圈两侧的间断焊缝可以互相错开或并排。如图 3-12 所示。

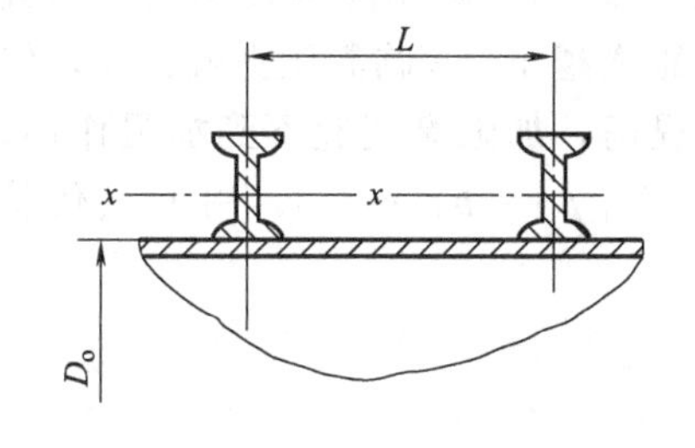

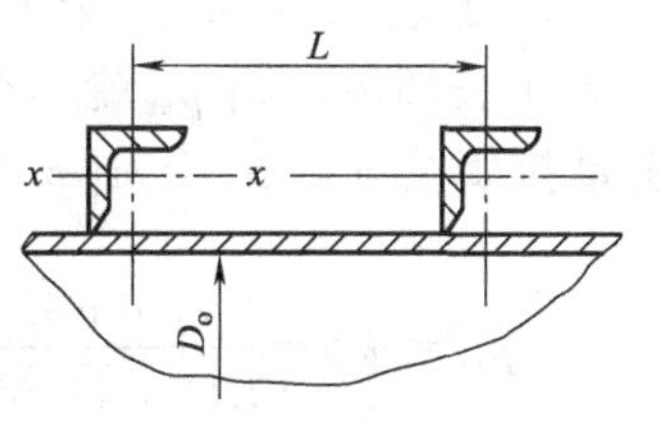

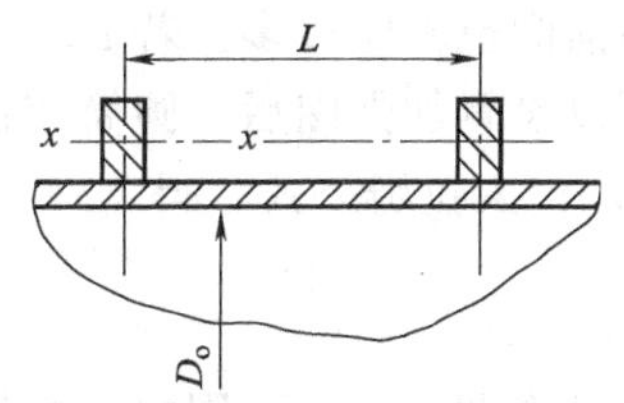

图 3-11　加强圈结构

由于工艺上的需要，常使设置在圆筒内的加强圈要有局部削弱或间断，允许加强圈间断或削弱而不需要补强的弧长，可根据 L/D_o 和 D_o/δ_e 的数值查图 3-13 求得。

为了保证圆筒的稳定性，凡是不允许被削弱或间断的部分都应该设法补强。

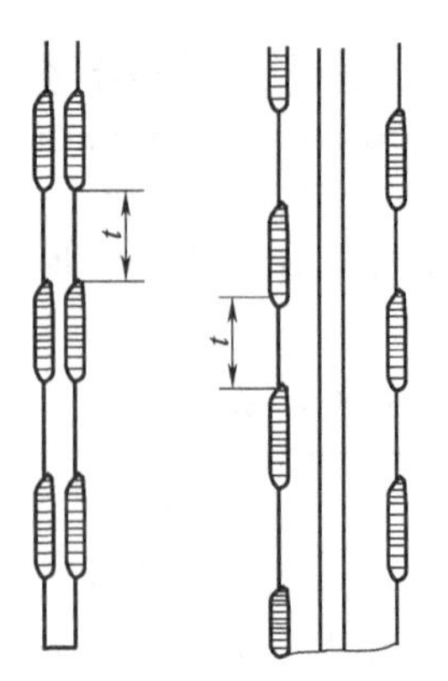

图 3-12 间断焊排列方式

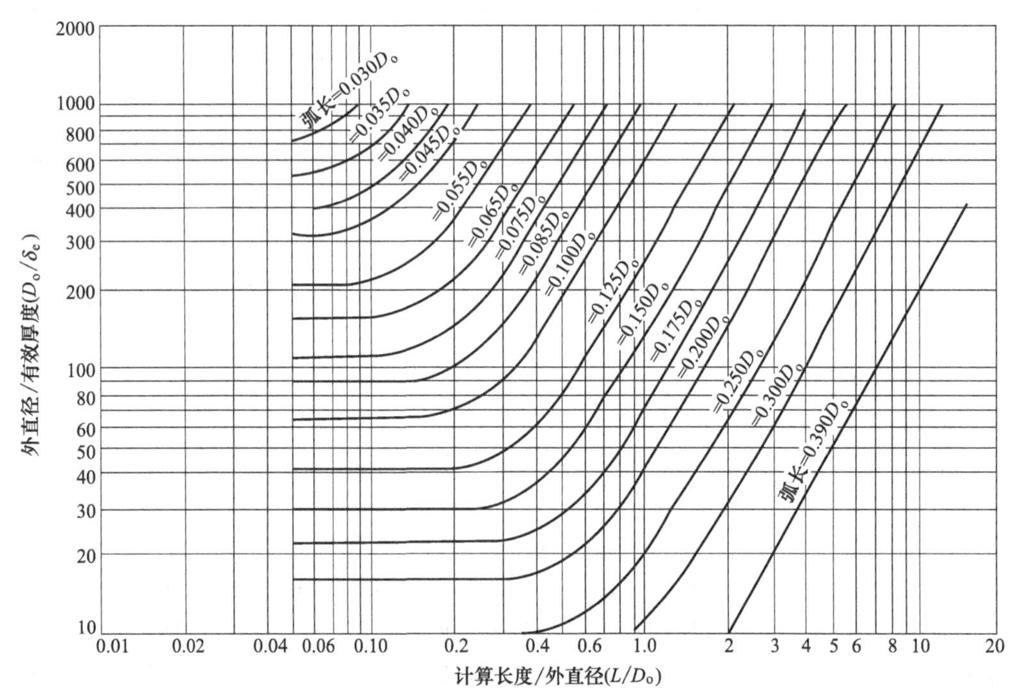

图 3-13 圆筒上加强圈允许的间断弧长

2. 加强圈间距

加强圈间的距离必须使计算长度 $L \leqslant L'_{cr}$，即两个加强圈之间的距离应是短圆筒，而且短圆筒的临界压力与其计算长度 L 成反比，故加强圈间的距离越小，其临界压力就越高，但加强圈也不能过多。若 $L > L'_{cr}$ 属于长圆筒，则 p_{cr} 就不会提高，加强圈就起不到加强作用。所以设置加强圈后，圆筒应满足拉姆公式，$p_{cr}=m[p]$，取 $[p]=p$，$m=3$，用 L_{max} 代替 L，代入拉姆公式，得：

$$p_{cr}=mp=\frac{2.59E\delta_e^2}{LD_o\sqrt{D_o/\delta_e}}$$

得圆筒上加强圈之间的最大间距：

$$L_{max}=\frac{2.59ED_o(\delta_e/D_o)^{2.5}}{3p_c} \tag{3-31}$$

式中，符号同前。

当加强圈的实际间距 $L \leqslant L_{max}$ 时，则圆筒能够安全承受设计外压力。

3. 加强圈的尺寸

加强圈的尺寸必须使它具有足够的刚性，以保证圆筒不致失稳。

计算步骤参考有关资料。

项目实训

有一减压分馏塔，筒体内径 3800mm，筒体长度 12800mm，筒体两端采用半球形封头，壁厚附加量为 4mm，操作温度为 425℃，真空操作，筒体和封头材料均为 16MnR，试为该塔设置合适数量的加强圈。

解：1. 无加强圈时塔体壁厚

假设壁厚 $\delta_n=26$mm，$\delta_e=\delta_n-C=26-4=22$（mm），$D_o=D_i+2\delta_n=3800+2\times26=3852$（mm），$L=12800+\frac{1}{3}\times1900=13433.3$（mm）

$L/D_o=13433.3/3852=3.487$

$D_o/\delta_e=3852/22=175.1$

查图　$A=0.00018$

$$[p]=\frac{2AE}{3(D_o/\delta_e)}=\frac{2\times0.00018\times1.54\times10^5}{3\times(3852/22)}=0.11\ (\text{MPa})>0.1\text{MPa}$$

故壁厚取 26mm 分馏塔稳定性足够。

2. 加强圈间距

塔体计算长度 $L=12800+\frac{1}{3}\times1900=13433.3$（mm）

设置加强圈间距最大值

$$L_{max}=\frac{2.59ED_o(\delta_e/D_o)^{2.5}}{mp_c}=\frac{2.59\times1.54\times10^5\times3852\times(22/3852)^{2.5}}{3\times0.1}=12624.85\ (\text{mm})$$

$L=13433.3\text{mm}>L_{max}(12624.85\text{mm})$，属于长圆筒，容器容易失稳。该塔至少应设置一个加强圈。

? 项目练习

1. 简述提高外压容器稳定性的方法。
2. 在外压容器上设置加强圈对结构有什么要求？如何确定加强圈数量？
3. 观察附近化工厂外压容器加强圈的结构。
4. 为子项目 1 “项目练习” 5 题中塔设置两个加强圈，试计算设置加强圈后塔筒体的壁厚。

项目四　压力容器附件

子项目 1　压力容器密封装置选择

项目目标

- **知识目标：** 掌握密封装置的密封原理；掌握压力容器法兰的结构；掌握法兰密封面形式；掌握法兰垫片类型。
- **技能目标：** 能为压力容器选择正确的密封装置。

项目内容

1. 认识压力容器密封装置。
2. 说明密封装置结构组成。
3. 为容器选配法兰。

相关知识

一、法兰连接结构与密封原理

由于生产工艺或制造、安装、运输、检修等的需要，常常将化工容器或管道做成可拆的连接结构。常用的可拆连接有法兰连接、螺纹连接和插套连接。法兰连接是最常用的连接结构，可分为压力容器法兰和管法兰连接。它们的结构相似，工作原理相同。

法兰连接由一对法兰、数个螺栓、螺母和一个垫片组成。如图 3-14 所示。

法兰的密封原理是法兰在螺栓预紧力的作用下，把处于法兰密封之间的垫片压紧，垫片发生变形后，填满法兰面上的不平间隙，从而阻止流体泄漏。施加于垫片单位面积上的压力，必须达到一定的数值，才能使垫片发生变形。

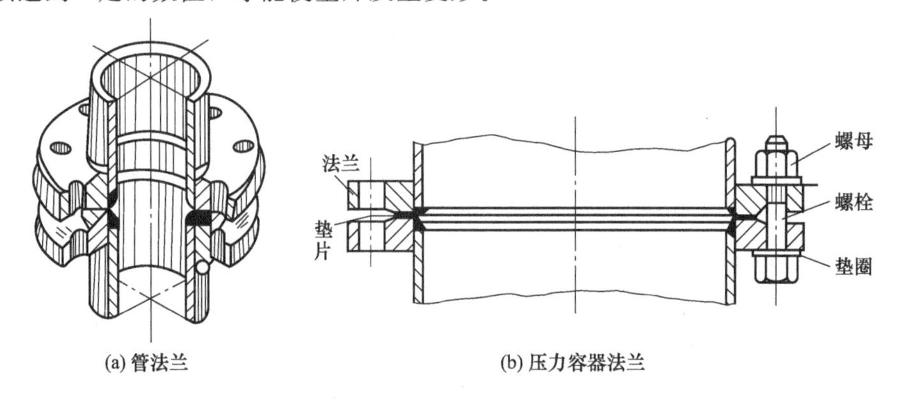

图 3-14 法兰连接组成

二、法兰的结构与类型

1. 按法兰与设备或管道的连接方式划分

法兰可分为整体法兰、松套法兰和任意法兰 3 种。

（1）整体法兰　将法兰与壳体锻或铸成一体或全焊透，典型的整体法兰有一个锥形的颈脖，故又称高（长）颈法兰。法兰受力后会使容器产生附加弯曲应力。如图 3-15（a）、（b）所示。

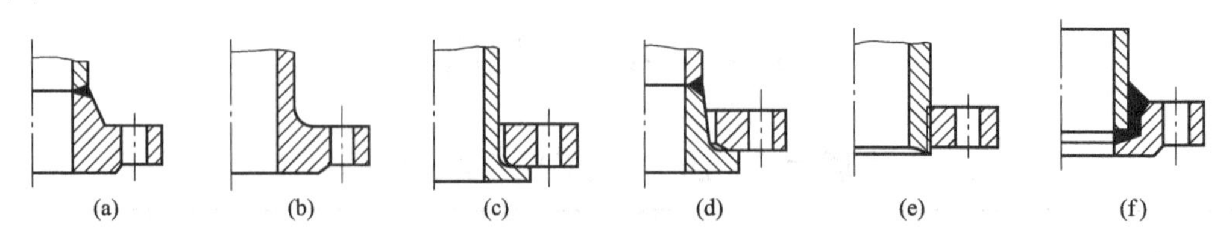

图 3-15 法兰类型

（2）松套法兰　法兰不直接固定在壳体上或虽然固定而不能保证法兰与壳体作为一个整体承受螺栓载荷的结构。如图 3-15（c）、（d）所示。

（3）任意法兰　介于松套法兰和整体法兰。有的接近松式法兰，如图 3-15（e）；有的接近整体法兰。如图 3-15（f）所示。

2. 法兰密封面形式

法兰密封面又称压紧面。常用的法兰密封面形式有平面型密封面、凹凸型密封面和榫槽型密封面。

平面型密封面　压紧面的表面为平面或带沟槽的平面。如图 3-16（a）所示。结构简单，加工方便，垫圈易挤偏，密封性差。常用于压力及温度较低的设备。

凹凸型密封面　由一个凹面和一个凸面配合组成。垫片放凹面中。如图 3-16（b）所示。其应用介于平面型和榫槽型密封面之间。

榫槽型密封面　由一个榫面和一个槽面配合组成，垫片不易挤出，也不受介质冲刷。缺点是榫面易损坏，而且垫片坏了，不易取出，更换困难。如图 3-16（c）所示。常用于压力及温度较高及密封要求高的场合。

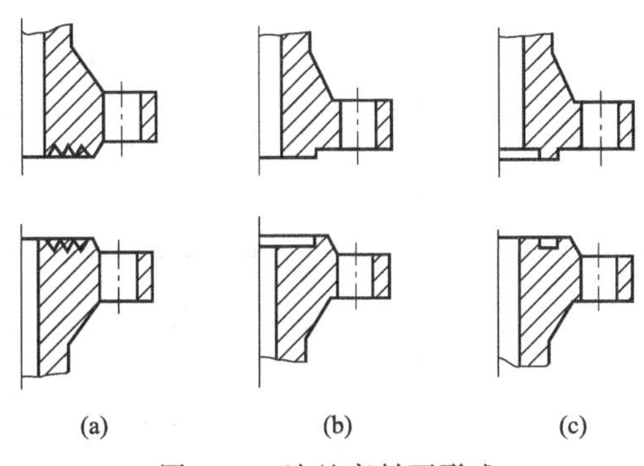

(a)　(b)　(c)

图 3-16　法兰密封面形式

3. 垫片性能

垫片与介质直接接触，是法兰连接的核心，所以垫片的性能对法兰连接密封的效果有很大影响。垫片的选择应考虑工作温度、工作压力、介质的腐蚀性等因素。常用的垫片形式有非金属垫片、金属垫片和组合垫片。

非金属垫片　常用的非金属材料有橡胶、石棉橡胶、聚四氟乙烯和膨胀石墨，供压力、温度较低时选用，非金属垫片耐温度和压力的性能较金属垫片差。如图 3-17（a）所示。

金属垫片　用薄金属板将石棉等非金属包裹而成，常用材料有软铝、铜、铁、铬钢和不锈钢等。如图 3-17（d）所示。压力、温度较高而且波动较大。

金属-非金属组合垫片　将薄金属带与填充带（石棉纸、橡胶石棉带或聚四氟乙烯薄膜等）叠在一起绕成螺旋状，然后在钢带的始端和末端点焊数点而制成。耐蚀、耐热、密封性能，适用于较高压力和温度。如图 3-17（b）、（c）所示，其中图 3-17（c）为带外加强环的垫片。

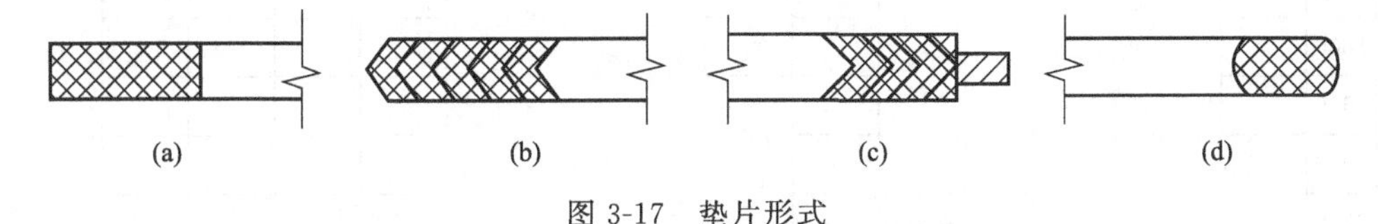

(a)　(b)　(c)　(d)

图 3-17　垫片形式

三、法兰标准及选用

1. 压力容器法兰标准

(1) 压力容器法兰分类　压力容器法兰分为平焊法兰和对焊法兰。其中平焊法兰又分甲、乙两种形式。标准压力容器法兰分类见表 3-6 所列。

表 3-6 标准压力容器法兰分类

类型		平焊法兰										对焊法兰					
		甲型				乙型						长颈					
标准号		JB/T 4701—2000				JB/T 4702—2000						JB/T 4703—2000					
简图		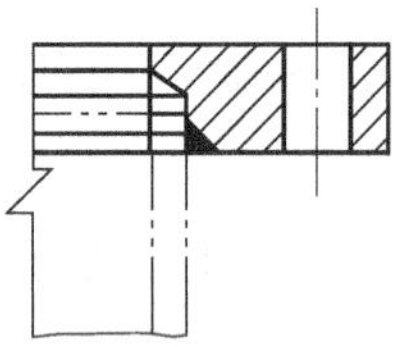				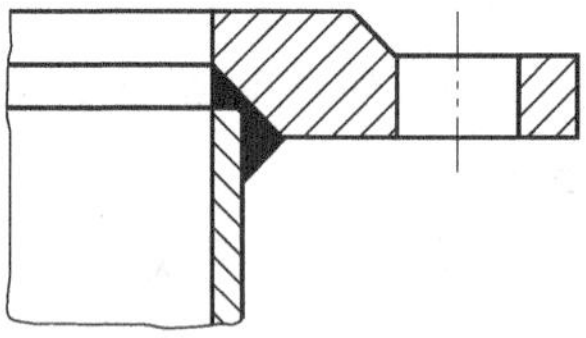						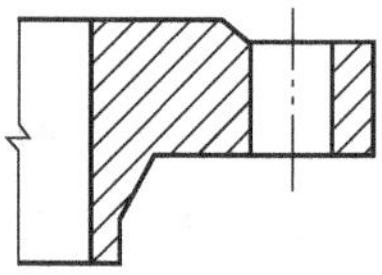					
公称压力 PN/MPa		0.25	0.6	1.0	1.6	0.25	0.6	1.0	1.6	2.5	4.0	0.6	1.0	1.6	2.5	4.0	6.4
公称直径 DN/mm	300																
	350	按 PN1.0															
	400																
	450																
	500																
	550	按 PN 0.6															
	600																
	650																
	700																
	800																
	900																
	1000																
	1100																
	1200																
	1300																
	1400																
	1500																
	1600																
	1700																
	1800																
	1900																
	2000																
	2200					按 PN 0.6											
	2400																
	2600																
	2800																
	3000																

① 甲型平焊法兰　法兰盘直接与筒体或封头焊接，法兰刚度差，易变形，适用于压力等级较低和筒体直径较小的情况。因刚度差，只能选用非金属垫片，如图 3-18（a）所示。

② 乙型平焊法兰　带有一个短筒体，其厚度 12mm 或 16mm，这个厚度比相同公称直径和公称压力下的筒体壁厚大得多，所以刚性较甲型法兰好，可用于压力较高，直径较大的场合。如图 3-18（b）所示。

③ 对焊法兰　由于用厚度大的长颈代替了乙型平焊法兰的短节，更有效地增加了法兰的刚度，故刚性更好，用于压力更高、直径更大处。如图 3-18（c）所示。

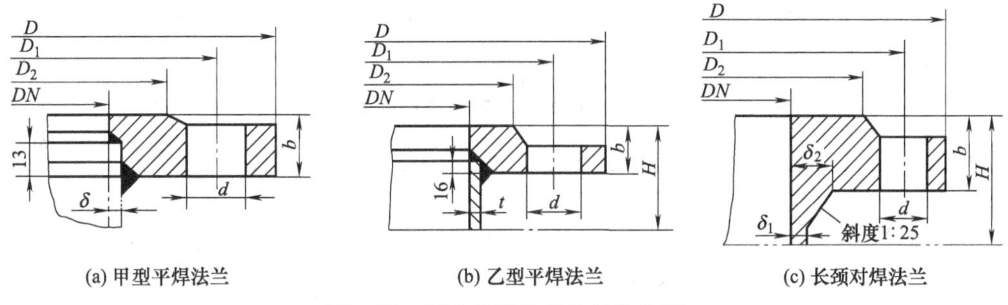

图 3-18　压力容器法兰的结构类型

（2）公称直径和公称压力　公称直径和公称压力是选择法兰的主要参数。

① 公称直径　公称直径是为了设计、制造、使用方便而规定的一种标准直径。压力容器法兰的公称直径与压力容器的直径取同一系列数值。常用 *DN* 表示。

DN 是将容器及管子直径加以标准化以后的标准直径。压力容器的公称直径 *DN* 是容器的内直径。

管子公称直径既不等于其内径，也不等于其外径，而是与两者相近的某一数值，为一名义直径。

相同公称直径的容器法兰与管法兰两者不能相互代替。

② 公称压力　公称压力是为了设计、制造、使用方便而规定的若干个标准压力等级。常用 *PN* 表示。

目前我国规定的公称压力等级为：常压、0.25MPa、0.6MPa、1.0MPa、1.6MPa、2.5MPa、4.0MPa、6.4MPa。

法兰公称压力与法兰的最大操作压力和操作温度以及法兰材料 3 个因素有关。

（3）标准法兰的选用　在工程应用中，一般都选用标准法兰，这样可以减少压力容器设计计算量，增加法兰互换性，降低成本，提高制造质量。所以标准法兰的选用非常重要。通常按下述步骤选择。

① 确定公称压力　由法兰标准中的公称压力等级和容器设计压力，按设计压力小于等于公称压力的原则，就近靠一公称压力，若设计压力非常接近这一公称压力且设计温度高于 200℃时，则可就近提高一个公称压力等级，这样初步确定一公称压力。

② 初步确定法兰的类型　由公称直径、设计温度和以上初定的公称压力查表 3-5，并考虑不同类型法兰的适用温度，初步确定法兰的类型。

③ 确定密封面形式　由工作介质特性，确定密封面形式。

④ 确定法兰的材料　由介质特性、设计温度，结合容器材料对照标准中规定的法兰常用材料确定法兰的材料。

⑤ 确定允许的最大工作压力　由法兰类型、材料、工作温度和初定的公称压力查表3-7，得其允许的最大工作压力。

⑥ 比较　若所得最大允许工作压力大于等于设计压力，则原初定的公称压力就是所选法兰的公称压力；若所得最大允许工作压力小于设计压力，则调换优质材料或提高公称压力等级，使得最大允许工作压力大于等于设计压力，从而最后确定出法兰的公称压力和类型。

⑦ 确定垫片、螺栓、螺母材料　由法兰的类型及工作温度，确定垫片、螺栓、螺母材料。

⑧ 确定法兰的具体尺寸　由法兰类型、公称直径、公称压力查阅JB/T 4701～4703—2000，确定法兰的具体尺寸。

表3-7　甲型、乙型法兰在不同材料和不同温度时的最大允许工作压力（节选）

单位：MPa

公称压力 PN	法兰材料		工作温度/℃				备注
			−20～200	250	300	350	
0.25	板材	Q235-A，Q235-B	0.16	0.15	0.14	0.13	$t\geqslant0$℃
		Q235-C	0.18	0.17	0.15	0.14	$t\geqslant0$℃
		20R	0.19	0.17	0.15	0.14	
		16MnR	0.25	0.24	0.21	0.20	
	锻件	20	0.19	0.17	0.15	0.14	
		16Mn	0.26	0.24	0.22	0.21	
		20MnMo	0.27	0.27	0.26	0.25	
0.6	板材	Q235-A，Q235-B	0.40	0.36	0.33	0.30	$t\geqslant0$℃
		Q235-C	0.44	0.40	0.37	0.33	$t\geqslant0$℃
		20R	0.45	0.40	0.36	0.34	
		16MnR	0.60	0.57	0.51	0.49	
	锻件	20	0.45	0.40	0.36	0.34	
		16Mn	0.61	0.59	0.53	0.50	
		20MnMo	0.65	0.64	0.63	0.60	
1.0	板材	Q235-A，Q235-B	0.66	0.61	0.55	0.50	$t\geqslant0$℃
		Q235-C	0.73	0.67	0.61	0.55	$t\geqslant0$℃
		20R	0.74	0.67	0.60	0.56	
		16MnR	1.00	0.95	0.86	0.82	
	锻件	20	0.74	0.67	0.60	0.56	
		16Mn	1.02	0.98	0.88	0.83	
		20MnMo	1.09	1.07	1.05	1.00	$t\geqslant0$℃
1.6	板材	Q235-B	1.06	0.97	0.89	0.80	$t\geqslant0$℃
		Q235-C	1.17	1.08	0.98	0.89	
		20R	1.19	1.08	0.96	0.90	
		16MnR	1.60	1.53	1.37	1.31	
	锻件	20	1.19	1.08	0.96	0.90	
		16Mn	1.64	1.56	1.41	1.33	
		20MnMo	1.74	1.72	1.68	1.60	

续表

公称压力 PN	法兰材料		工作温度/℃				备注
			−20～200	250	300	350	
2.5	板材	Q235-C	1.83	1.68	1.53	1.38	$t \geqslant 0$℃
		20R	1.86	1.69	1.50	1.40	
		16MnR	2.50	2.39	2.14	2.05	
	锻件	20	1.86	1.69	1.50	1.40	
		16Mn	2.56	2.44	2.20	2.08	
		20MnMo	2.92	2.86	2.82	2.73	$DN < 1400$mm
		20MnMo	2.67	2.63	2.59	2.50	$DN \geqslant 1400$mm

(4) 法兰标记　压力容器法兰标记在编制材料表时非常有用，其标记由五部分组成。代号参考表 3-8、表 3-9。

表 3-8　法兰类型代号

法兰类型	代号
一般法兰	法兰
衬环法兰	法兰 C

表 3-9　容器法兰密封面形式代号

密封面形式	平面	凹面	凸面	榫面	槽面
代号	P	A	T	S	C

① 法兰类型代号；②密封面型式代号；③公称直径；④公称压力；⑤标准号。

举例：乙型平焊法兰，内径是 2000mm，采用凹凸型密封面，公称压力 $PN=2.5$MPa。试写出法兰标记。

法兰-A2000-2.5JB/T 4702—2000；

法兰-T2000-2.5JB/T 4702—2000。

2. 管法兰标准及选用

(1) 管法兰分类　管法兰用于管道之间或设备上的接管与管道之间的连接。共有 7 种类型，如图 3-19 所示。常用密封面形式，如图 3-20 所示。

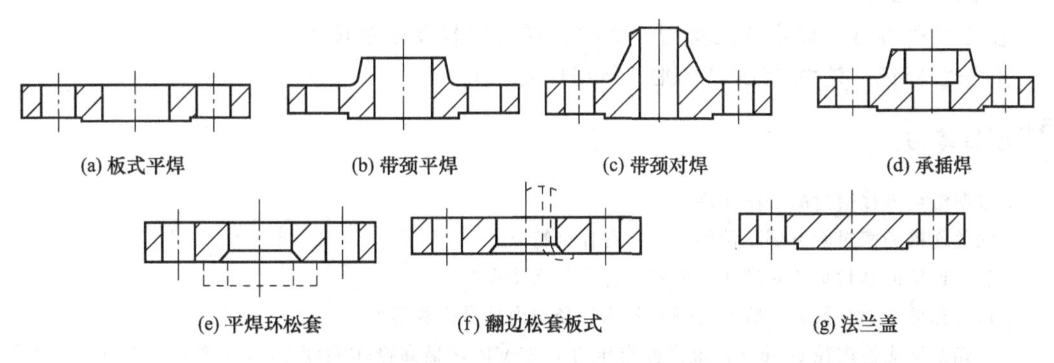

图 3-19　管法兰结构类型

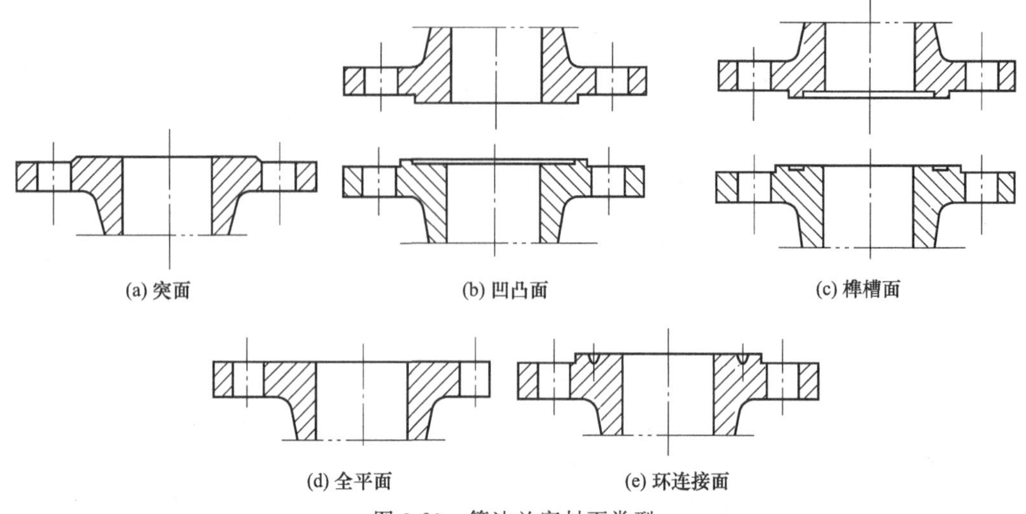

图 3-20 管法兰密封面类型

（2）标准管法兰的选用及标记 标准管法兰的选用与压力容器法兰选用基本相似。管法兰标记请参考有关标准。

项目实训

为一精馏塔设计塔节与封头的连接法兰，并写出法兰标记。已知条件：塔体内径 800mm，设计压力 0.6MPa，设计温度 300℃，介质有轻微腐蚀，但无毒非易燃，塔体材料 16MnR。

分析如下。

① 确定公称压力。设计压力 0.6MPa，就近靠一个压力，公称压力为 0.6MPa，因为温度已超过 200℃，所以应提高一个等级，暂定公称压力 $PN=1.0\text{MPa}$。

② 容器的内径即压力容器的公称直径，所以 $DN=800\text{mm}$。

③ 经查表 3-6，得法兰类型为甲型平焊法兰。

④ 由于介质有轻微腐蚀，但无毒非易燃，所以选用平面型密封面。

⑤ 根据塔体材料，确定法兰材料也为 16MnR，从而查表得 300℃ 下，最大允许工作压力为 0.86MPa。

⑥ 比较 0.86MPa>0.6MPa，即法兰最大允许工作压力大于设计压力，所以公称压力 $PN=1.0\text{MPa}$ 合适。

⑦ 查相关标准，确定法兰类型，螺柱、螺母材料及法兰尺寸。

⑧ 法兰标记 法兰-P800-1.0JB/T 4701—2000。

? 项目练习

1. 说明法兰连接密封的工作原理。
2. 法兰连接的密封面有哪几种形式？各有什么特点？
3. 法兰连接的密封垫片有哪几种形式？各有什么特点？
4. 法兰标准化的参数有哪些？管子的公称直径与内径是否相等？
5. 已知某反应器内径 900mm，最高操作压力 0.25MPa，最高操作温度 250℃，筒体材料 Q235-A，试为该反应器设计筒体与封头的法兰，并写出法兰标记。

子项目 2　压力容器补强装置选择

项目目标

- **知识目标：** 掌握容器开孔补强方法、特点及结构；掌握开孔不补强的情形；掌握容器开孔补强的限制。
- **技能目标：** 能为容器开孔设置补强结构。

项目内容

1. 认识压力容器开孔补强结构及特点。
2. 判断开孔后是否需要补强。
3. 为开孔选择标准补强圈结构。

相关知识

一、开孔对容器的影响

为了实现工艺操作和安装检修，常常需要在压力容器上开孔，如物料进出口、人（手）孔、视镜等。容器开孔后，器壁强度被削弱，开孔也使筒体结构的连续性被破坏，在孔边产生较大的附加应力，该应力能达到很高的数值，是正常器壁应力的数倍。这种局部应力的增大现象称为应力集中。加上接管其他载荷、容器材质、制造缺陷等综合作用，开孔接管处往往会成为容器的破坏源。据统计，失效容器中，破坏源起始于开孔接管处的占了很大的比例。所以，必须重视开孔边缘的应力集中，采取必要的补强措施。

二、开孔附近的应力集中

1. 壳体开小孔的应力集中

壳体开小孔的应力集中具有以下特点

（1）开孔附近的应力集中具有局限性，其应力衰减得很快，孔边缘应力最高，因此在孔边缘补强最为有效。

（2）圆筒开孔边缘经向截面上的应力集中比横截面上的应力集中严重。

（3）圆筒上开椭圆形孔，当孔的长轴与筒体轴线相垂直时，其应力集中系数比长轴与筒体轴线平行时小。

2. 壳体开孔接管后的应力集中

球壳与圆筒开孔接管处的应力集中是一个十分复杂的问题，在开孔接管处，开孔使结构不连续，接上的接管对壳体开孔处又有补强作用，所以受力比较复杂。

（1）r/R 越大（r、R 分别为接管与壳体的平均半径），应力集中越严重，所以开孔不宜过大。

（2）被开孔容器的厚度与其半径之比 δ/R 越小，应力集中越严重，所以增加开孔周围壳体的壁厚，既能减小平均应力，又能降低应力集中系数。

（3）增大接管厚度可使应力集中相应减轻，因此也可用特意加厚的接管来改善开孔处的应力集中状况。

三、补强方法及结构

常用的补强方法有补强圈补强、厚壁管补强、整锻件补强 3 种结构。

1. 补强圈补强结构

以补强圈作为补强金属部分，焊接在壳体与接管的连接处，如图 3-21 所示。此结构制造方便，造价低，使用经验成熟，广泛应用于中低压受压容器。补强圈的材料与壳体材料相同，厚度与壳体厚度相等。补强圈应与壳体很好地贴合，才能起到较好的补强作用。

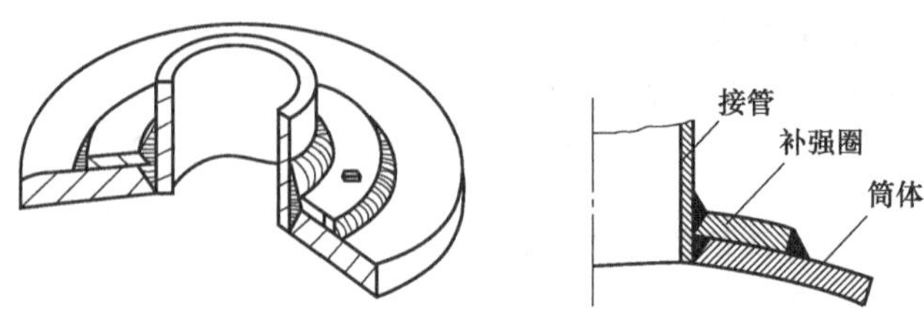

图 3-21 补强圈补强图

为检验补强圈的补强作用，一般在补强圈上开一个 $M10$ 的螺纹孔，补强圈与器壁焊接处涂抹肥皂水，从螺纹孔通入压缩空气，如果焊缝处起泡，说明焊接不合格，应重新焊接。如图 3-22 所示。

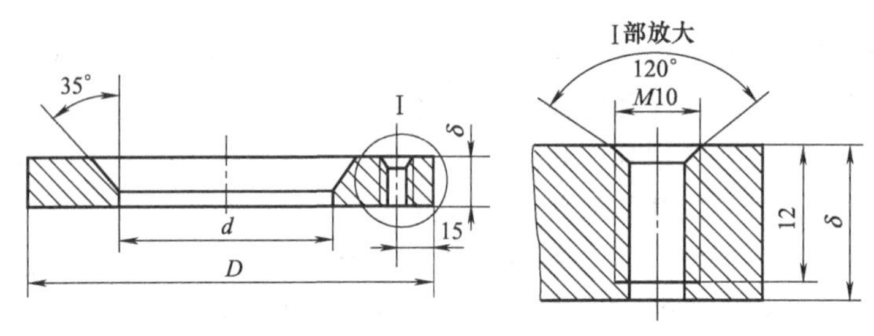

图 3-22 补强圈上的螺纹孔结构

补强圈补强有如下缺点。

(1) 补强区域过于分散，补强效率不高。

(2) 补强圈和壳体之间存在着一层静止的气隙，容易在补强圈与壳体之间引起较大的温差应力。

(3) 补强圈与壳体的焊缝处容易开裂，特别是高强度钢更敏感。

(4) 补强圈和壳体或接管没有形成一个整体，抗疲劳性能差，其疲劳寿命比未开孔时降低 30%左右。故该结构经常用于静压、常温及压力不高的容器。

采用此结构应满足以下规定：钢材标准常温抗拉强度 $\sigma_b \leqslant 540\text{MPa}$；补强圈厚度$\leqslant 1.5\delta_n$，$\delta_n$ 为壳体名义壁厚；$\delta_n \leqslant 38\text{mm}$。

2. 厚壁管补强

厚壁管补强是在壳体与接管之间焊上一段厚壁管，如图 3-23 所示。厚壁管补强的补强金属在孔边，全部处于有效补强范围，因而能更好地降低开孔周围的应力集中系数，补强效果好。厚壁管补强结构简单，焊缝少，焊接质量容易检验，克服了补强圈的缺点，效果好，已被广泛使用。

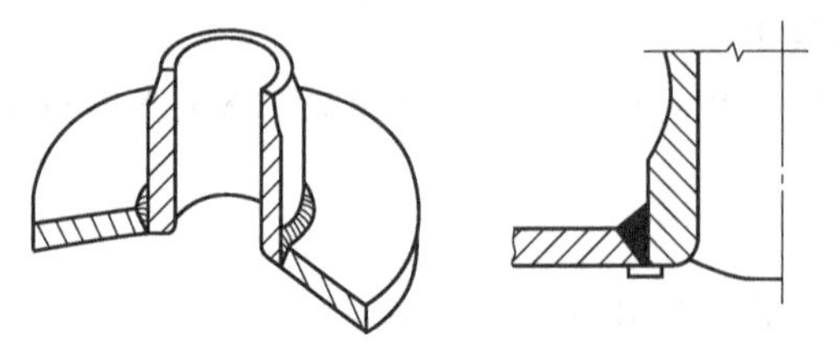
图 3-23 厚壁管补强结构图

3. 整锻件补强结构

整锻件补强在开孔处焊上一个特制的锻件。如图 3-24 所示。补强金属集中在开孔处应力集中最严重的孔边，焊缝都是对接焊缝并离开应力峰值区，故抗疲劳性能好。容器所用钢

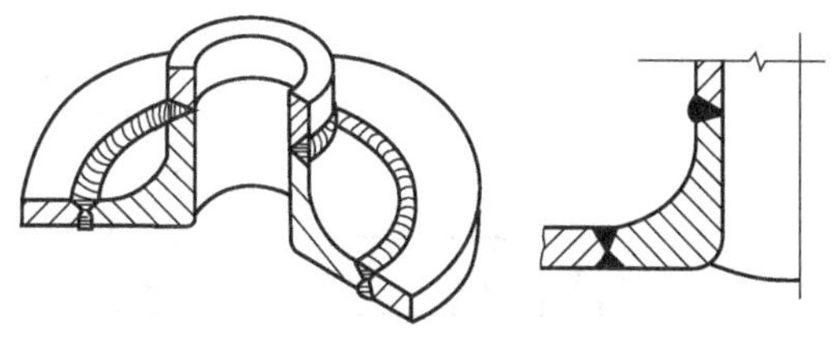

图 3-24　整锻件补强结构图

材屈服极限较高（一般认为 $\sigma_s \geqslant 490$MPa），容器受低温、高温、交变载荷的较大直径开孔情况下，常采用整锻件补强，但由于整锻件补强结构加工复杂，且锻件成本高，故只用于重要设备上。

四、容器开孔不补强的条件

容器开孔后，应力集中随开孔系数的增加而增大。因此开孔不大，应力集中不严重，不会引起整个容器的失效，此时可以不对容器补强。满足下述全部条件时，可不另行补强。

（1）设计压力 $p \leqslant 2.5$MPa。

（2）两相邻开孔中心的间距（对曲面间距以弧长计算）应不小于两孔直径之和的 2 倍。

（3）接管外径小于等于 89mm。

（4）接管最小壁厚满足表 3-10 的要求。

表 3-10　接管最小壁厚　　单位：mm

接管外径	25	32	38	45	48	57	65	76	89
最小壁厚	3.5			4.0		5.0		6.0	

五、容器开孔的限制

在容器上开孔在孔边会产生较大的应力集中，若开孔过大、特别是薄壁壳体，应力集中很严重，补强很困难。所以 GB 150 对开孔作了如下限制。

（1）对圆筒体，当其内径 $D_i \leqslant 1500$mm 时，开孔最大直径 $d \leqslant \frac{1}{2}D_i$，且 $d \leqslant 520$mm；当内径 $D_i > 1500$mm 时，开孔最大直径 $d \leqslant \frac{1}{3}D_i$，且 $d \leqslant 1000$mm。

（2）凸形封头或球壳的开孔最大直径 $d \leqslant \frac{1}{2}D_i$。

（3）锥形封头的开孔最大直径 $d \leqslant \frac{1}{3}D_c$，$D_c$ 为开孔中心处的锥壳内直径。

（4）在椭圆形或碟形封头过渡部分开孔时，开孔的孔边与封头边缘间的投影距离不小于 $0.1D_i$，其孔的中心线宜垂直封头表面。

（5）开孔应尽量避开焊缝。

六、开孔补强设计的准则

目前各国采用的开孔补强设计准则并不相同，有等面积补强准则和极限分析补强准则，等面积补强准则被广泛应用，其原则是补强金属截面积要等于或大于因开孔而减少的金属截面积，以使得开孔边缘的应力集中区内，其平均应力不大于未开孔时壳体内的应力，从而维持容器的整体屈服强度。

七、标准补强圈及其选用

为了使补强设计和制造更为方便，中国对常用的补强圈制定了相应的标准，有 HG 21506—1992 和 GHJ 527—1990。根据内侧焊接坡口的不同，补强圈分为（a）～（f）这 6 种结构，如图 3-25 所示。标准中的补强圈补强是根据等面积补强准则计算出直径和厚度，选用时直接查标准即可。

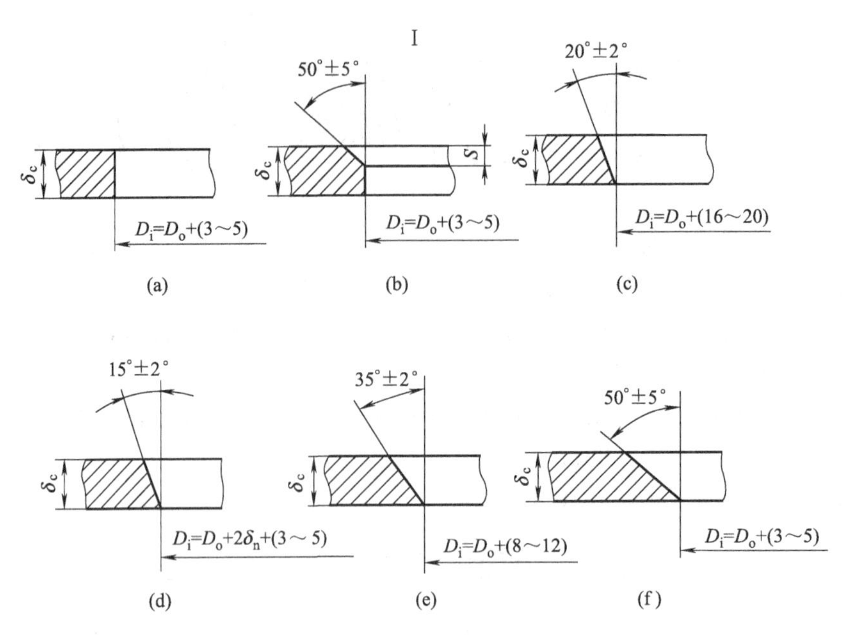

图 3-25 补强圈结构

表 3-11 是常用的补强圈尺寸，标准补强圈尺寸选定后，还应写出其标记，标记示例为 $DN\times\delta_c$ HG 21506—1992。

式中 DN——接管公称直径，mm；

δ_c——补强圈厚度，mm。

表 3-11 常用的补强圈尺寸（摘自 HG 21506—1992） 单位：mm

接管公称直径	50	65	80	100	125	150	175	200	225	250	300	350	400	450	500	600
外径 D_2	130	160	180	200	250	300	350	400	440	480	550	620	630	760	840	980
内径 D_1	按图 3-25 确定															
厚度	4,6,8,10,12,14,16,18,20,22,24,26,28,30															

项目实训

容器内径 1000mm，壁厚 12mm，筒体上焊有一个 ϕ38mm×3.5mm 的齐平式接管，开孔没有与筒体焊缝相交，200mm 范围内没有其他开孔。已知该容器的设计压力为 $p=1.6$MPa，设计温度 120℃，试确定此开孔是否需要补强？若焊的接管 ϕ108mm×6.0mm，是否需要补强？试为接管选择标准补强圈。

由已知条件可知：该容器设计压力 $p=1.6\text{MPa}<2.5\text{MPa}$；接管外径 76mm＜89mm，壁厚 3.5mm＜6mm，满足表 3-10 中要求。所以该容器开孔不需要补强。

若焊的接管外径为 108mm，则需要补强。

查表 3-11，补强圈外径是 200mm，内径是 128mm（按 C 型焊接坡口）。

? 项目练习

1. 简述容器开孔补强的方法与结构。

2. GB 150 对容器开孔有哪些限制？

3. 容器开孔不补强有哪些条件？

4. 容器开孔补强设计准则是什么？

5. 到附近化工厂观察补强结构，说明补强结构及其特点。

子项目 3　压力容器安全装置选择

项目目标

• **知识目标**：掌握安全阀、爆破片的类型及结构；掌握安全装置的工作原理。

• **技能目标**：能拆装安全阀。

项目内容

1. 认识压力容器安全阀的结构、特点。

2. 拆装弹簧式安全阀，观察安全阀内部结构，说明其工作原理。

相 关 知 识

一、安全装置概述

压力容器或设备在操作过程中，由于某些原因，使压力突然超过设计压力，导致容器裂纹、变形或爆炸等事故。为了保证压力容器或设备的安全运行，通常装设安全阀、爆破片等安全泄压装置。

安全泄压装置是当容器在正常工作压力下运行时，阀门是关闭的，当容器内压力超过许用值时，阀门自动开启，排放出容器内部分介质，压力下降，使压力始终保持在允许的范围内。

二、安全阀

1. 安全阀工作原理

图 3-26 是常用的弹簧式安全阀，主要由阀座、阀头、顶杆、弹簧、调节螺栓等零件组成，压力正常时，弹簧力将阀头与阀座压紧，当容器内压力升高时，作用在阀头上的力超过弹簧力时，则阀头上移使安全阀自动开启，泄放超压气体使容器内压力降低，从而保护化工容器。当器内压力降低到安全值时，弹簧力又使安全阀自动关闭。拧动安全阀上的调节螺栓，可以改变弹簧力的大小，从而控制安全阀的开启压力。为了避免安全阀不必要的泄放，通常预定的安全阀开启压力应略高于化工容器的工作压力。

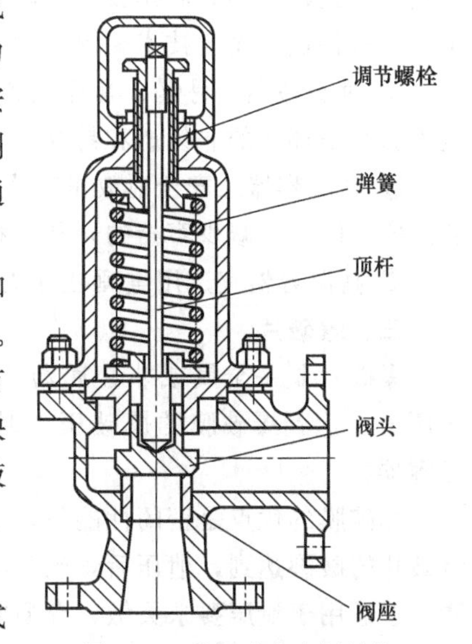

图 3-26　弹簧式安全阀结构

安全阀的优点是可以避免因容器超压而造成浪费和生产中断。缺点是安全阀的密封不好有时会引起泄漏。弹簧式安全阀的弹簧有惯性作用，使阀的开启和闭合有滞后现象，难以适应急剧化学反应迅速升压所需要的快速泄放要求，所以弹簧式安全阀不适用于黏性较大、液体不允许有微量结晶的场合。

2. 安全阀的结构类型

安全阀的种类有很多，按其加载机构有重锤杠杆式和弹簧式两种，杠杆式如图 3-27 所示。杠杆式安全阀主要依靠杠杆重锤的作用力而工作，但由于杠杆式安全阀体积庞大往往限制了选用范围。温度较高时常选用带散热套的安全阀。如图 3-28 所示。

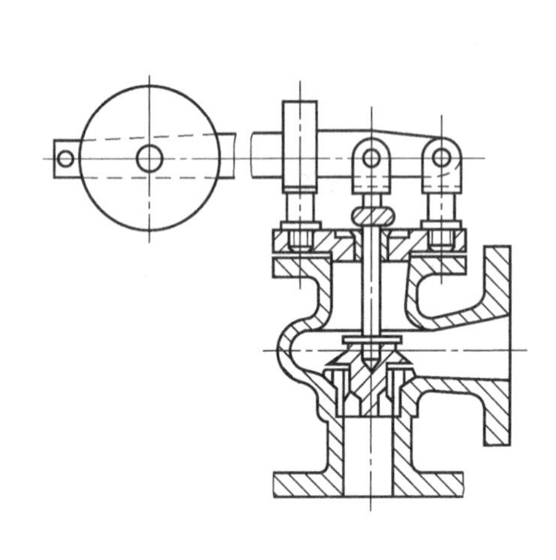

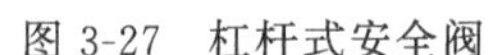

图 3-27 杠杆式安全阀

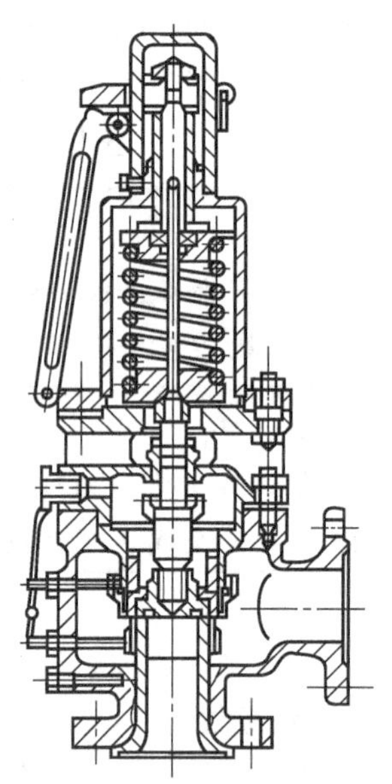

图 3-28 带散热套的安全阀

按阀瓣开启高度的不同，可分为微启式和全启式。微启式是指阀瓣的开启高度为阀座喉径的$\frac{1}{40}$～$\frac{1}{20}$；全启式是指阀瓣的开启高度为阀座喉径的$\frac{1}{4}$。

按气体排放方式的不同，可分为全封闭式、半封闭式和开放式等，封闭式安全阀是指排除的介质不外泄，全部沿着出口排泄到指定地点，一般用在有毒和腐蚀性介质中；不封闭式安全阀多用于空气和蒸汽用安全阀。

3. 安全阀的选用原则

安全阀的选用，应综合考虑压力容器的工作压力、工作介质特性、载荷特点、允许超压限度、防止超压的必需排放量、防超压动作的要求（动作特点、灵敏性、可靠性、密闭性）、生产运行特点、安全技术要求等因素。一般应掌握以下基本原则。

① 对于易燃、易爆、有毒性和污染大气的介质，必须选用封闭式安全阀，对空气或其他不会污染环境的非易燃和易爆的气体，可选用敞开式安全阀。

② 高压容器及安全泄放量较大而壳体的强度裕度又不太大的中、低压容器，应选用全启式安全阀，以减少容器的开孔面积，微启式安全阀宜用于排量不大、要求不高的场合。

③ 高温容器宜选用重锤杠杆式安全阀或带散热器的安全阀，不宜选用弹簧式安全阀。

三、爆破片

爆破片是一金属或非金属薄片，由夹持器夹紧在法兰中，当容器内压力超过最大工作压力，达到爆破膜的爆破压力时，爆破膜破裂，使容器内压力迅速泄放，从而保护化工容器。

爆破膜的优点是密闭性能好，不会泄漏，还有爆破迅速，泄放量大。缺点是泄压是通过爆破片的破裂达到，泄压后爆破片不能继续有效使用，容器也被迫停止运行。所以爆破片装置一般适用于泄压要求灵敏，介质密封要求严（易燃易爆物质或剧毒气体）或不宜装设安全阀的压力容器。

1. 爆破片的结构类型

爆破片由爆破元件和夹持器等组成。爆破元件起控制爆破压力的作用，它是关键的压力敏感元件；夹持器的作用是固定爆破元件，装在容器的接口管法兰上，也可以不设夹持器，直接利用接管法兰夹紧爆破元件。

爆破片按产品外形分正拱型、反拱型和平板型（图 3-29）。平板型爆破片的综合性能较差，主要用于低压和超低压工况，尤其是大型料仓。正拱型和反拱型的应用场合较多。对于传统的正拱型爆破片，其工作原理是利用材料的拉伸强度来控制爆破压力，爆破片的拱出方向与压力作用方向一致。在使用中发现，所有的正拱型爆破片都存在相同的局限，即：爆破时，爆破片碎片会进入泄放管道；由于爆破片的中心厚度被有意减弱，易于因疲劳而提前爆破；操作压力不能超过爆破片最小爆破压力的 65%。由此导致了反拱型爆破片的出现。这种爆破片利用材料的抗压强度来控制其爆破压力，较之传统的正拱型爆破片，其具有抗疲劳性能优良、爆破时不产生碎片且操作压力可达其最小爆破压力 90%以上的优点，还能与安全阀串联使用，而平板型和正拱型不能与安全阀串联使用。

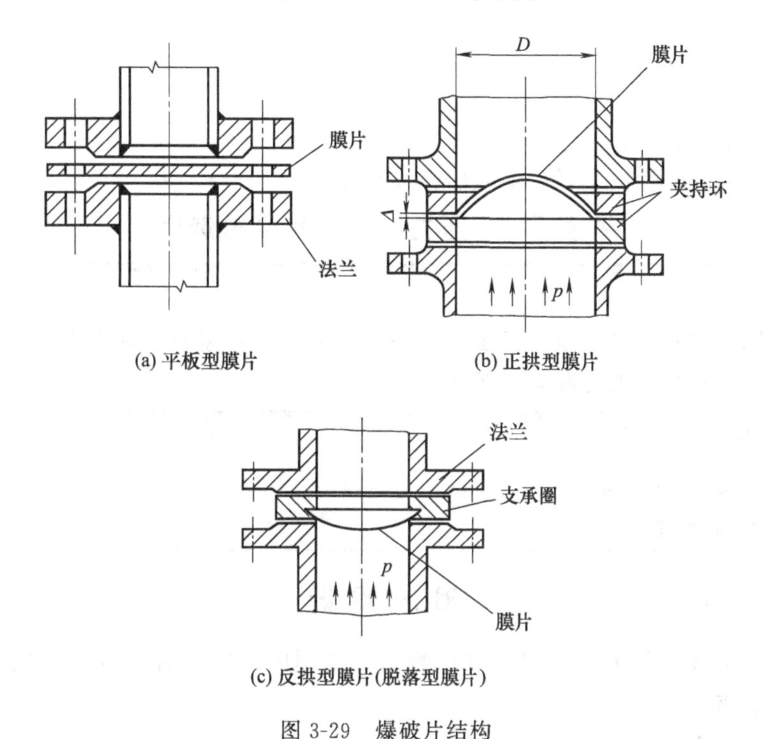

图 3-29　爆破片结构

2. 爆破片的选用

爆破片具有结构简单、安装维修方便、价格低廉的特点，在以下场合应优先选用爆破片。

① 工作介质不清洁，这些介质易发生黏结或堵塞阀口，致使安全阀失效。

② 压力容器内由于介质化学反应或其他原因，容易引起压力突然骤增，而安全阀动作滞后，不能有效地起到安全泄放作用。

③ 工作介质毒性程度为极度、高度危害的气体介质或盛装贵重介质的压力容器，使用安全阀难免会有微量泄漏，宜选用爆破片。

④ 介质为强腐蚀性气体的压力容器，腐蚀性大的介质，用耐腐蚀的贵重材料制造安全阀成本高，而用其制造爆破片，成本非常低廉。

项目实训

为盛装以下介质的压力容器选择合适的安全装置。

① 热水锅炉。

② 高温容器，介质清洁。

③ 悬浮性物料，低压。

④ 有毒介质。

分析如下。

① 热水锅炉一般选不封闭微启式安全阀，因为无毒、压力不大。

② 高温容器，介质清洁，一般用带散热器的安全阀。

③ 悬浮性物料，低压，可以选平板型爆破片。

④ 有毒介质，可以选反拱型爆破片。

? 项目练习

1. 简述安全阀的工作原理。
2. 如何为容器选择安全阀？
3. 简述爆破片的工作原理。
4. 为容器选择安全装置时，哪些场合应优先考虑爆破片？

子项目4 压力容器固定装置选择

项目目标

- **知识目标**：掌握容器支座的类型；掌握鞍座的结构；掌握悬挂式支座的结构。
- **技能目标**：能为容器选择合适的支座。

项目内容

1. 观察容器支座的结构。
2. 为容器选择支座。

相关知识

支座是用来承载设备重量并固定其位置的。常用的支座有卧式容器支座、立式容器支座、球形容器支座。

一、卧式容器支座

卧式容器支座有鞍式支座、圈式支座和支撑式支座。如图3-30所示。其中圈座主要用于大直径薄壁容器和真空容器，可以避免因容器壁厚小，支撑处局部应力大而引起的破坏；支承式支座常用于小型设备；鞍式支座是常用的卧式容器支座，下面重点介绍鞍式支座结构。

1. 鞍座的结构

鞍座有底板、横向直立腹板、轴向直立腹板、垫板组成。如图3-31所示。圆筒直径较小，$DN\leqslant 900$mm可以不设垫板。横向直立腹板通常只有一块，厚度不同；轴向直立腹板可以多块，厚度也不同，鞍座允许载荷不同。

同一直径的容器长度和质量不同，同直径的鞍座按其允许承受的最大载荷分轻型（代号

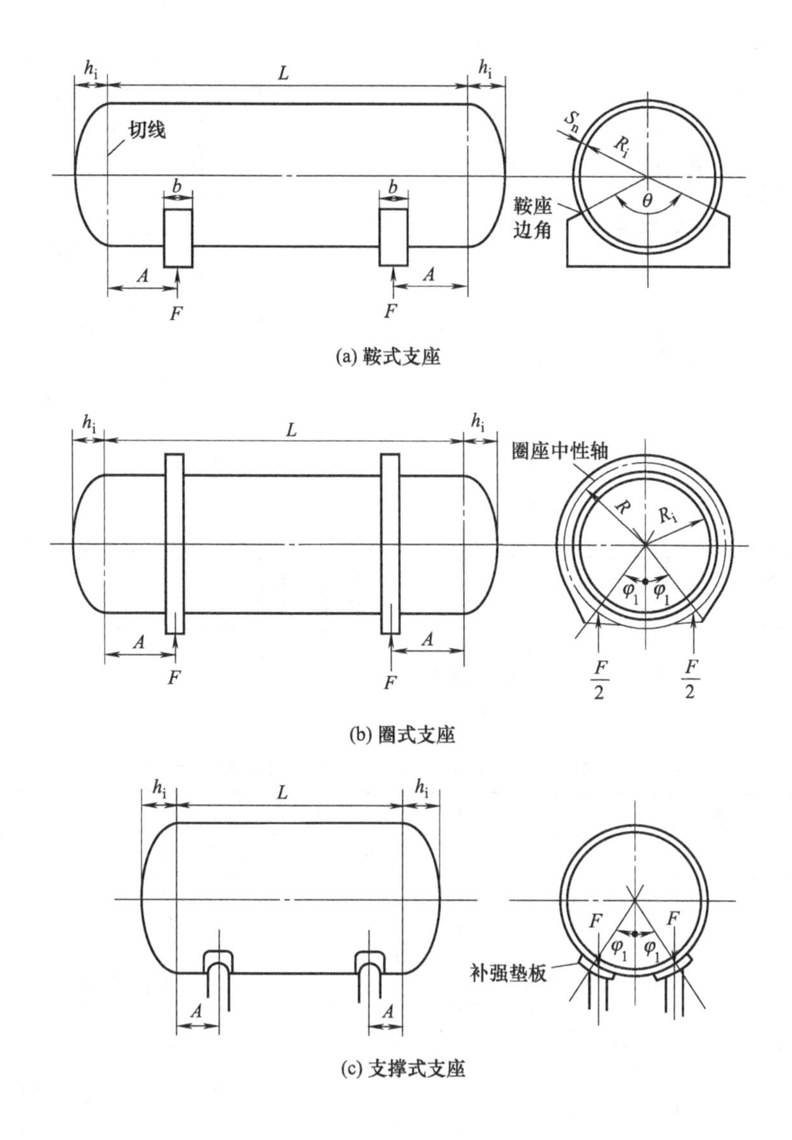

图 3-30　卧式容器支座

为 A）和重型（代号为 B）。$DN\leqslant 900$mm 无轻重之分。鞍座已经标准化，其尺寸和质量可以从相应的标准中查到，表 3-12、表 3-13 摘录了部分鞍座尺寸。

（1）鞍座数目　通常采用双支座。因为采用多个支座，表面上增加了支座数目对容器的支撑有利，可是由于地基凹陷不均匀，导致支座支撑处局部应力过高；另外，支座数目多，还增加制作支座费用。双支座通常是 F 型（固定支座）和 S 型（滑动支座）搭配使用，受热变形时，鞍座可以随设备一起滑动，防止对容器产生附加应力。

（2）鞍座包角　通常 120°，也有 150°的。

（3）鞍座的安装位置　尽量靠近封头，通常鞍座中心截面至凸形封头切线的直线距离 $A\leqslant 0.5R_m$（R_m 为筒体的平均半径）；当筒体的长径比（L/D）较小，壁厚与直径之比（δ/D）较大时，或在鞍座所在平面内有加强圈时，取 $A\leqslant 0.2L$（L 为筒体两端封头切线之间距离）。

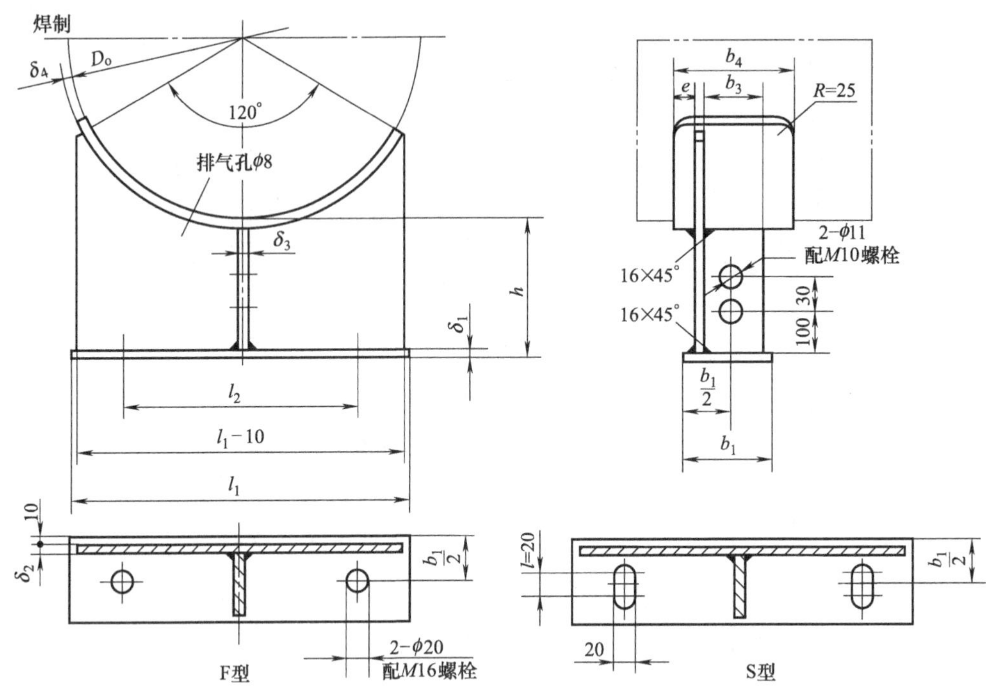

图 3-31 鞍座结构

表 3-12 轻型（DN=1000～2000mm）鞍式支座尺寸（摘录） 单位：mm

DN	允许载荷 Q/kN	鞍座高度 h	底板			腹板	筋板				垫板				螺栓间距
			l_1	b_1	δ_2	δ_3	l_3	b_2	b_3	δ_3	弧长	b_4	δ_4	e	l_2
1000	143		760				170				1180				600
1100	145		820			6	185				1290				660
1200	147	200	880	170	10		200	140	180	6	1410	270	6		720
1300	158		940				215				1520				780
1400	160		1000				230				1640				840
1500	272		1060			8	242				1760			40	900
1600	275		1120	200			257	170	230		1870	320			960
1700	278	250	1200		12		277			8	1990		8		1040
1800	295		1280				296				2100				1120
1900	298		1360	220		10	316	190	260		2220	350			1200
2000	300		1420				331				2330				1260

2. 鞍座的选用及标记

(1) 鞍座的选用 遵循以下原则。

① 容器总质量 $Q=Q_1+Q_2+Q_3+Q_4+Q_5$

式中 Q_1——筒体质量，kg；

Q_2——封头质量，kg；

Q_3——容器内物料的质量或水压试验时水的质量，kg；

Q_4——人孔等附件的质量，kg；

Q_5——容器外保温层质量，kg。

表 3-13 重型（DN=1000～2000mm）120°包角鞍式支座尺寸（摘录） 单位：mm

<table>
<tr><th rowspan="2">DN</th><th rowspan="2">允许载荷
Q/kN</th><th rowspan="2">鞍座高度
h</th><th colspan="3">底板</th><th>腹板</th><th colspan="4">筋板</th><th colspan="4">垫板</th><th>螺栓间距</th></tr>
<tr><th>l_1</th><th>b_1</th><th>δ_2</th><th>δ_3</th><th>l_3</th><th>b_2</th><th>b_3</th><th>δ_3</th><th>弧长</th><th>b_4</th><th>δ_4</th><th>e</th><th>l_2</th></tr>
<tr><td>1000</td><td>307</td><td rowspan="5">200</td><td>760</td><td rowspan="5">170</td><td rowspan="5">12</td><td rowspan="3">8</td><td>170</td><td rowspan="5">140</td><td rowspan="5">180</td><td rowspan="3">8</td><td>1180</td><td rowspan="5">270</td><td rowspan="5">8</td><td rowspan="11">10</td><td>600</td></tr>
<tr><td>1100</td><td>312</td><td>820</td><td>185</td><td>1290</td><td>660</td></tr>
<tr><td>1200</td><td>562</td><td>880</td><td>200</td><td>1410</td><td>720</td></tr>
<tr><td>1300</td><td>571</td><td>940</td><td rowspan="2">10</td><td>215</td><td rowspan="2">10</td><td>1520</td><td>780</td></tr>
<tr><td>1400</td><td>579</td><td>1000</td><td>230</td><td>1640</td><td>840</td></tr>
<tr><td>1500</td><td>786</td><td rowspan="6">250</td><td>1060</td><td rowspan="3">200</td><td rowspan="6">16</td><td rowspan="3">12</td><td>242</td><td rowspan="3">170</td><td rowspan="3">230</td><td rowspan="6">12</td><td>1760</td><td rowspan="3">320</td><td rowspan="6">10</td><td>900</td></tr>
<tr><td>1600</td><td>796</td><td>1120</td><td>257</td><td>1870</td><td>960</td></tr>
<tr><td>1700</td><td>809</td><td>1200</td><td>277</td><td>1990</td><td>1040</td></tr>
<tr><td>1800</td><td>856</td><td>1280</td><td rowspan="3">220</td><td rowspan="3">14</td><td>296</td><td rowspan="3">190</td><td rowspan="3">260</td><td>2100</td><td rowspan="3">350</td><td>1120</td></tr>
<tr><td>1900</td><td>867</td><td>1360</td><td>316</td><td>2220</td><td>1200</td></tr>
<tr><td>2000</td><td>875</td><td>1420</td><td>331</td><td>2330</td><td>1260</td></tr>
</table>

② 鞍座实际承受的最大载荷 $Q_{max}=Q/2$。

③ 鞍座的允许载荷 $[Q]>Q_{max}$。

（2）鞍座的标记

鞍座的标记有以下几部分组成：JB/T 4712—1992 鞍座 A（或 B） 公称直径—F（或 S）。

如重型带垫板的滑动式马鞍式支座，公称直径为 900mm，120℃包角，其标记为：JB/T 4712—1992 鞍座 B DN900—S。

二、立式容器支座

立式容器支座有耳式支座、腿式支座、支撑式支座和裙座。如图 3-32 所示。

高度不大的中小型设备，一般采用支撑式支座。支撑式支座可以用钢管、角钢或槽钢制成，也可以用数块钢板焊成。钢管和钢板焊的支撑式支座常焊在容器的底盖上。角钢或槽钢制成的支座则焊在筒体的下端。支撑式支座不但本身结构简单、轻便，而且不需要专门框架、钢架来支撑设备，可直接搁在较低的基础上。

腿式支座一般是将角钢或钢管直接焊在容器筒体的外圆柱上，在筒体与支腿之间可以设置加强垫板，也可以不设置加强垫板。与支撑式相比，腿式支座可以使容器下面保持较大空间，便于维修操作。

裙式支座常用于高大的塔设备，由裙座体、引出孔、检查孔、基础环及螺栓座等组成。

悬挂式支座应用最广泛，下面重点介绍其结构。

1. 悬挂式支座结构

悬挂式支座亦称耳式支座，由底板、垫板和筋板组成。可以用几块钢板焊接而成，亦可用钢板直接弯制而成。结构简单，轻便。常用于中小型立式反应釜上。如图 3-33 所示。

悬挂式支座通常直接搁置在钢梁、砖柱或楼板上。底板的尺寸不宜过小，以免产生过大的压应力，筋板的厚度也应足够大，否则支座将因筋板受压失稳而破坏。

悬挂式支座有 A 型和 B 型两种。其中 B 型悬挂式支座有较大的安装尺寸 L，故又称长

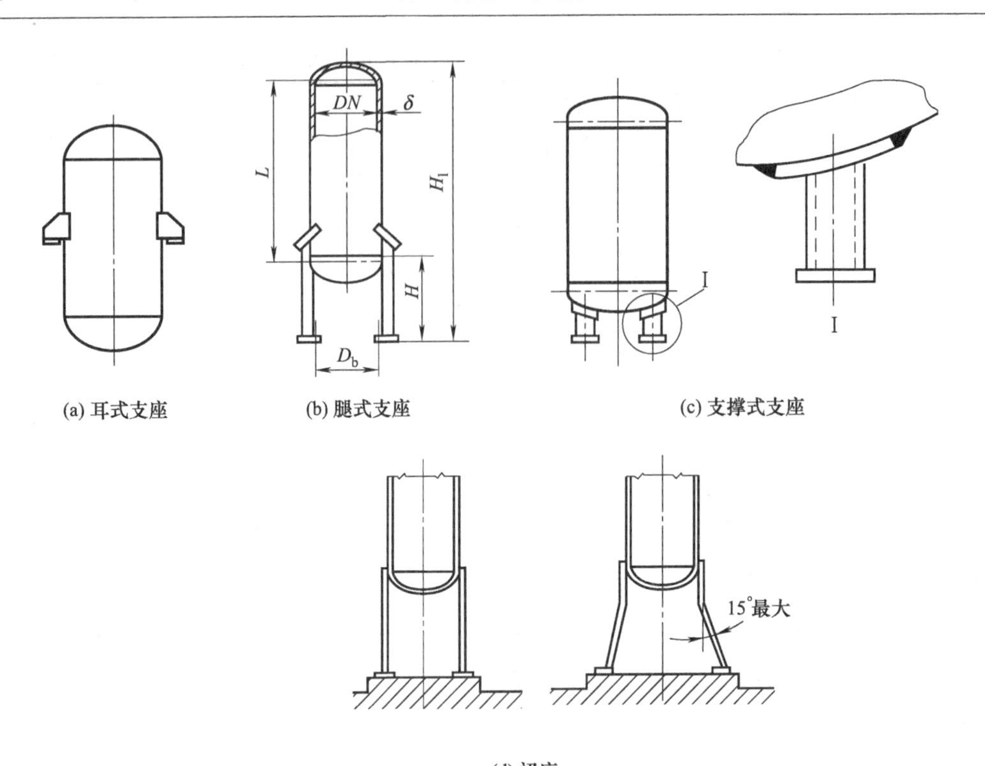

(a) 耳式支座　(b) 腿式支座　(c) 支撑式支座

(d) 裙座

图 3-32　立式容器支座

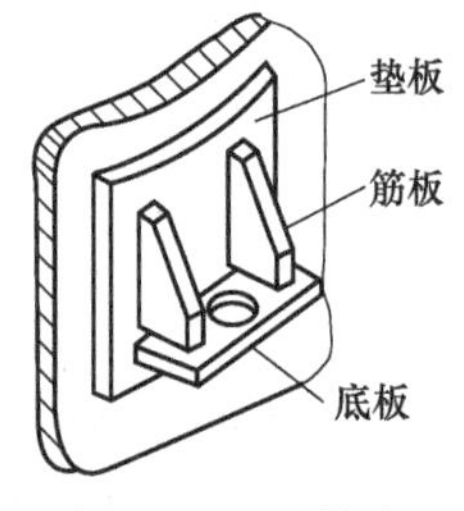

图 3-33　悬挂式支座结构

脚支座。当设备外面包有保温层或者将设备直接搁置在楼板上时，选用 B 型悬挂式支座较为适宜。耳式支座尺寸查阅标准 JB/T 4725—1992。

每台设备可配置 2～4 个支座。在确定支座尺寸时，不论安装了几个支座均按两个进行计算，这是因为设备受力时四个支座不一定同时受力。

2. 悬挂式支座的选用及标记

(1) 悬挂式支座的选用原则

① 根据设备重量，算出支座承担的载荷 Q。

$$Q=Q_1+Q_2+Q_3+Q_4+Q_5$$

符号意义同前。

② 按两个支座计算每个支座承担的负荷为 $Q/2$。

③ 确定支座型式，并查 JB 4725—1992 按 $Q_允>Q/2$ 的原则选择合适的支座尺寸。

(2) 悬挂式支座的标记

悬挂式支座的标记由以下几部分组成：

JB/T 4725—1992　耳座　公称直径—A（或 B）。

如 A 型带垫板的耳式支座，公称直径为 1000mm，其标记为：JB/T 4725—1992 耳座 DN1000—A。

三、球形容器支座

球形容器支座有柱式、裙式、半埋式和高架式 4 种。柱式支座又分为赤道正切式、V 形柱式、三柱合一式 3 种，其中赤道正切式是常用的方式。结构如图 3-34 所示。

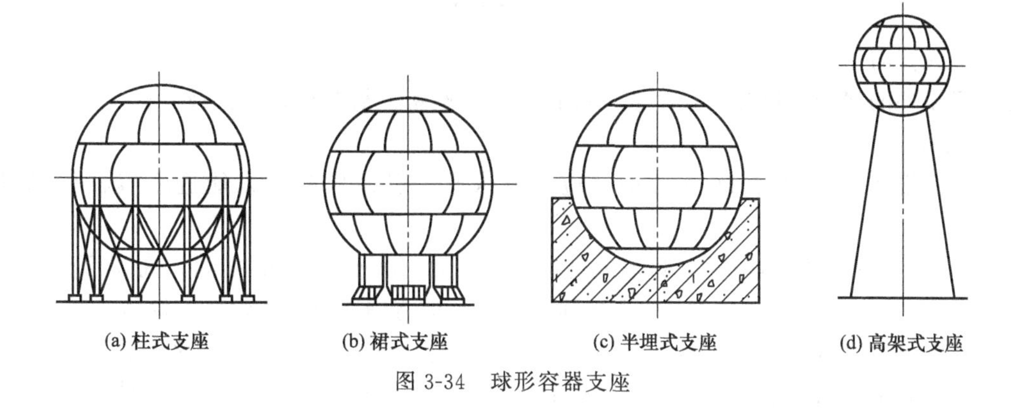

图 3-34　球形容器支座

项目实训

一盛水贮槽，筒体内径 1600mm，筒体长 5m，1030kg/m，椭圆形封头重 1100kg，水的密度 1000kg/m³，容积 30m³，人孔和接管总重 500kg，无保温层。试为贮槽选择合适的鞍座。

分析：容器总重量　　　$Q=Q_1+Q_2+Q_3+Q_4+Q_5$

$Q_1=1030\times5=5150$ (kg)；

$Q_2=1100\times2=2200$ (kg)；

$Q_3=30\times1000=30000$ (kg)；

$Q_4=500$ (kg)；

$Q_5=0$

$Q=Q_1+Q_2+Q_3+Q_4+Q_5=5150+2200+30000+500+0=37850(kg)\approx37.85t$

每个支座的承重 $Q/2=37850\times9.8/2=185$ (kN)。

按 $Q_{允}>Q/2$ 的原则，查表 3-12，选轻型、包角 120°、带垫板的鞍座比较合适，公称直径 1600mm，鞍座尺寸见表 3-12 所列。

? 项目练习

1. 简述鞍座的结构、选用原则、标记。
2. 简述悬挂式支座的结构、选用原则、标记。

子项目 5　压力容器其他附件选择

项目目标

• **知识目标**：掌握压力容器各种附件的类型、结构、应用。
• **技能目标**：能为压力容器选择合适的标准附件。

项目内容

1. 认识人（手）孔等附件。
2. 拆装人（手）孔等附件，观察其内部结构。
3. 为压力容器选择合适的人孔。

相关知识

一、人孔与手孔

为了设备的清理、检修、安装或内部检查，在设备上需要开设人孔或手孔。

1. 人孔

(1) 当设备直径超过 900mm 时，应开设人孔，以便检修时人能进入容器内部进行检修。

人孔有圆形和椭圆形两种，圆形人孔的直径一般 400～600mm 之间，椭圆形人孔的尺寸一般不小于 400mm×300mm，开设椭圆形人孔，应将椭圆形孔的短轴与筒体轴线平行。

人孔主要由短节、法兰、盖板、垫片及螺栓、螺母组成，其受力和密封原理与法兰类同。盖板上通常有两个手柄。在使用过程中，若人孔需要经常打开时，可选用快开式人孔结构。如图 3-35 所示。标准人孔有 HG 21528—95～HG 21535—95。

(2) 常用人孔结构及特点　常用的人孔盖有常压人孔、回转盖人孔、吊盖人孔等，吊盖人孔又分为垂直吊盖、水平吊人孔，选择时根据容器的操作压力、温度、人孔开启的频繁程度选择。

① 常压平盖人孔　是最简单的人孔，是一种带有法兰的接管，加一盲板，一般用于常压容器或不需要经常检修的设备。

② 回转盖式快开人孔　采用了铰链螺栓，很容易达到快开快关，结构简单，转动所占空间小。

③ 旋柄式快开人孔　比回转盖更方便，但显得笨重，一般用于直径不大和压力较低的场合。

④ 吊盖式人孔　有垂直吊盖和水平吊盖两种，使用方便，密封性好。若吊盖水平布置，开启较费力。

(3) 人孔选用原则

① 容器内径大于等于 900mm 时，至少应开设一个人孔；容器内径大于等于 2500mm 时，顶盖上也应设置人孔。

② 圆形人孔直径不得小于 400mm，椭圆形人孔尺寸应不小于 400mm×300mm。在寒冷地区，人孔应不小于 *DN*450。一般情况下人孔尺寸可按下列方式选用：容器直径≥900mm，选用 *DN*400 人孔；容器直径 900～1600mm，选用 *DN*450 人孔；容器直径 1600～3000mm，选用 *DN*500 人孔；容器直径＞3000mm，选用 *DN*600 人孔。

③ 容器上有不小于人孔最小尺寸的可拆封头或盖板时，可不另设人孔。

④ 对于受压设备，由于人孔盖较重，一般采用吊盖或回转盖人孔。选择吊盖时，当人孔筒节轴线水平安装时，应选垂直吊盖人孔；当人孔筒节轴线垂直安装时，应选水平吊盖人孔。

⑤ 设备运行中，需要经常打开人孔时，应选择快开式人孔；旋柄式快开人孔较回转快开人孔使用方便，但结构较复杂，一般在开启较频繁时才使用。

2. 手孔

手孔直径一般在 150～250mm 之间，标准手孔有 *DN*150 和 *DN*250 两种。标准手孔可查阅标准 HG 21515—95～HG 21527—95。手孔通常在突出接口或短接管上加一盲板构成。结构与普通常压人孔相同，只是直径小。

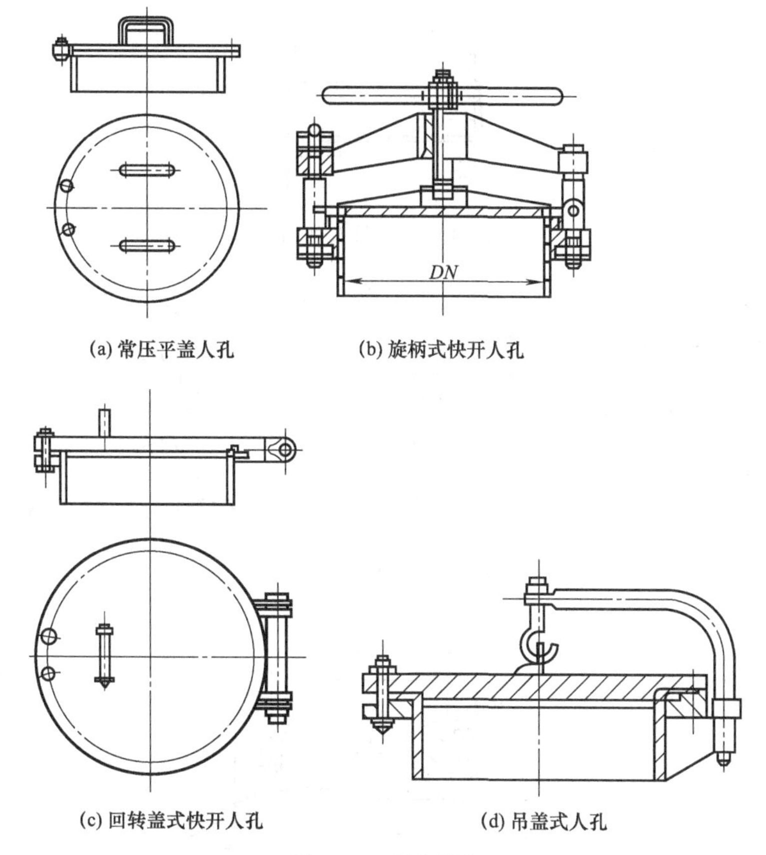

(a) 常压平盖人孔 (b) 旋柄式快开人孔

(c) 回转盖式快开人孔 (d) 吊盖式人孔

图 3-35 人孔结构

二、接管、凸缘

1. 接管

接管是用来连接物料进出的工艺管道，另外用来安装测量、控制仪表。

物料进出管通常是法兰连接结构，如图 3-36 所示，铸造设备的接管可以与筒体一起铸出。如图 3-37 所示。测量仪表的接管直径一般比较小，如图 3-38 所示，通常用内外螺纹管连接。

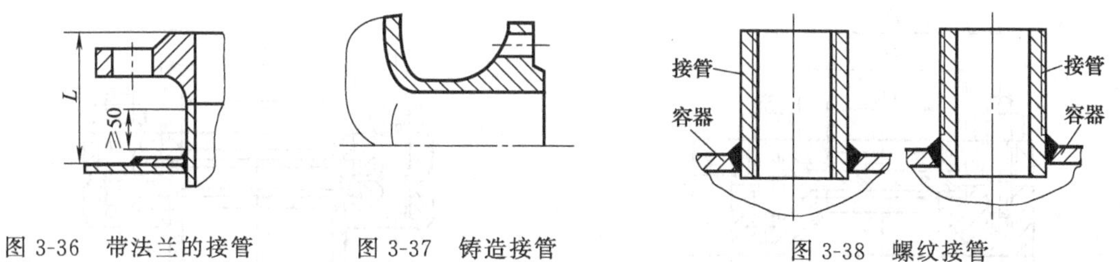

图 3-36 带法兰的接管 图 3-37 铸造接管 图 3-38 螺纹接管

对于一些较细的接管，如伸出长度 L 较长，则要考虑加固。例如 $DN \leqslant 40\text{mm}$ 低压容器上的接管，与容器壳体的连接可采用管接头加固，其结构形式如图 3-39 所示；对于 $DN \leqslant 25\text{mm}$，伸出长度 $L \geqslant 200\text{mm}$，以及 $DN = 32 \sim 50\text{mm}$，伸出长度 $L \geqslant 300\text{mm}$ 的任意方向接管，均应设置筋板予以支撑。如图 3-40 所示。

2. 凸缘

当接管很短时，常用凸缘结构代替接管，如图 3-41 所示。凸缘本身有补强作用，不需

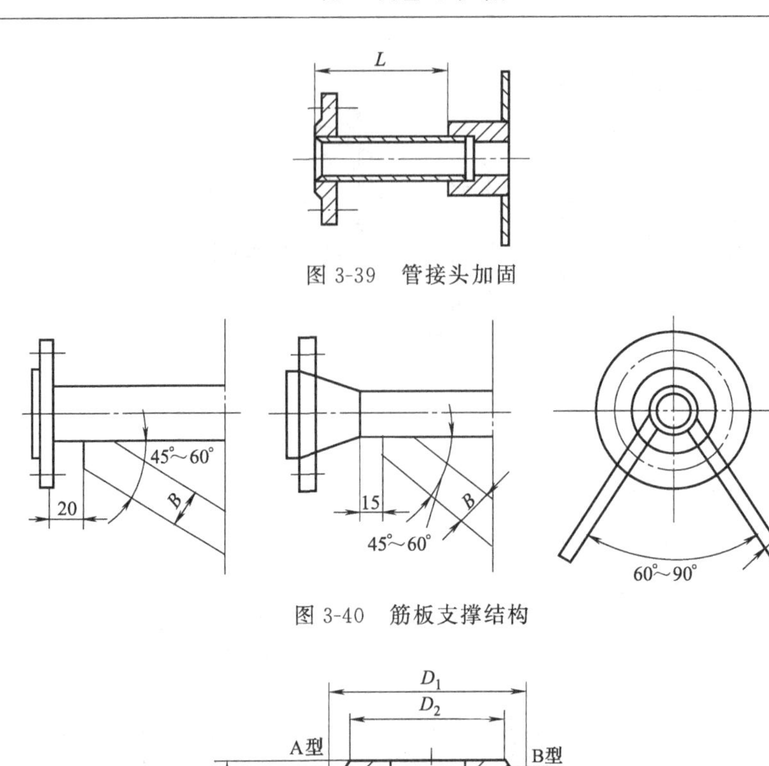

图 3-39　管接头加固

图 3-40　筋板支撑结构

图 3-41　凸缘结构

另外补强。但螺栓折断在螺孔后，取出较为困难。

三、视镜

视镜主要用来观察设备内部情况，也用作料面指示镜。视镜分带颈视镜和不带颈视镜。不带颈视镜，结构简单，不易结料，视察范围较大，应优先选用。如图 3-42 所示。带颈视镜用在视镜需要斜装或容器直径较小不宜把视镜直接焊在设备上的情形。如图 3-43 所示。

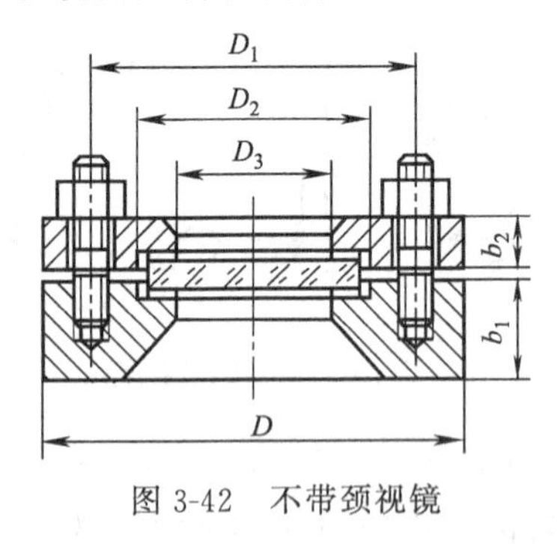

图 3-42　不带颈视镜

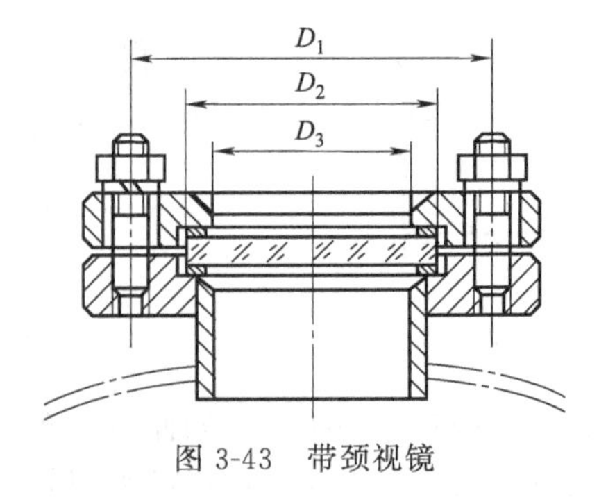

图 3-43　带颈视镜

当介质对视镜玻璃有腐蚀、冲刷作用时，宜选用附加衬膜（衬聚四氟乙烯薄膜、云母片）的视镜；可能会由于介质冲击、振动或温度剧变引起玻璃破碎的，应选用带保持装置的视镜；因介质结晶，水汽冷凝等原因会严重影响观察时，应选用有冲洗装置或带刮板的视镜；若需要观察容器内部结构时，应设置照明用视镜。

压力容器视镜已标准化（HGJ 501～502—95），使用时可查阅有关标准。

项目实训

某化工厂有一塔器，露天放置，内径 3000mm，工作压力 1.6MPa，最高温度 150℃，人孔不需要经常开启，试为该塔选择合适的人孔。

分析：该塔内径 3000mm＞2500mm，所以筒体和顶盖应各开设一人孔；设备承受 1.6MPa 压力，可选择回转盖人孔；容器直径在 1600～3000mm，可以选用 *DN*500 人孔。

? 项目练习

1. 简述常用人孔、手孔的用途、结构及类型。
2. 简述人孔选择原则。
3. 简述常用视镜、接管用途、结构及类型。

模块四　化工机械

项目一　机械传动

子项目1　带　传　动

项目目标

- **知识目标**：掌握带传动的工作原理、结构类型及特点；了解带传动的受力分析；掌握带传动的打滑和弹性滑动概念；掌握带传动的安装方法。
- **技能目标**：能拆装、操作、检修带传动机械。

项目内容

1. 拆装带传动机械。
2. 分析工作原理。
3. 操作带传动机械。

相关知识

机械传动分为带传动、链传动和齿轮传动。带传动和链传动都是通过中间挠性件（带、链）传递运动和动力的，适用于两轴中心距较大的场合。在这种场合下，与应用广泛的齿轮传动相比，它们具有结构简单、成本低廉等优点。因此带传动和链传动都是常用的传动装置。如图 4-1 所示。

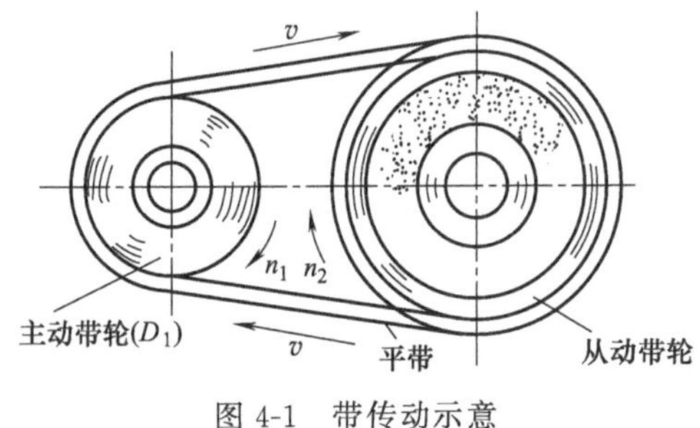

图 4-1　带传动示意

一、带传动的结构及原理

带传动主要包括主动带轮、从动带轮和环形带。安装带传动时，须将环形带紧套在两个带轮的轮缘上，使带和带轮轮缘接触面间产生压紧力（由于预紧，静止时已受到预拉力），当主动轮回转时，靠带与带轮接触面间的摩擦力拖动从动轮一起回转。这样，主动轴的运动和动力就通过带传给了从动轴。

二、带传动的类型

带的类型：按截面形状，传动带可分为平带、V 形带、圆形带和多楔带等类型。

(1) 平（形）带　截面为扁平矩形，工作面是与轮面相接触的内表面。传递功率低、带速高。如图 4-2 (a) 所示。

(2) V（形）带　（三角带）截面为梯形，工作面是与轮槽相接触的两侧面，但 V 带与底槽不接触，由于轮槽的楔形效应，预拉力相同时，V 带传动较平带传动能产生更大的摩擦力，故具有较大牵引能力（传递较大功率），应用更广。如图 4-2 (b) 所示。

（3）圆（形）带　截面为圆形，只能用于低速轻载的仪器或家用机械，如缝纫机。如图 4-2（c）所示。

（4）多楔带　以扁平部分为基体，下面有几条等距纵向槽，其工作面为楔的侧面，这种带兼有平带的弯曲应力小和 V 带的摩擦力大的优点。（可取代若干根 V 带），故常用于传递动力大，而要求结构紧凑的场合。如图 4-2（d）所示。

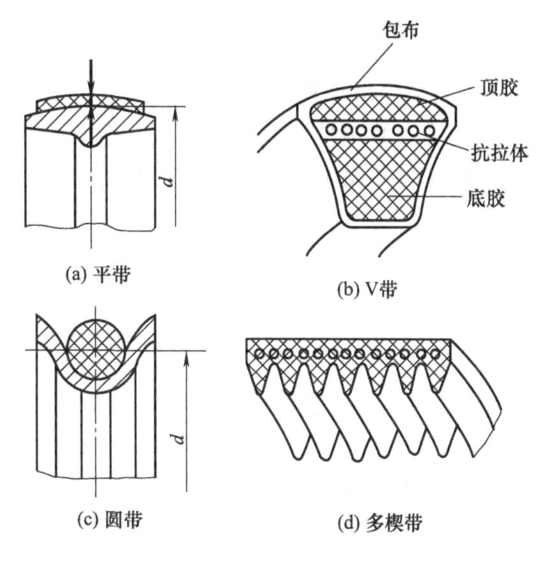

图 4-2　带的类型

三、带传动的受力分析

1. 带传动的受力分析

为保证带传动正常工作，传动带必须以一定的张紧力套在带轮上。当传动带静止时，带两边承受相等的拉力，称为初拉力 F_0。当传动带传动时，由于带与带轮接触面之间摩擦力的作用，带两边的拉力不再相等，如图 4-3 所示。一边被拉紧，拉力由 F_0 增大到 F_1，称为紧边；一边被放松，拉力由 F_0 减少到 F_2，称为松边。设环形带的总长度不变，则紧边拉力的增加量 F_1-F_0 应等于松边拉力的减少量 F_0-F_2。

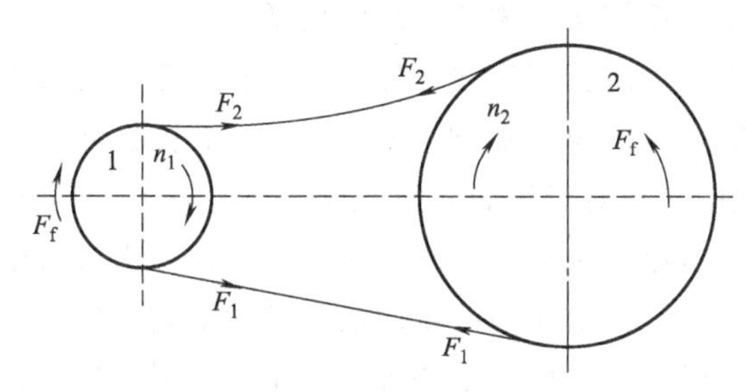

图 4-3　带传动的受力示意

$$F_1-F_0=F_0-F_2 \qquad F_0=(F_1+F_2)/2 \tag{4-1}$$

带两边的拉力之差（F）称为带传动的有效拉力。实际上 F 是带与带轮之间摩擦力的总和，在最大静摩擦力范围内，带传动的有效拉力 F 与总摩擦力 F_f 相等，F 同时也是带传动所传递的圆周力，即：

$$F=F_f=F_1-F_2 \tag{4-2}$$

2. 带传动的打滑和弹性滑动

（1）带传动打滑　在一定的初拉力 F_0 作用下，带与带轮接触面间摩擦力的总和有一极限值。当带所传递的圆周力超过带与带轮接触面间摩擦力的总和的极限值时，带与带轮将发生明显的相对滑动，这种现象称为打滑。带打滑时从动轮转速急剧下降，使传动失效，同时也加剧了带的磨损，应避免打滑。

紧边与松边的拉力比为：

$$F_1/F_2=e^{f\alpha} \tag{4-3}$$

表明：紧边与松边的拉力之比取决于包角和摩擦系数。

式中　f——带与轮面的摩擦系数；

α——带轮的包角（为带与带轮接触的弧段所对应的圆心角）。

$$\alpha_1 \approx 180^\circ-\frac{D_2-D_1}{a}\times 60^\circ(57.3)\text{(小带轮包角)} \tag{4-4}$$

$$\alpha_2 \approx 180° + \frac{D_2 - D_1}{a} \times 60°(57.3)(\text{大带轮包角}) \tag{4-5}$$

e为自然对数的底，e≈2.718。

工作中，紧边伸长，松边缩短，但总带长不变（代数之和为0，伸长量=缩短量）这个关系反应在力关系上，即拉力差相等。

即：

$$F_1 - F_0 = F_0 - F_2 \Rightarrow F_1 + F_2 = 2F_0 \tag{4-6}$$

$$F_{ec} = 2F_0\left(\frac{e^{f\alpha} - 1}{e^{f\alpha} + 1}\right) = 2F_0\left(\frac{1 - \frac{1}{e^{f\alpha}}}{1 + \frac{1}{e^{f\alpha}}}\right) \tag{4-7}$$

但 F_0 过大，磨损重，易松弛，寿命短。F_0 过小，工作潜力不能充分发挥，易于跳动与打滑。

打滑说明摩擦力不够，一般是轮的磨损造成的。按理说，摩擦力与轮子大小无关，但是小轮要比大轮损耗后受到的影响严重（与接触总面积有关）。所以应该先是小轮的摩擦力不够，发生打滑。

打滑现象会导致皮带加剧磨损、使从动轮转速降低甚至工作失效；带寿命减小。

打滑现象的好处是过载保护，即当高速端出现异常（比如异常增速），可以使低速端停止工作，保护相应的传动件及设备。在带传动中，应该尽量避免打滑的出现。

（2）带的弹性滑动　传动带是弹性体，受到拉力后会产生弹性伸长，伸长量随拉力大小的变化而改变。带由紧边绕过主动轮进入松边时，带的拉力由 F_1 减小为 F_2，其弹性伸长量也由 δ_1 减小为 δ_2。这说明带在绕过带轮的过程中，相对于轮面向后收缩了（$\delta_1 - \delta_2$），带与带轮轮面间出现局部相对滑动，导致带的速度逐步小于主动轮的圆周速度。同样，当带由松边绕过从动轮进入紧边时，拉力增加，带逐渐被拉长，沿轮面产生向前的弹性滑动，使带的速度逐渐大于从动轮的圆周速度。这种由于带的弹性变形而产生的带与带轮间的滑动称为弹性滑动。

弹性滑动和打滑是两个截然不同的概念。打滑是指过载引起的全面滑动，是可以避免的。而弹性滑动是由于拉力差引起的，只要传递圆周力，就必然会发生弹性滑动，所以弹性滑动是不可以避免的。弹性滑动的影响，使从动轮的圆周速度 v_2 低于主动轮的圆周速度 v_1，其圆周速度的相对降低程度可用滑动率 ε 来表示。

即滑动率 ε：

$$\varepsilon = \frac{v_1 - v_2}{v_1}$$

带传动的理论传动比：

$$i = n_1/n_2 = d_2/d_1$$

带传动的实际传动比：

$$i = \frac{n_1}{n_2} = \frac{d_2}{d_1(1-\varepsilon)}$$

在一般传动中 $\varepsilon = 0.01 \sim 0.02$，其值不大，可不予考虑。

带的弹性滑动是除同步带以外的带传动都有的正常现象，原因是皮带的松边和紧边的拉力不同，而两个变形长度就不一样了，所以就会有弹性滑动来过渡。这个除了会造成传动比不恒定的问题，不会有其他问题。而带打滑是带的承载能力不够了，也就是过载了。带在皮带轮上摩擦。弹性滑动是皮带的固有性质，不可避免。

弹性滑动会造成传动比不准确，传动效率较低，使带温升高，加速带的磨损等。

四、带传动的安装

1. 带传动的张紧方法

带传动的张紧方法有调节中心距和采用张紧轮张紧。

（1）调节中心距　通过调节螺钉来调整电动机位置，以实现张紧，如图 4-4 所示。用于水平或接近水平的传动。

（2）采用张紧轮　将张紧轮安装在带的松边内侧靠近大带轮处，如图 4-5 所示。常用于中心距不可调的场合。

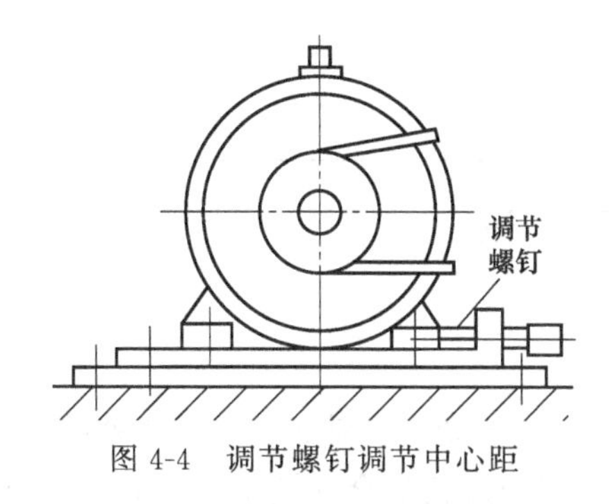

图 4-4　调节螺钉调节中心距

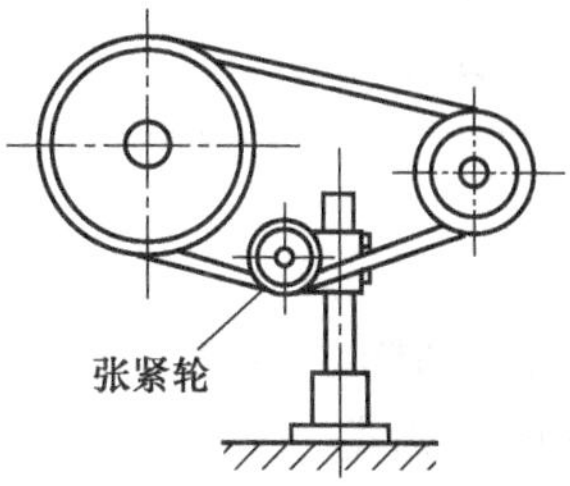

张紧轮

图 4-5　张紧轮调节中心距

2. 安装注意事项

（1）带型号与带轮轮槽尺寸应相符合。

（2）两带轮相对应轮槽的中心线应重合。

（3）带的张紧程度以大拇指按下 15mm 为宜。

（4）皮带装拆时不能硬撬，应先缩短中心距，然后再装拆胶带，装好后再调整到合适的张紧程度。

（5）在水平同向传动中就保证带的松边在上，紧边在下。

（6）皮带安装完成，张紧调整合适，确认皮带及带轮旁边没有障碍物后才可开机。

（7）应装设防护罩。

（8）若发现有的 V 带出现疲劳撕裂现象，应及时更换全部 V 带。

项目实训

分析带传动失效的形式及原因。

分析：带传动失效的形式主要有带在轮上打滑和带疲劳损坏。

打滑主要是因为带与带轮间的摩擦力不足，增大摩擦力可以防止带传动打滑。增大摩擦力的方法有：适当增大初拉力；增大小带轮包角；适当提高带速等。

带的疲劳损坏主要是因为带在运转过程中，时弯时直，产生的弯曲应力时有时无，带在交变应力的作用下工作，导致带产生疲劳断裂。

项目练习

1. 简述带传动的基本原理。
2. 弹性滑动和打滑有什么不同？对带传动各有什么影响？
3. 带传动的张紧方法有哪些？
4. 练习带传动的拆装。

子项目2 链 传 动

项目目标

- **知识目标：** 掌握链传动的工作原理、结构类型及特点；掌握链传动的操作、张紧及失效形式。
- **技能目标：** 能拆装、操作、检修链传动机械。

项目内容

1. 拆装链传动装置。
2. 操作链传动装置。

相关知识

一、链传动的结构、类型

1. 链传动的结构类型

链传动是以链条为中间传动件的啮合传动。链传动由主动链轮 1、从动链轮 2 和绕在链轮上并与链轮啮合的链条 3 组成。如图 4-6 所示。

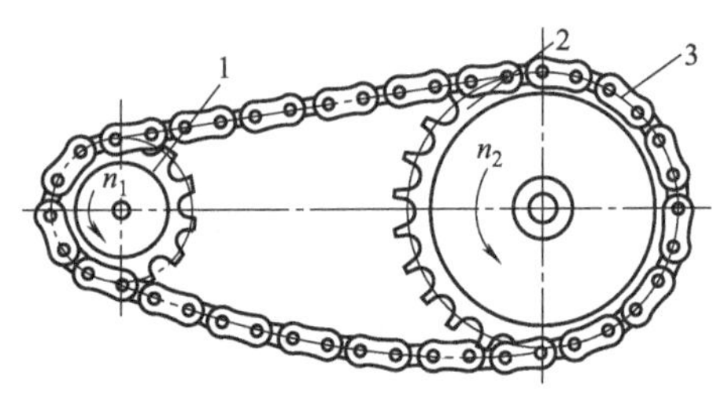

图 4-6 链传动示意

1—主动链轮；2—从动链轮；3—链条

根据使用用途差异，链条可分为起重链、牵引链和传动链三大类。起重链主要用于起重机械中提起重物，其工作速度 $v \leqslant 0.25\text{m/s}$；牵引链主要用于链式输送机中移动重物，其工作速度 $v \leqslant 4\text{m/s}$；传动链用于一般机械中传递运动和动力，通常工作速度 $v \leqslant 15\text{m/s}$。重点介绍应用最多的传动链。

2. 链传动特点

与带传动相比链传动能在低速重载和高温条件下及尘土飞扬的不良环境中工作，传动效率高，能保持平均的传动比；同时因为张紧力较小，相应的作用在轴上的压力也较小；能够用于中心距较大的场合；对其制造精度要求不高；只能传递平行轴之间的同向运动，运动平稳性差，工作时有噪声。

3. 传动链类型

根据结构的差异把传动链分为齿形链和滚子链两种。齿形链在结构上由特定齿形的链片和链轮组成，两者通过相互啮合来实现传动运动和动力。齿形链又称无声链传动，它的工作特点是传动平稳，噪声很小，允许的工作速度可达 40m/s。但因为制造成本相对较高，重量也比较大，故多用于运动精度要求较高或传输速度要求较快的场合。滚子链结构简单，适用范围广，从低速到较高速、从轻载到重载都能适用，故应用广泛。

4. 滚子链传动的结构

滚子链由内链板 1、套筒 2、销轴 3、外链板 4 和滚子 5 组成，如图 4-7 所示。内链板和套筒、外链板和销轴用过盈配合固定，构成内链节和外链节。销轴和套筒之间为间隙配合，构成铰链，将若干内外链节依次铰接形成链条。滚子松套在套筒上可自由转动，链轮轮齿与滚子之间的摩擦主要是滚动摩擦。链条上相邻两销轴中心的距离称为节距，用 p 表示，节距是链传动的重要参数。节距 p 越大，链的各部分尺寸和重量也越大，承载能力越高，且在链轮齿数一定时，链轮尺寸和重量随之增大。因此，设计时在保证承载能力的前提下，应尽量采取较小的节距。载荷较大时可选用双排链或多排链，但排数一般不超过三排或四排，以免由于制造和安装误差的影响使各排链受载不均。

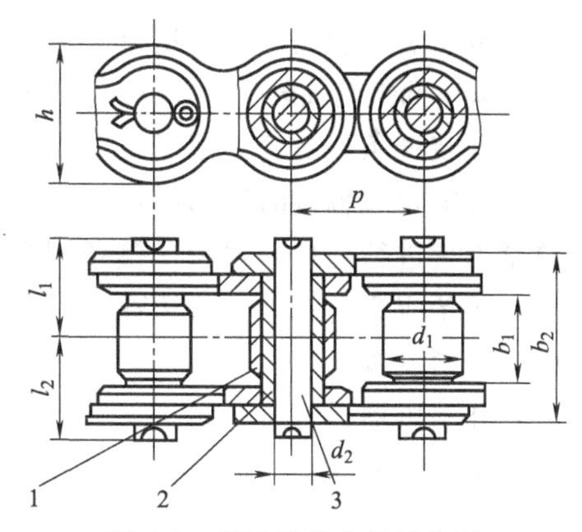

图 4-7　滚子链传动的结构图

1—滚子；2—套筒；3—销

链条的长度用链节数表示，一般选用偶数链节，这样链的接头处可采用开口销或弹簧卡片来固定，开口销用于大节距链，弹簧卡片用于小节距链。当链节为奇数时，需采用过渡链节，由于过渡链节的链板受附加弯矩的作用，一般应避免采用。

链轮的结构如图 4-8 所示。直径小的链轮常制成实心式，如图 4-8（a）所示；中等直径的链轮常制成辐板式如图 4-8（b）；大直径（$d>200$mm）的链轮常制成组合式，可将齿圈焊接在轮毂上如图 4-8（d）或采用螺栓连接如图4-8（c)所示。

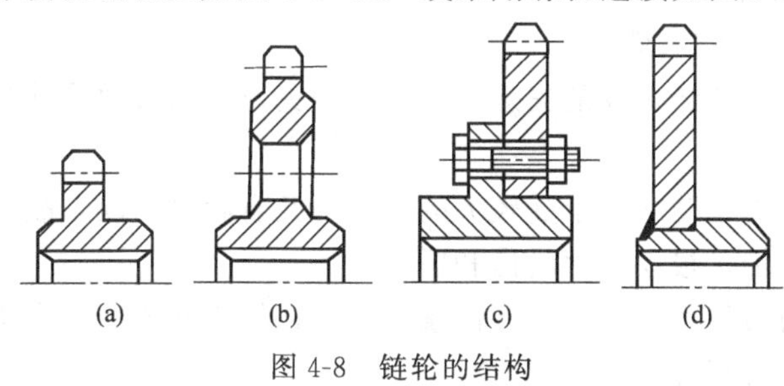

图 4-8　链轮的结构

链轮的材料应有足够的强度和耐磨性，齿面要经过热处理。由于小链轮轮齿的啮合次数比大链轮轮齿的啮合次数多，受冲击也比较大，因此所用材料应优于大链轮。

二、链传动的传动比及运动的不均匀性

链传动的运动情况和绕在多边形轮子上的带很相似。多边形边长相当于链节距 p，边数相当于链轮的齿数 z。链轮每转过一周，链条转过的长度为 pz，当两链轮的转速分别为 n_1 和 n_2 时，链条的平均速度为：

$$v=\frac{z_1pn_1}{60\times1000}=\frac{z_2pn_2}{60\times1000}\ (\text{m/s})$$

由上式得链传动的平均传动比为：

$$i_{12}=\frac{n_1}{n_2}=\frac{z_2}{z_1}$$

虽然链传动的平均速度和平均传动比不变，但它们的瞬时值却是周期性变化的。为便于分析，设链的紧边（主动边）在传动时总处于水平位置，主动轮以角速度 ω_1 回转，故即使 ω_1 为常数，链轮每送走一个链节，其链速 v 也经历“最小-最大-最小”的周期性变化。同理链条在垂直方向的速度 v' 也作周期性变化，使链条上下抖动。

用同样的方法对从动轮进行分析可知，从动轮角速度 ω_2 也是变化的，故链传动的瞬时传动比（$i_{12}=\omega_1/\omega_2$）也是变化的。

链速和传动比的变化使链传动中产生加速度，从而产生附加动载荷、引起冲击振动，故链传动不适合高速传动。为减小动载荷和运动的不均匀性，链传动应尽量选取较多的齿数 z_1 和较小的节距 p（这样可使 β_1 减小)，并使链速在允许的范围内变化。

三、链传动操作、张紧及失效形式

1. 链传动操作

正确地安装、使用、维护链条，可以延长链条的寿命，保证链传动的正常工作。

(1) 调整两链轮轴线平行，且回转平面在同一铅垂面内，否则易引起脱链和不正常磨损。

(2) 安装链条。对套筒滚子链，如果结构上允许在链轮装好后再装链条（如两轴中心距可调节，且链轮在轴端时），则链条可预先连接。否则，应在链条套在链轮上后，再采用专用的拉紧工具进行连接。对齿形链条则必须将链条套在链轮上后，再进行连接。

(3) 链条应紧边在上，松边在下。松边下垂过大时需要进行调节，调节的方法是移动链轮或应用张紧装置。

(4) 开动机器运行。

2. 链传动的张紧

链传动工作时合适的松边垂度一般为 $f=(0.01\sim0.02)a$，a 为传动中心距。若垂度过大，将引起啮合不良或振动现象，所以必须张紧。最常见的张紧方法是调整中心距法。当中心距不可调整时，可采用拆去1～2个链节的方法进行张紧或设置张紧轮。张紧轮常位于松边，如图4-9所示。张紧轮可以是链轮也可以是滚轮，其直径与小链轮相近。

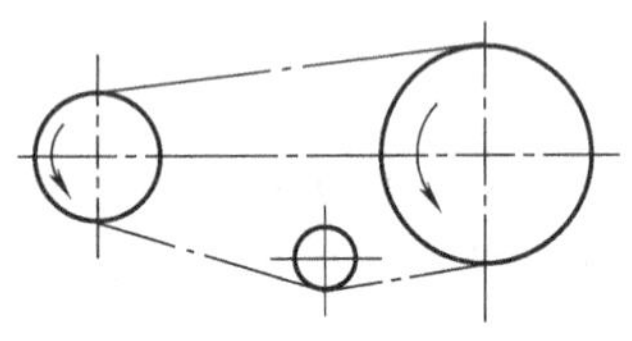

图 4-9 链传动的布置和张紧

3. 链传动的失效

由于链条的强度比链轮的强度低，故一般链传动的失效主要是链条失效，其失效形式主要有以下几种。

(1) 链条铰链磨损 链条铰链的销轴与套筒之间承受较大的压力且又有相对滑动，故在承压面上将产生磨损。磨损使链条节距增加，极易产生跳齿和脱链。

(2) 链板疲劳破坏 链传动紧边和松边拉力不等，因此链条工作时，拉力在不断地发生变化，经一定的应力循环后，链板发生疲劳断裂。

(3) 多次冲击破断 链传动在启动、制动、反转或重复冲击载荷作用下，链条、销轴、套筒发生疲劳断裂。

(4) 链条铰链的胶合 链速过高时销轴和套筒的工作表面由于摩擦产生瞬时高温，使两摩擦表面相互黏结，并在相对运动中将较软的金属撕下，这种现象称为胶合。链传动的极限速度受到胶合的限制。

(5) 链条的静力拉断 在低速（$v<0.6$m/s）重载或突然过载时，载荷超过链条的静强度，链条将被拉断。

项目实训

试分析摩托车链条时松时紧的原因。

分析如下。

(1) 链轮不圆，或者链轮的中心孔偏心。实际上，链轮的外圆和中心孔都是由车床车出来的，而且只需要一次装夹，因此它们的精度是很容易保证的。这种可能性小。

(2) 链条的滚子与链轮的齿槽不能完全啮合。若不能完全啮合，则滚子不能进入齿槽，相当于扩大了链条回转半径，就变得过紧，甚至会自动掉链子。

? 项目练习

1. 链传动有哪几种结构类型？各有什么特点？

2. 滚子链传动有哪几部分组成？
3. 简述链传动的失效形式。
4. 练习链传动的拆装。

子项目3　齿 轮 传 动

项目目标

- **知识目标：** 掌握齿轮传动的工作原理、类型及特点；掌握齿轮传动的操作及失效形式。
- **技能目标：** 能拆装、操作、检修齿轮传动机械。

项目内容

1. 拆装齿轮传动装置。
2. 操作齿轮传动装置。

相 关 知 识

一、齿轮传动概述

齿轮传动由主动轮、从动轮组成，利用两齿轮的轮齿相互啮合传递动力和运动。

齿轮传动的特点是：齿轮传动平稳，传动比精确，工作可靠、效率高、寿命长，使用的功率、速度和尺寸范围大，可实现平行轴、任意角相交轴和任意角交错轴之间的传动。但制造和安装精度高，成本也高。在所有的机械传动中，齿轮传动应用最广，可用来传递相对位置不远的两轴之间的运动和动力。

齿轮传动的类型很多，按齿轮轴线的相对位置分平行轴圆柱齿轮传动、相交轴圆锥齿轮传动和交错轴螺旋齿轮传动。如图 4-10 所示。

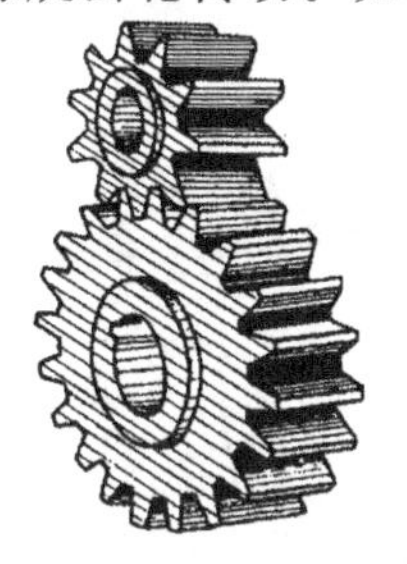

(a) 平行轴圆柱齿轮传动

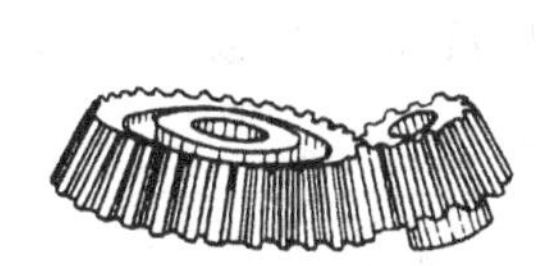

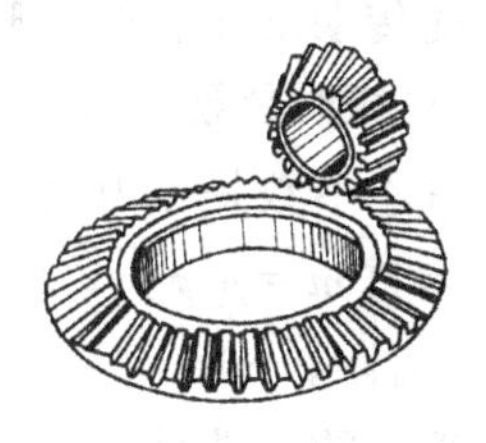

(b) 相交轴圆锥齿轮传动

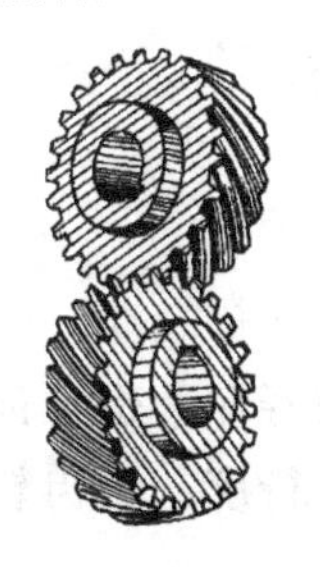

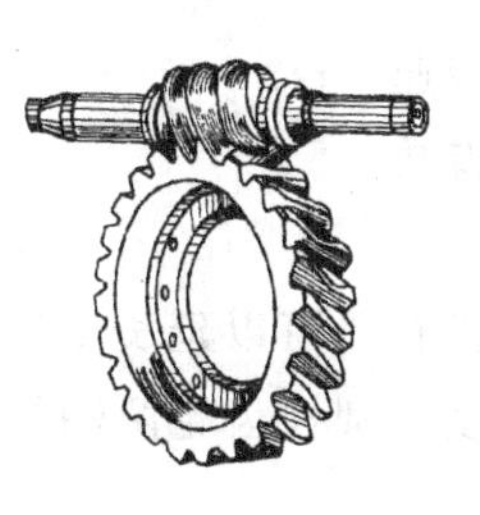

(c) 交错轴螺旋齿轮传动

图 4-10　齿轮传动的类型

圆柱齿轮传动又可分为直齿圆柱齿轮传动、斜齿圆柱齿轮传动和人字齿圆柱齿轮传动。如图 4-11 所示。

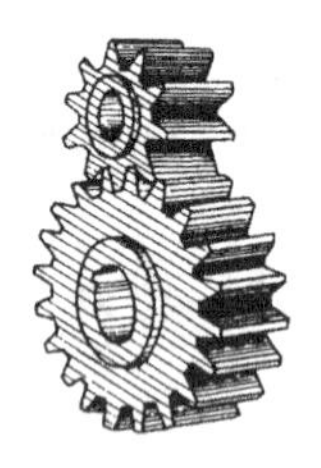
(a) 直齿圆柱齿轮传动

(b) 斜齿圆柱齿轮传动

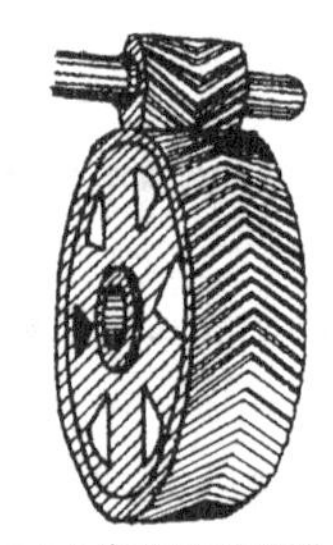
(c) 人字齿圆柱齿轮传动

图 4-11 圆柱齿轮传动齿轮

按照轮齿排列在圆柱体的外表面、内表面或平面上，又可分为外齿轮啮合齿轮传动、内齿轮啮合齿轮传动和齿轮齿条传动。如图 4-12 所示。

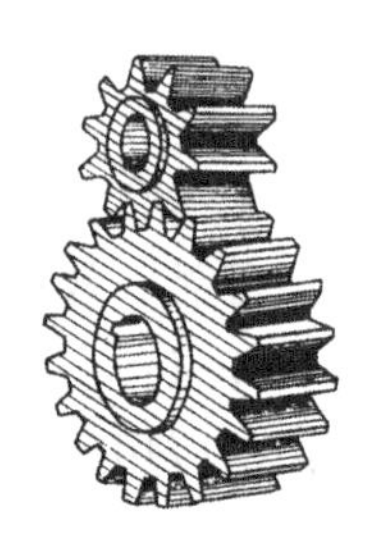
(a) 外齿轮啮合齿轮传动

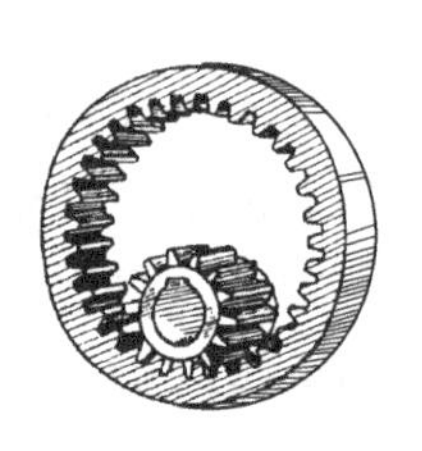
(b) 内齿轮啮合齿轮传动

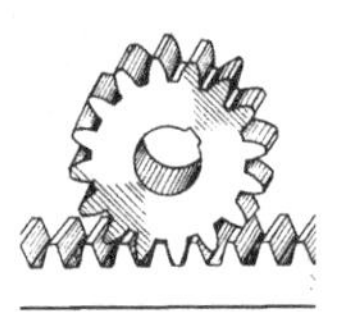
(c) 齿轮齿条传动

图 4-12 圆柱齿轮传动结构

二、齿轮传动操作、失效形式

1. 齿轮的基本参数、啮合条件、传动比

齿轮的基本参数是压力角 α、模数 m 和齿数 z。

齿轮的模数 $m=p/\pi$，单位 mm。

式中 p——齿距，mm

两齿轮啮合的条件是：两齿轮的模数、压力角 α 相等。

传动比可写为：

$$i=n_1/n_2=z_2/z_1$$

式中 n_1，n_2——主、从动轮转速，r/min；

z_1，z_2——主、从动轮齿数。

2. 操作及维护

正确地安装、使用、维护齿轮，可以延长轮齿的寿命，保证齿轮传动的正常工作。

(1) 调整齿轮与轴的同轴度、圆柱齿轮两轴的平行度、锥齿轮两轴相交的角度公差符合要求。

(2) 安装完后检查齿面是否接触均匀，试车。

(3) 保持正常的润滑条件。

（4）开动机器运行。

3. 齿轮轮齿的失效形式

齿轮最重要的部分为轮齿，它的失效形式主要有以下几种。

（1）轮齿折断　轮齿折断一般发生在齿根部分。在载荷的多次重复作用下，弯曲应力超过弯曲持久极限时，齿根部分将产生疲劳裂纹。裂纹的逐渐扩展，最终将引起断齿，这种折断称为疲劳折断。

轮齿因短时过载或冲击过载而引起的突然折断，称为过载折断。用淬火钢或铸铁等脆性材料制成的齿轮，容易发生这种断齿。

（2）齿面磨损　齿面磨损主要是由于灰砂、硬屑粒等进入齿面间而引起的磨粒性磨损；其次是因齿面互相摩擦而产生的跑合性磨损。磨损后齿廓失去正确形状，使运转中产生冲击和噪声。磨粒性磨损在开式传动中是难以避免的。采用闭式传动，降低齿面粗糙度和保持良好的润滑可以防止或减轻这种磨损。

（3）齿面点蚀　在过高的接触应力的多次重复作用下，齿面表层就会产生细微的疲劳裂纹，裂纹的蔓延扩展使齿面的金属微粒剥落下来而形成凹坑，即疲劳点蚀，继续发展以致轮齿啮合情况恶化而报废。实践表明，疲劳点蚀首先出现在齿根表面靠近节线处。齿面抗点蚀能力主要与齿面硬度有关，齿面硬度越高，抗点蚀能力越强。软齿面（约350HBS）的闭式齿轮传动常因齿面点蚀而失效。在开式传动中，由于齿面磨损较快，点蚀还来不及出现或扩展即被磨掉，所以一般看不到点蚀现象。可以通过提高齿面硬度和降低表面粗糙度、提高润滑油黏度并加入添加剂、减小动载荷等措施提高齿面接触强度。

（4）齿面胶合　在高速重载传动中，常因啮合温度升高而引起润滑失效，致使两齿面金属直接接触并相互粘连，两齿面相对运动时，较软的齿面沿滑动方向被撕裂出现沟纹，这种现象称为胶合。在低速重载传动中，由于齿面间不易形成润滑油膜也可能产生胶合破坏。

提高齿面硬度和降低表面粗糙度能增强抗胶合能力。低速传动采用黏度较大的润滑油；高速传动采用含抗胶合添加剂的润滑油对于抗胶合也很有效。

项目实训

图4-13是失效的齿轮，试判断下列轮齿失效属于哪种失效形式？并说明原因。

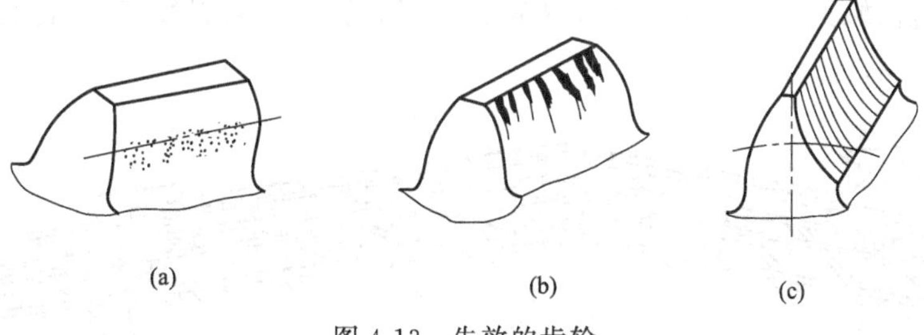

图4-13　失效的齿轮

分析：(a) 为齿面点蚀。接触应力过高，次数过多，导致齿面表层产生细微的疲劳裂纹，裂纹的蔓延扩展使齿面的金属微粒剥落下来而形成凹坑。

(b) 为齿面胶合。啮合温度升高而引起润滑失效，致使两齿面金属直接接触并相互粘连，两齿而相对运动时，较软的齿面沿滑动方向被撕裂出现沟纹。

(c) 为齿面磨损。原因有灰砂、硬屑粒等进入齿面间而引起的磨粒性磨损；齿面互相摩擦而产生的跑合性磨损。

项目练习

1. 齿轮传动有哪些结构类型？各有什么特点？
2. 齿轮传动的啮合条件是什么？
3. 简述齿轮传动的失效形式。
4. 练习齿轮传动的拆装。

项目二 输送机械

子项目1 固体物料输送机械

项目目标

- **知识目标：** 掌握各种固体物料输送机械的结构、工作原理、特点及适应范围；掌握带式输送机常见故障及处理措施。
- **技能目标：** 能操作、维护固体物料输送机械。

项目内容

1. 了解固体物料输送机械的特点。
2. 观察固体物料输送机械的结构类型。
3. 操作固体物料输送机械。

相关知识

固体物料的形态多样，包括粉末状、颗粒状、大粒状、块状等，对于不同形态的固体物料应采用不同的输送方式及设备。常用的固体物料的输送机械有带式输送机、斗式提升机、螺旋输送机、刮板输送机等。

一、带式输送机

1. 带式输送机结构及工作原理

带式输送机由输送带、托辊、驱动装置、张紧装置、装卸料装置、清扫器等装置组成。结构如图 4-14 所示。

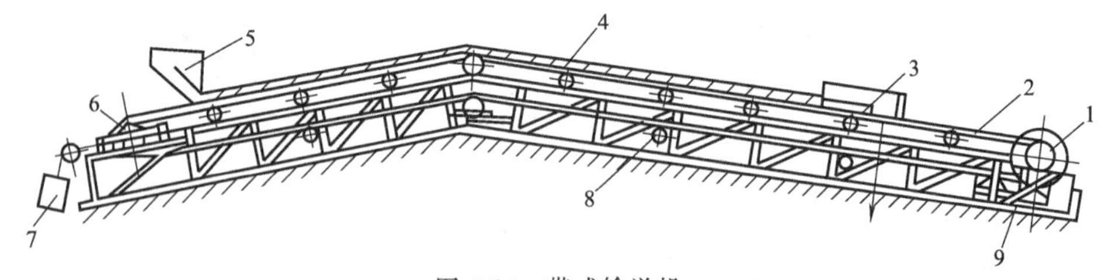

图 4-14 带式输送机

1—主动轮；2—带轮；3—卸料装置；4—上托辊；5—加料斗；6—张紧轮；7—重锤；8—下托辊；9—清扫器

输送带是通过传送带的往复运动，而使其上的物料达到向前输送目的的工作面；托辊是防止输送带下垂，起支撑作用；驱动装置是使输送带能运动起来的动力。

带式输送机的工作原理是由挠性输送带作为物料承载件和牵引件的连续输送设备，根据摩擦传动的原理，由传动滚筒带动输送带进行物料的传递与运输。

带式输送机具有结构紧凑、操作方便、动作平稳、输送能力较强、各部分摩擦阻力较小、动力消耗较低，在输送过程中对物料的破损较少，而且安装维修方便。但存在粉尘大、劳动环境差、造价贵、不封闭等缺点。只能用于直线输送，改向时需几台联合使用，不能垂直输送或大坡度输送。

带式输送机常用来输送块状物料、粉末状物料、成件物料。

2. 带式输送机常见故障及处理措施

（1）输送带跑偏的处理　输送带本身弯曲不直或接头不正引起跑偏，必须重新处理输送带接头；输送带空载时发生跑偏，而加上物料就能得到纠正，稍放松拉紧装置或减少重锤块就可调整；滚筒表面黏结物料，使滚筒成为圆锥面，会使胶带向一侧偏离。常用的处理办法是经常检查清扫器和进行人工清扫。

（2）胶带运输机的洒料　转载点处洒料产生的原因可能是带式输送机严重过载、导料槽挡料橡胶裙板损坏等；跑偏时的洒料，可通过调整胶袋的跑偏；输送机启动时凹段弹起洒料，可在带式输送机凹段处增设压带轮来避免输送带的弹起。

（3）异常噪声　异常噪声是因为托辊严重偏心。主要原因有二：一是制造托辊的无缝钢管壁厚不均匀，二是在加工时两端轴承孔中心与外圆圆心偏差较大；联轴器两轴不同心。措施应是及时对电机、减速机的位置进行调整，以避免引起减速机输入轴的断裂及轴承的烧毁；对改向滚筒与驱动滚筒引起的噪声，应立即更换轴承。

（4）减速机的断轴　减速机的断轴是因为减速机高速轴在设计上强度不够，应当更换减速机或修改减速机的设计；高速轴不同心引起的断轴需要在安装与维修时仔细调整其位置，保证同轴度满足安装要求。

（5）胶带打滑　原因是重锤拉紧装置和车式拉紧装置不合适。带式运输机胶带的打滑可在胶带打滑时可添加配重或拉紧绞车来解决，直到胶带不打滑为止；螺旋拉紧装置打滑可调整张紧行程来增大张紧力。

二、斗式提升机

斗式提升机的主要部件为料斗、链条（带）、张紧装置、驱动装置和装、卸料装置等。结构如图 4-15 所示。

料斗是提升机的承载构件，链条（带）是提升机的牵引构件，链条适用于生产能力大、升送高度较高或较重的物料的运输，带主要用于中小生产能力、中等提升高度或体积和密度小的粉状及小颗粒等物料的运输。

斗式提升机的工作原理是由传动装置提供动力给链轮轴，利用附在带或钢索或链条等挠性物上的料斗在垂直或倾斜的方向上作往复运动来将低处的物料输送到高处的。

斗式提升机密封性好，结构紧凑、提升量大，可把物料输送到较高的位置，生产率范围较大（3～160m^3/h）等。缺点是对过载较敏感，必须均匀供料。

斗式提升机适用于垂直输送粉状、颗粒及小块的物料。

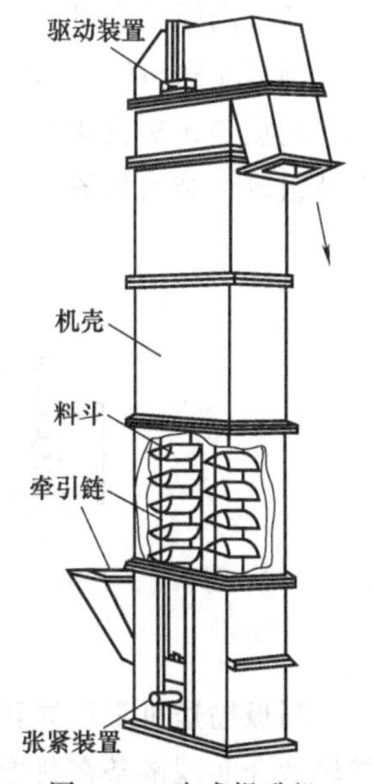

图 4-15　斗式提升机

三、螺旋输送机

螺旋输送机主要由等距螺旋、固定的机壳（料槽）、进出料口、驱动装置等组成的。如图4-16所示。

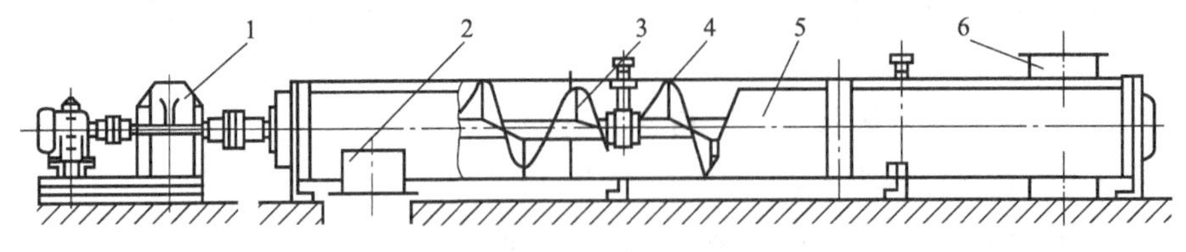

图4-16 螺旋输送机

1—驱动装置；2—出料口；3—旋转螺旋轴；4—中间吊挂轴承；5—壳体；6—进料口

螺旋有左旋、右旋之分和单线、双线、三线之别，但一般为单线，螺旋叶片的形状可分为实体、带式、叶片式和成型4种；根据所输送物料的性质，即阻力的大小，在设计时可将轴设计为空心的或实心的，轴的连接有插入式和法兰连接两种方式；加料口包括中间加料口和末端加料口，有方形和圆形两种形式，中间加料口数量可根据工艺需要布置；机槽是螺旋输送机的重要组成部分，用于支撑螺旋轴、中间轴承和输送物料。

螺旋输送机的工作原理是当物料进入固定机槽内时，由于物料的重力及其与机槽间的摩擦力作用，堆积在机槽下部的物料不断随螺旋体旋转，在旋转着的螺旋叶片的推动下向前移动。是利用螺旋旋转来推动物料前进的输送设备。它适用于需要密闭运输的物料，如粉状或颗粒状的物料。

螺旋输送机具有结构简单、横截面尺寸小、造价低廉、便于在若干位置进行中间加载和卸载、操作安全方便、密封性好等优点。缺点是机件磨损较严重、输送量较低、消耗功率大、物料在运输过程中易破碎、运输距离不宜过长（一般在30m以内）、过载能力较低等。

螺旋输送机适用于颗粒或粉状物料的水平、倾斜和垂直输送，不适宜输送易变质的、黏性大的易结块的物料。

四、刮板输送机

刮板输送机输送物料时刮板链条全埋在物料之中，所以又称为埋刮板输送机。

刮板输送机主要由封闭壳体（机槽）、驱动装置、刮板链条、拉紧装置、进出物料口等部件组成。结构如图4-17所示。

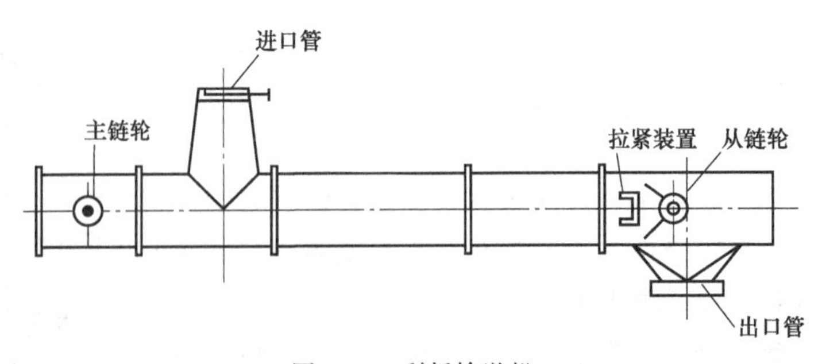

图4-17 刮板输送机

刮板输送机工作原理是刮板输送机是利用无端循环的链条作为牵引构件，由链条通过与链轮啮合实现链条在料槽中运动，连接在链条上的刮板通过链条的运动，拉动或推动物料在多节可拆卸的敞开料槽内实现物料的输送和分配。

刮板输送机具有结构简单、质量小、体积小、密封性能好，便于安装、可单点和多点进、出料，可以承受垂直或水平方向的弯曲，可反向运行，便于处理底链事故。但其空载功率消耗较大，为总功率的30%左右，不宜长距离输送，易发生掉链、跳链事故，消耗钢材多，成本大。

刮板输送机常用于输送颗粒状、小块状和粉状物料，能在水平或150°角范围内作倾斜和垂直输送。一般水平输送最大长度为80～120m，垂直提升输送高度为20～30m。在输送有毒、易爆、高温和易飞扬的物料、改善操作条件和减少环境污染等方面具有突出的优势。

项目实训

某生产企业所用原料为散装颗粒，原料离反应设备进口约8m高，试选择正确的固体物料输送机械，将原料提升8m后，输入反应设备进口。试为该企业选择输送机械。

提示：原料离反应设备进口约8米，提升高度大，上述4种固体物料输送机械中斗式提升机提升高度最高可达30m；带式输送机一般作水平方向的输送，也可按一定倾斜角度向上输送，但倾斜角度不宜超过17°～18°；垂直式螺旋输送机输送高度一般不大于6m；所以选择斗式提升机比较合适。

? 项目练习

1. 试比较四种固体物料输送机械的结构特点及适用场合。
2. 试调查附近企业所使用固体物料输送机械，说明其类型。
3. 练习操作各种固体物料输送机械，并说明其异同。

子项目2　液体物料输送机械

项目目标

- **知识目标：** 掌握离心泵及特殊泵的结构、特点、工作原理及适应范围；掌握离心泵常见故障及处理措施。
- **技能目标：** 能操作、维护液体物料输送机械。

项目内容

1. 折离心泵。
2. 了解其内部结构，熟悉各部分结构名称。
3. 查看离心泵内的叶轮，是否有破损。
4. 组装离心泵。
5. 操作离心泵。

相关知识

无论在日常生活中，还是在化工生产中，常常需要将液体从低处输送到高处，或从低压送至高压，或沿管道送至较远的地方。这种液体输送机械称之为泵。

一、离心泵

1. 离心泵的结构及工作原理

图 4-18 离心泵

离心泵主要由泵壳、叶轮、轴封装置、电动机等组成。结构如图 4-18 所示。

泵壳的特点是蜗壳状，其主要起导流及能量转换的作用；叶轮由轴带动提供能量。

离心泵的工作原理是在启动前先进行灌泵，然后打开电源，电机带动叶轮旋转，叶轮带动液体旋转，液体以较大的速度被甩到叶轮边缘进入泵壳，在蜗壳中随流道截面积的逐渐扩大，液体的部分动能转变成静压能，液体以较大的压力被压出，与此同时，当叶轮中心的液体被甩出后，泵壳的吸入口就形成了一定的真空，外面的大气压力迫使液体经底阀吸入管进入泵内，填补了液体排出后的空间。这样，只要叶轮旋转不停，液体就源源不断地被吸入与排出。如图 4-19 所示。

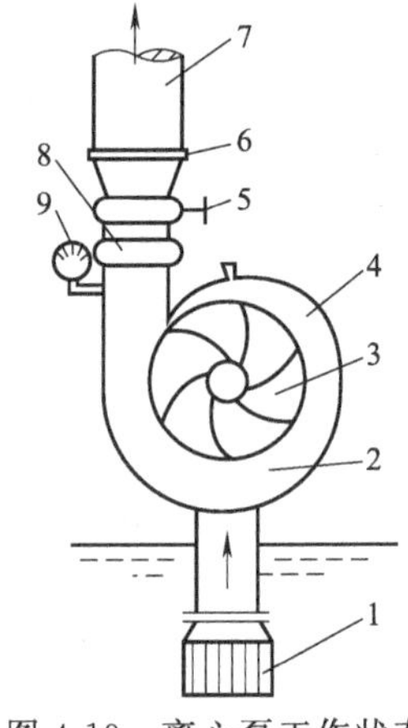

图 4-19 离心泵工作状态

1—底阀；2—压水室；3—叶轮；4—蜗壳；5—闸阀；6—法兰；7—压水管；8—止回阀；9—压力表

离心泵具有转速高、体积小、重量轻、效率高、流量大、结构简单、性能平稳、容易操作和维修的优点。

缺点是启动前泵内要灌满液体，液体黏度对泵性能影响大，只能用于黏度近似于水的液体。

2. 离心泵的工作点与流量调节

（1）离心泵的工作点　输送液体是靠泵和管路相互配合完成的。一台离心泵安装在一定的管路系统中工作，包括阀门开度也一定时，就有一定的流量与压头。

泵安装在特定的管路中，其特性曲线 H-Q 与管路特性曲线 H_e-Q 的交点称为离心泵的工作点（图 4-20）。即泵的工作点对应的泵压头和流量既是泵提供的，也是管路需要的。

（2）离心泵的流量调节　泵在实际操作过程中，经常需要调节流量。从泵的工作点可知，调节流量实质上就是改变离心泵的特性曲线或管路特性曲线，从而改变泵的工作点问题。

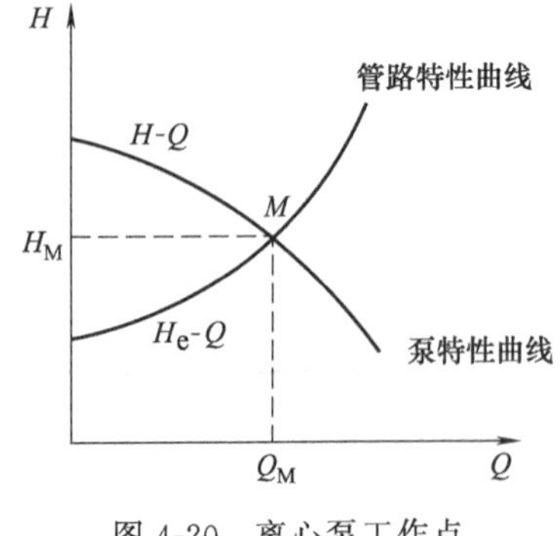

图 4-20 离心泵工作点

① 改变管路特性曲线最简单的方法就是调节出口阀开度。

② 改变泵的特性曲线可以通过改变叶轮转数和切割叶轮直径来实现。

③ 当两台泵串联时可以增加扬程，当两台泵并联时可以增加流量。

3. 离心泵常见不良现象及处理

（1）气缚现象　离心泵启动时，若泵内存有空气，由于空气密度很低，旋转后产生的离心力小，因而叶轮中心区所形成的低压不足以将贮槽内的液体吸入泵内，虽启动离心泵也不能输送液体。此种现象称为“气缚”，表示离心泵无自吸能力，所以必须在启动前向壳内灌满液体。

在启动前向壳内灌满液体，做好壳体的密封工作，这样可以有效防止“气缚”现象的发生。

(2) 汽蚀现象　当离心泵叶片入口附近的压力等于或小于液体的饱和蒸气压，液体将在该处汽化产生气泡，并随液体流向高压区，气泡在高压的作用下迅速液化或破裂，此时周围的液体以极高的速度、频率和压力冲向叶轮和泵壳，使得叶轮和泵壳遭到破坏，这种现象称为汽蚀现象。

汽蚀时传递到叶轮及泵壳的冲击波，加上液体中微量溶解的氧对金属化学腐蚀的共同作用，在一定时间后，可使其表面出现斑痕及裂缝，甚至呈海绵状逐步脱落；发生汽蚀时，还会发出噪声，进而使泵体震动；同时由于蒸气的生成使得液体的表观密度下降，于是液体实际流量、出口压力和效率都下降，严重时可导致完全不能输出液体。

欲防止发生汽蚀必须提高有效汽蚀余量，使有效汽蚀余量大于等于最低汽蚀余量，可防止发生汽蚀的措施有以下几点。

① 减小几何吸上高度（或增加几何倒灌高度）。

② 减小吸入损失，为此可以设法增加管径，尽量减小管路长度、弯头和附件等。

③ 防止长时间在大流量下运行。

④ 在同样转速和流量下，采用双吸泵，因减小进口流速，泵不易发生汽蚀。

⑤ 离心泵发生汽蚀时，应把流量调小或降速运行。

⑥ 离心泵吸水池的情况对泵汽蚀有重要影响。

⑦ 对于在苛刻条件下运行的泵，为避免汽蚀破坏，可使用耐汽蚀材料。

二、特殊泵

1. 往复泵

往复泵是容积式泵的一种，由泵缸、活塞，活塞杆及吸入阀、排出阀组成，是依靠泵缸内的活塞作往复运动来改变工作容积，从而达到输送液体的目的。如图 4-21 所示。

往复泵工作原理是活塞 1 自左向右移动时，工作室 3 的容积逐渐扩大，泵缸内形成负压，流体顶开吸入阀 4，进入活塞 1 所让出的空间，直至活塞 1 移动到最右端。当活塞自右向左移动时，缸内液体受挤压，压力增大，吸入阀 4 关闭，由排出阀 5 打开，液体排出。活塞往复一次，各吸入和排出一次液体，称为一个工作循环，这种泵称为单动泵。若活塞往返一次，各吸入和排出两次液体，称为双动泵。活塞由一端移至另一端，称为一个冲程。

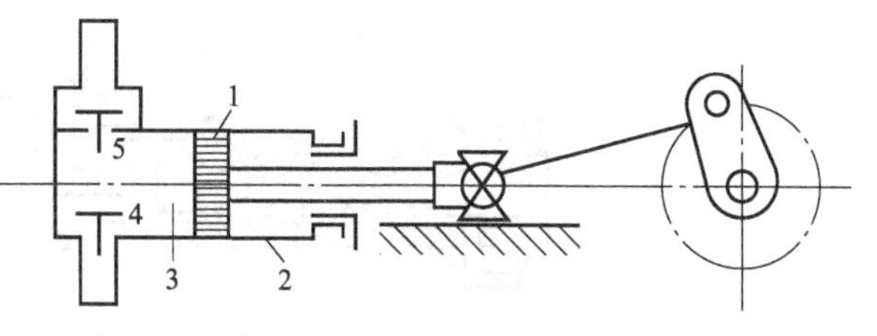

图 4-21　往复泵示意

1—活塞；2—泵缸；3—工作室；4—吸入阀；5—排出阀

往复泵的主要特点是效率高且能达到很高压力，但压力变化几乎不影响流量，因而能提供恒定的流量；具有自吸能力，可输送液、气混合物，特殊设计的还能输送泥浆、混凝土等；流量和压力有较大的脉动，特别是单作用泵，由于活塞运动的加速度和液体排出的间断性，脉动更大。通常需要在排出管路上（有时还在吸入管路上）设置空气室使流量比较均匀。采用双作用泵和多缸泵，还可显著地改善流量的不均匀性；速度低，尺寸大，结构较离心泵复杂，需要有专门的泵阀，制造成本和安装费用都较高。此泵适用于小流量、高压力的输液系统。

2. 齿轮泵

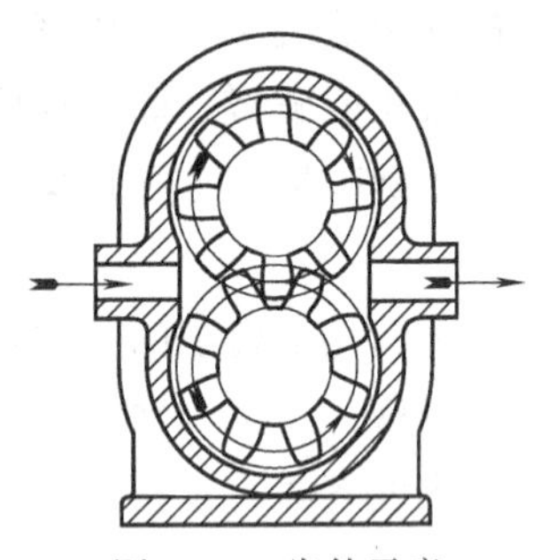

图 4-22　齿轮示意

两个齿轮相互啮合在一起而构成的泵，称为齿轮泵，齿轮泵也是容积式回转泵的一种。

泵壳内的两个齿轮，参数相同，齿轮两侧有端盖，泵体、泵盖和齿轮构成的密封空间就是齿轮泵的工作容积，在工作容积两端有进油口和出油口（不一定是油，也可以是其他介质），这对紧密配合的齿轮在密封壳体内相互啮合旋转，在泵体内部形成类似一个“8”字形的工作区，齿轮的外径和两侧都与泵体紧密配合，传送介质从进油口进入，随着齿轮的旋转沿壳体运动，最后从出油口排出，最后将介质的压力转化成机械能进行做功。如图4-22所示。

齿轮泵也叫正排量装置，就像一个缸筒内的活塞，当一个齿进入另一个齿的流体空间时，工作介质就被机械性地挤了出来，齿轮泵的流量大小与壳体内齿轮的转速有直接关系。

齿轮泵的优点是结构紧凑、体积小、重量轻、造价低。与其他类型泵相比有效率低、振动大、噪声大、易磨损等缺点，适用于输送黏稠液体。

齿轮泵常见的故障有齿轮泵内部的零件磨损；齿轮泵壳体的磨损；油封磨损；油封老化。齿轮泵内部零件的磨损也会造成内漏，其中轴套和齿轮端面之间泄漏面积大，是造成漏油的主要部位。

3. 螺杆泵

螺杆泵主要由螺杆、螺腔、填料函、平行销连杆、套轴、轴承、机座等组成，是回转容积式泵的一种。如图 4-23 所示。

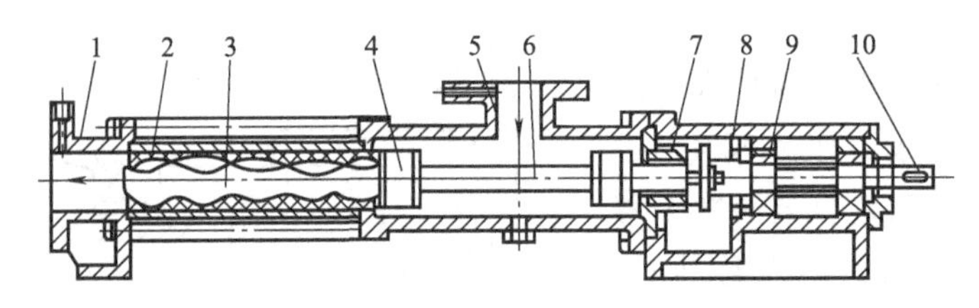

图 4-23　单螺杆泵结构

1—压出管；2—衬套；3—螺杆；4—万向联轴器；5—吸入管；6—传动轴；7—轴封；8—拖架；9—轴承；10—泵轴

螺杆泵是利用螺杆的回转来吸排液体的。由于各螺杆的相互啮合以及螺杆与衬筒内壁的紧密配合，在泵的吸入口和排出口之间，就会被分隔成一个或多个密封空间。随着螺杆的转动和啮合，这些密封空间在泵的吸入端不断形成，将吸入室中的液体封入其中，并自吸入室沿螺杆轴向前连续地推移至排出端，将封闭在各空间中的液体不断排出，犹如一个螺母在螺纹回转时被不断向前推进的情形那样，这就是螺杆泵的基本工作原理。

螺杆泵优点是损失小、经济性能好、压力高而均匀、脉动小、运转平稳、无震动和噪声、自吸性和排出能力好、转速高、能与原动机直联。但螺杆的加工和装配要求较高、泵的性能对液体的黏度变化比较敏感。适用于输送润滑油、燃油等各种油类及高分子聚合物和高黏度介质。

螺杆泵常见问题一是泵体剧烈振动或产生噪声，原因有水泵安装不牢或水泵安装过高，或电机滚珠轴承损坏，或水泵主轴弯曲或与电机主轴不同心、不平行等原因造成；二是水泵不出水，原因有泵体和吸水管没灌满引水，或动水位低于水泵滤水管，或吸水管破裂等原因造成。

项目实训

某企业一台离心机泵体噪声大、振动严重，泵性能下降。打开机壳后，发现叶轮如图 4-24 所示状态，试说明原因。

图 4-24　叶轮

分析：该叶轮受到汽蚀破坏。

当叶片入口附近的最低压力等于或小于输送温度下液体的饱和蒸气压时，液体将在此处汽化或者是溶解在液体中的气体析出并形成气泡。含气泡的液体进入叶轮高压区后，气泡在高压作用下急剧地缩小而破灭，气泡的消失产生局部真空，周围的液体以极高的速度冲向原气泡所占据的空间，造成冲击和振动。在巨大冲击力反复作用下，使叶片表面材质疲劳，从开始点蚀到形成裂缝，导致叶轮或泵壳破坏，即汽蚀现象。

? 项目练习

1. 试比较离心泵和螺杆泵特点及适用场合。
2. 何谓“气缚”现象？产生此现象的原因是什么？如何防止“气缚”现象？
3. 简述螺杆泵的操作注意事项。
4. 拆装离心泵，练习使用离心泵。

子项目 3　气体输送机械

项目目标

- **知识目标：** 掌握气体输送机械的应用、分类及特点；掌握风机、鼓风机、压缩机、真空泵的结构、特点、工作原理及适用范围。
- **技能目标：** 能拆装通风机；能操作风机、鼓风机、压缩机、真空泵等气体输送机械。

项目内容

1. 取一装有真空表的密闭容器。
2. 将一管口接真空泵。
3. 开启真空泵。
4. 读真空表数据。

相关知识

气体输送机械的结构和工作原理与液体输送机械大体相同。但是气体具有可压缩性及比液体小得多的密度，从而使气体输送具有某些不同于液体输送的特点。

一、气体输送机械的用途及分类

1. 气体输送机械在工业生产中的应用

(1) 气体输送　为了克服管路的阻力，需要提高气体的压力。纯粹为了输送的目的而对气体加压，压力一般都不高。但气体输送往往输送量很大，需要的动力往往相当大。

(2) 产生高压气体　化学工业中一些化学反应过程需要在高压下进行，如合成氨反应、乙烯的本体聚合；一些分离过程也需要在高压下进行，如气体的液化与分离。这些高压进行的过程对相关气体的输送机械出口压力提出了相当高的要求。

(3) 生产真空　相当多的单元操作是在低于常压的情况下进行，这时就需要真空泵从设备中抽出气体以产生真空。

2. 气体输送机械的分类

气体输送机械按工作原理分为离心式、旋转式、往复式以及喷射式等。

按出口压力（终压）或压缩比不同分为如下几类。

(1) 通风机　终压（表压，下同）不大于 14.7kPa，压缩比 1～1.15。

(2) 鼓风机　终压 14.7～294kPa，压缩比小于 4。

(3) 压缩机　终压在 294kPa 以上，压缩比大于 4。

(4) 真空泵　减压用的气体输送机械。所产生压力低于大气压，压缩比由真空度决定。

3. 气体输送机械的特点

(1) 动力消耗大。对一定的质量流量，由于气体的密度小，其体积流量很大。因此气体输送管中的流速比液体要大得多，气体经济流速（15～25m/s）约为液体经济流速（1～3m/s）的 10 倍。因而气体输送机械的动力消耗往往很大。

(2) 气体输送机械体积一般都很庞大，对出口压力高的机械更是如此。

(3) 由于气体的可压缩性，故在输送机械内部气体压力变化的同时，体积和温度也将随之发生变化。这些变化对气体输送机械的结构、形状有很大影响。因此，气体输送机械需要根据出口压力来加以分类。

二、风机

常用的通风机有离心式和轴流式两类。轴流式通风机所产生的风压较小，一般只用作通风。离心式则较多地用于气体输送。主要介绍离心式通风机。

通风机根据出口风压不同，可以分为低压离心式通风机、中压离心式通风机、高压离心式通风机。其中，中、低压离心式通风机出口风压在 100～300mmH_2O，主要用于通风换气；高压离心式通风机出口风压在 300～1500mmH_2O，主要用于气体输送。

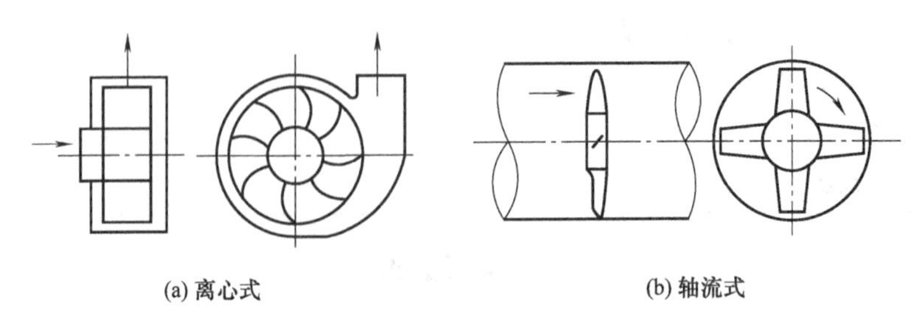

图 4-25　常用通风机

离心式通风机主要由机壳、叶轮、吸入口、排出口等部分组成。结构如图 4-25 所示。

离心式通风机工作原理是当电动机转动时，风机的叶轮随着转动。叶轮在旋转时产生离心力将空气从叶轮中心甩出，空气从叶轮中甩出后汇集在机壳中，由于速度慢，压力高，空气便从通风机出口排出流入管道。当叶轮中的空气被排出后，就形成了真空，吸气口外面的空气在大气压作用下又被压入叶轮中。因此，叶轮不断旋转，空气也就在通风机的作用下，在管道中不断流动。

离心式通风机具有体积和重量小、流量大；供气均匀；运转平稳；易损部件少，维护方便的优点。

三、鼓风机

鼓风机的类型很多，常用的有罗茨鼓风机和离心式鼓风机。

1. 罗茨鼓风机

其结构主要由机壳和两个或三个特殊形状的转子组成。如图 4-26 所示。

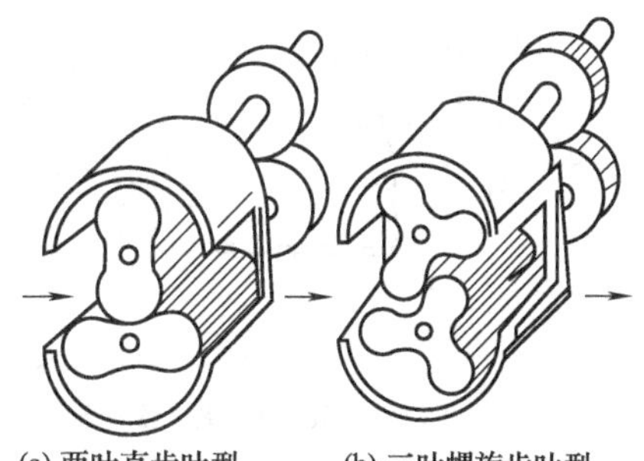

图 4-26　罗茨鼓风机转子结构

罗茨鼓风机利用两个叶形转子在汽缸内作相对运动来压缩和输送气体的回转压缩机。这种压缩机靠转子轴端的同步齿轮使两转子保持啮合。转子上每一凹入的曲面部分与汽缸内壁组成工作容积，在转子回转过程中从吸气口带走气体，当移到排气口附近与排气口相连通的瞬时，因有较高压力的气体回流，这时工作容积中的压力突然升高，然后将气体输送到排气通道。两转子依次交替工作。两转子互不接触，它们之间靠严密控制的间隙实现密封，故排出的气体不受润滑油污染。如图 4-27 所示。

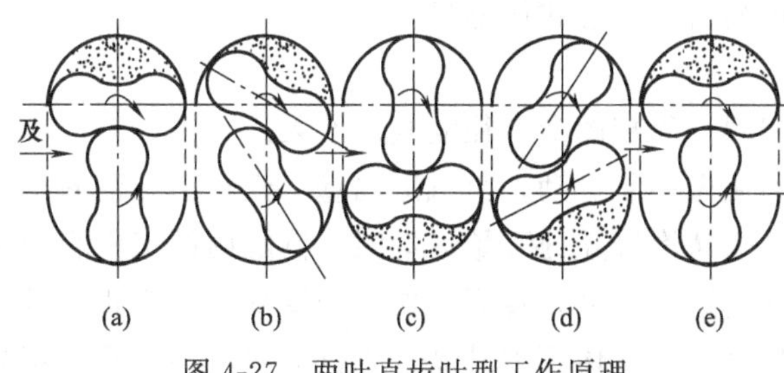

图 4-27　两叶直齿叶型工作原理

罗茨鼓风机结构简单，制造方便，适用于低压力场合的气体输送和加压，也可用作真空泵。由于周期性的吸、排气和瞬时等容压缩造成气流速度和压力的脉动，因而会产生较大的气体动力噪声。此外，转子之间和转子与汽缸之间的间隙会造成气体泄漏，从而使效率降低。罗茨鼓风机的排气量为 0.15～150m^3/min，转速为 150～3000r/min。单级压比通常小于 1.7，最高可达 2.1，可以多级串联使用。

2. 离心式鼓风机

离心式鼓风机又称涡轮鼓风机或透平鼓风机，其工作原理与离心式通风机相同。单级离心式鼓风机产生压力小，通常多级使用。

当鼓风机的工作叶轮高速旋转时产生离心力，将气体由叶轮的中心甩向外圆周，而在中心处产生减压，气体不断被吸入。而甩向外圆周的气体，则静压头和动压头都被增高了。从第一级叶轮出口的气体，以同样的情况被吸至第二级叶轮的中心处，依次经过所有的叶轮，使气体达到所要求的压力，最后进入外壳，由压出连接管排出。工作叶轮上的扩散圈是为了避免气体由工作叶轮进入次一级叶轮时发生撞击现象。如图 4-28 所示。

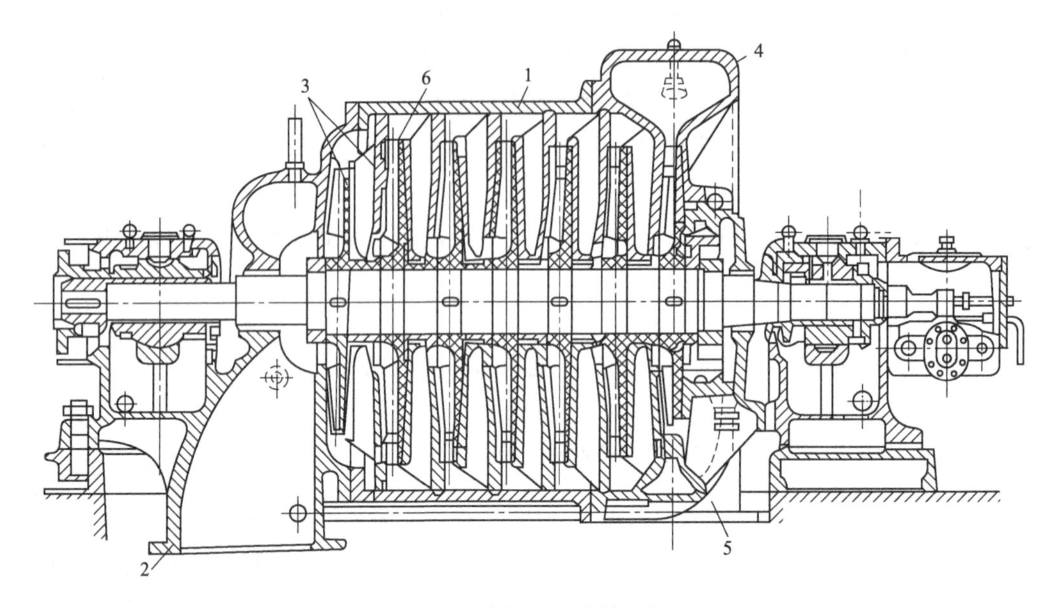

图 4-28 多级离心式鼓风机

1—壳；2—吸入连接管；3—工作叶轮；4—涡囊；5—压出连接管；6—扩散圈

与罗茨鼓风机相比，离心式鼓风机生产能力大，最大离心式鼓风机生产能力可达 $6000m^3/min$。4～6 级离心式鼓风机，产生的压力可达到 0.13～0.4MPa。

四、压缩机

压缩机的类型很多，常用的有往复式压缩机、离心式压缩机。

1. 往复式压缩机

往复式压缩机的工作原理与往复式泵相同。原理图参考往复式离心泵。

当曲轴旋转时，通过连杆的传动，活塞便做往复运动，由汽缸内壁、汽缸盖和活塞顶面所构成的工作容积则会发生周期性变化。活塞从汽缸盖处开始运动时，汽缸内的工作容积逐渐增大，这时，气体即沿着进气管推开进气阀进入汽缸，直到工作容积变到最大为止，进气阀关闭；活塞反向运动时，汽缸内工作容积缩小，气体压力升高，当汽缸内压力达到并稍高于排气压力时，排气阀打开，气体排出汽缸，直到活塞运动到极限位置为止，排气阀关闭。当活塞再次反向运动时，上述过程重复出现。总之，曲轴旋转一周，活塞往复一次，汽缸内相继实现进气、压缩、排气过程，即完成一个工作循环。

往复式压缩机与往复式泵的不同之处是气体的可压缩性。当气体经过压缩机时，体积压缩而受功，此项功和摩擦损失均转变为热，同时，由于气体的密度与比热容均比液体要小，导致气体的温度上升，此项热量必须除去，在操作中常采用冷却的方法来降低气体温度的上升。所以压缩机会附有冷却装置。

2. 离心式压缩机

离心式压缩机的工作原理与离心式鼓风机相同，区别是以下几点。

（1）产生压力大　离心式鼓风机所能达到的压力为 0.13～0.4MPa；而离心式压缩机所能达到的压力为 0.4～1.0MPa，特殊构造的压缩机可达 3.0MPa 或更大。

（2）中间有冷却器　离心式鼓风机中间不加冷却器，而离心式压缩机级数多，压力高，级与级之间叶轮大小不一样。气体入口处压力小，叶轮较大，一级比一级压力的增大，气体体积相应缩小，叶轮越来越小。当气体经过几级压缩后，温度将显著上升，必须加中间冷却器。与活塞式压缩机相比：气量大，结构简单紧凑，重量轻，机组尺寸小，占地面积小；运转平衡，操作可靠，运转率高，摩擦件少，因之备件需用量少，维护费用及人员少；在化工流程中，离心式压缩机对化工介质可以做到绝对无油的压缩过程。缺点是一般比活塞式压缩比低5%～10%；稳定工况区较窄，其气量调节虽较方便，但经济性较差。目前不适用于气量太小及压缩比过高的场合。

五、真空泵

把气体从设备内抽吸出来，从而使设备内的压力低于1atm（101325Pa）的机械叫真空泵。常用的有往复式、水环式和射流式等。

1. 往复式真空泵

靠活塞往复运动使泵腔（汽缸）的工作容积周期性地变化来抽气的真空泵，又称活塞真空泵。其结构、原理同往复泵。工作时，吸气管接被抽真空容器，排气管直通大气。往复真空泵抽气量较大，抽气速率范围为每小时45～20000m^3，单级泵极限压力约为10^3Pa，双级泵可达1Pa。在泵的吸气口处若安装冷凝器，可抽出含水蒸气的气体；若安装过滤器，则可抽除含尘气体。

往复式真空泵具有抽气速率大、真空度高的特点，但结构复杂、维修量大。适用于抽送不含固体颗粒、无腐蚀性的气体。

2. 水环式真空泵

图4-29是水环式真空泵的工作原理。叶轮2偏心地装在圆形泵壳1内，当叶轮按图中顺时针方向旋转时，将事先灌入泵中的水抛向泵壳四周，由于离心力的作用，水形成了一个决定于泵腔形状的近似于等厚度的封闭圆环。水环的下部分内表面恰好与叶轮轮毂相切，水环的上部内表面刚好与叶片顶端接触（实际上叶片在水环内有一定的插入深度）。此时叶轮轮毂与水环之间形成一个月牙形空间，而这一空间又被叶轮分成和叶片数目相等的若干个小腔。如果以叶轮的下部0°为起点，那么叶轮在旋转前180°时小腔的容积由小变大，且与端面上的吸气口相通，此时气体被吸入，当吸气终了时小腔则与吸气口隔绝；当叶轮继续旋转时，小腔由大变小，使气体被压缩；当小腔与排气口相通时，气体便被排出泵外。可见水环泵是靠泵腔容积的变化来实现吸气、压缩和排气的，因此它属于变容式真空泵。

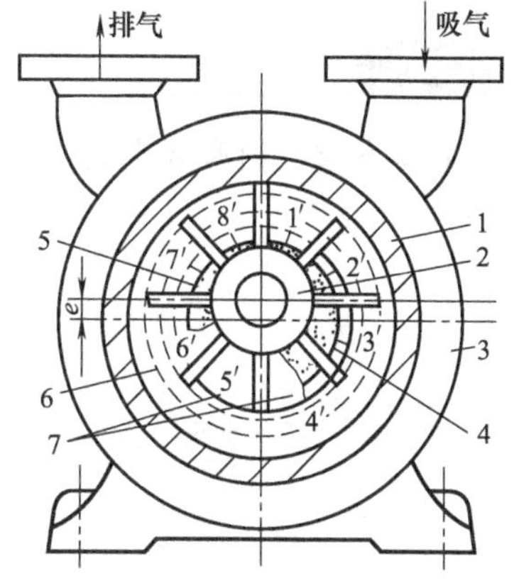

图4-29　水环式真空泵工作原理

1—泵壳；2—叶轮；3—端盖；4—吸入孔；5—排除孔；6—液环；7—工作室

水环式真空泵的特点是结构简单、紧凑，工作稳定可靠，流量均匀，但水环式真空泵效率不高。生产中常用来输送或抽吸易燃、易爆和有腐蚀性的气体，可以抽吸带液体的气体。

3. 射流式真空泵

射流式真空泵是利用一种流体的作用产生压力或造成真空，从而达到输送另一种流体的泵。

射流式真空泵结构如图4-30所示。当具有一定压力的工作流体通过喷嘴，以一定速度喷出时，由于射流质点的横向紊动扩散作用，将吸气管内的气体带走，使管内形成真空。低压流体被吸入，两股流体在喉管内混合，并进行能量交换，工作流体的速度减小，被吸流体的速度在增加，在喉管出口，两者趋近一致，压力逐渐增加，混合流体通过扩散管后，大部分动力转换为压力能，使压力进一步提高，最后经排出管排出。

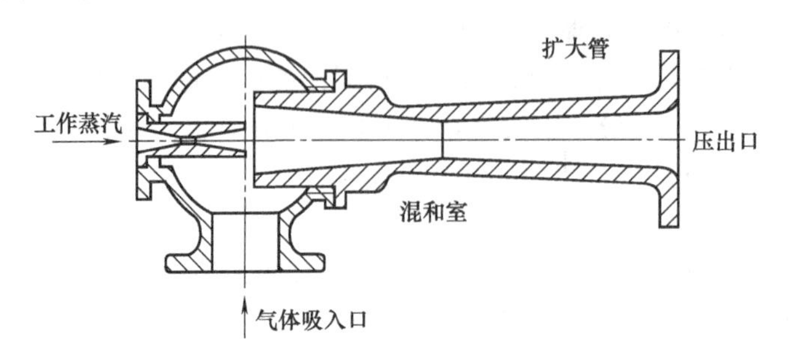

图 4-30 蒸汽射流式真空泵

喷射泵的工作流体可以是蒸汽也可以是水。前者称为蒸汽喷射泵，后者称为水喷射泵。

射流式真空泵的优点是工作压力范围广，抽气量大，结构简单，适应性强（可抽送含有灰尘以及腐蚀性、易燃、易爆的气体等），技术运行稳定可靠，使用维修方便。缺点是效率低，一般只有 10%～25%。因此，喷射真空泵多用于抽真空，很少用于输送目的。近几年，新开发的多股射流、多级射流、脉冲射流等新型射流泵，其传能效率有所提高。

项目实训

Ⅳ效蒸发罐加热室要求真空下操作，试为Ⅳ效蒸发罐加热室设计合理的流程和设备。

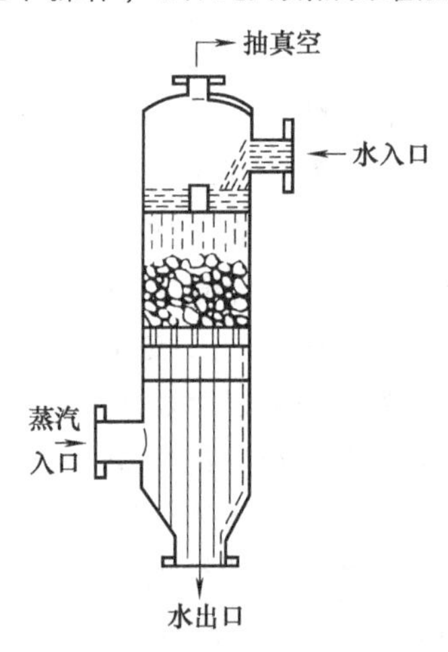

图 4-31 混合冷凝器

提示：加热室排出的二次蒸汽要求真空操作。

Ⅳ效蒸发罐加热室排出的二次蒸汽和不凝气接混合式冷凝器，混合冷凝器内填充填料，如图 4-31 所示。

真空泵是一种可以抽出特定密封容器内的气体，使该容器获得一定真空的设备。

二次蒸汽从侧管进入后与上面喷下的冷水相接触，冷凝器内装满了填料，填料被水淋湿后，增大了冷水与蒸汽的接触面积，蒸汽冷凝成水后，沿下部管路流出，不凝气体由上部管路被真空泵抽出，以保证冷凝器内一定的真空度。

真空泵不适用于抽出含氧过高的、有毒的、有爆炸性侵蚀黑色金属的和对真空油起化学作用的各种气体，也不可作为压缩机输送泵使用。

? 项目练习

1. 举例说明气体输送机械的用途。
2. 简述离心式通风机、鼓风机的原理。
3. 简述活塞式压缩机和离心式压缩机的优缺点。
4. 简述真空泵种类及工作原理。
5. 练习操作风机、压缩机、真空泵。

项目三　固体粉碎机械

子项目1　破　碎　机

项目目标

- **知识目标**：掌握各种破碎机的结构、工作原理、特点及适用范围。
- **技能目标**：能熟练操作破碎机。

项目内容

1. 观察破碎机外壳，熟悉各部分结构名称。
2. 查看破碎机内部结构及名称。
3. 操作破碎机。

相关知识

一、破碎机类型

破碎作业常按给料和排料粒度的大小分为粗碎、中碎和细碎。常用的破碎机有锤式破碎机、圆锥破碎机、颚式破碎机、辊式破碎机等。

二、破碎机

1. 锤式破碎机

锤式破碎机按结构分有立式、卧式、单转子、双转子等几种型式，出料处大部分设有固定的筛子，用户可以根据自己的需要选用合适孔径的筛子来控制出料粒度。该种破碎机适宜破碎脆性料，如煤矸石、页岩等，对于很坚硬的料或黏性料不适用，单转子的破碎比一般在10～15，双转子的可达20～30，其对原料的含水率要求很严，一般不宜超过8%，若含水率过高易堵筛孔而不出料。使用中为了防止非破碎物，如铁块、钢钉等落入破碎机中，必须仔细检查所加进的物料并保证及时将非破碎物清除掉。

锤式破碎机由锤式破碎机箱体、转子、锤头、反击衬板、筛板等组成。结构如图4-32、图4-33所示。

锤式破碎机的工作原理是电动机带动转子在破碎腔内高速旋转。物料自上部给料口给入机内，受高速运动的锤子的打击、冲击、剪切、研磨作用而粉碎。在转子下部，设有筛板、粉碎物料中小于筛孔尺寸的粒级通过筛板排出，大于筛孔尺寸的粗粒级阻留在筛板上继续受到锤子的打击和研磨，最后通过筛板排出机外。

锤式破碎机破碎比大（一般为10～25，高者达50)，生产能力高，产品均匀，过粉碎现象少，单位产品能耗低，结构紧凑，设备质量轻，易损件少，操作维修方便。缺点是锤头、箅条、锤架及衬板等零件磨损较快，检修和找平衡时间长，当破碎硬质物料时，磨损更快。对含水超过10%和黏性的物料，箅条易发生堵塞，为此容易造成停机。

图4-32 锤式破碎机

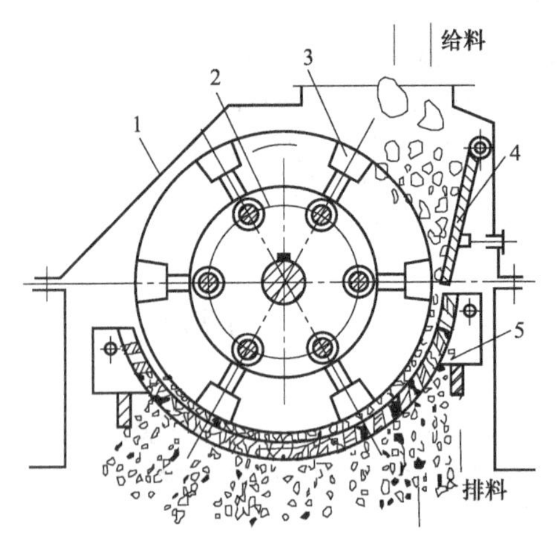

图4-33 锤式破碎机的结构示意

1—机架；2—转子；3—锤头；

4—反击衬板；5—箅条筛板

锤式破碎机用于破碎各种中硬且磨蚀性弱的物料。其物料的抗压强度不超过100MPa，含水率小于15%。

锤式破碎机操作要点如下。

① 在启动前，应当先用人力将传动轮搬动一两圈，确认运动灵活后，始可开车。等破碎机运转正常后给料。

② 停止运转前，应先停止给料并将机中物料排净，然后才切断电动机电源。

③ 在运转中要注意轴承的温度，温升应在35℃范围内，最高温度不得超过70℃。如超过70℃时应立即停车，查明原因加以消除。务使轴承保持良好的润滑状态，并且注意音响和振动有无异常。发现不正常情况时，应停车检查是否被不易破碎的物件卡住，或机件是否损坏。

④ 要保持破碎机的给料均匀，防止过载。严防金属和木材等不能破碎的物件落入机中。无法破碎时，入料水分不能过高；湿法破碎时，则需要保持适当的水量，防止因冲水不足而堵塞，降低生产能力。

⑤ 检查破碎产物的粒度是否符合要求。如果超过规定尺寸的颗粒过多，应当找出原因（如筛条缝隙过大、排料口过宽、锤子磨损等），并采取适当的措施消除。

⑥ 破碎机停车时，要检查紧固螺栓是否牢固，易磨损部位的磨损程度如何。对齿破碎机来说，还应当利用停车机会除掉夹在齿牙间的木材。

⑦ 磨损了的部件，应及时更换或修复。

⑧ 破碎机的保险装置，要保持良好状态，绝不可为省事，而使保险装置失效。

2. 圆锥破碎机

圆锥破碎机由机架、水平轴、动锥体、平衡轮、偏心套、上破碎壁（固定锥）、下破碎壁（动锥）、液力偶合器、润滑系统、液压系统、控制系统等几部分组成。如图4-34所示。

圆锥破碎机工作原理是利用一个直立的截头圆锥体（称轧头），在另一个固定的锥体（轧臼）内作偏心转动，从而使物料受挤压而破碎。需要破碎的物料从上部加入，调节轧头的升降，改变两锥体间缝隙的宽度来调节粉碎度。两个锥体的挤压面容易遭到破坏，一般用高硬度的合金钢。如图 4-35 所示。

图 4-34　圆锥破碎机

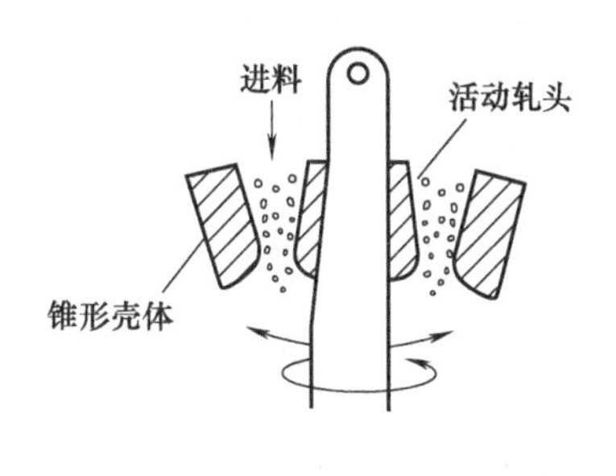

图 4-35　圆锥破碎机工作示意

圆锥破碎机优点如下。

① 该机采用液压系统调整破碎机排矿的大小，液压系统可有效地保证设备的安全运转。若在破碎腔中有异物时，液压系统可使动锥体自动下退，当异物排出后，该系统使下退的动锥体自动复位。重新保持原来的排矿口位置继续工作。

② 内部结构密封性能好，使灰尘杂质无法进人机体内，可有效的保护设备免受粉尘及其他小颗粒的侵害。

③ 效率高、处理量高、使用寿命较长、适用性强、调整方便。

缺点如下。

① 旋回的机身较高，厂房的建筑费用较大。

② 机器重量较大，设备投资费较高。

③ 它不适宜于破碎潮湿和黏性矿石。

④ 安装、维护比较复杂，检修亦不方便。

圆锥破碎机适用于破碎坚硬与中硬矿石及岩石。

3. 颚式破碎机

颚式破碎机在矿山、建材、基建等部门主要用作粗碎机和中碎机。按照进料口宽度的大小分为大、中、小型三种，进料口宽度大于 60cm 的为大型机器，进料口宽度在 30～60cm 的为中型机，进料口宽度小于 30cm 的为小型机。

颚式破碎机由机体、偏心轴、连杆、颚板以及调节机构等部分组成，经三角带将动力传给连杆，带动活动颚板，破碎物料。出料粒度通过手轮、横杆等进行调节。结构如图 4-36、图 4-37 所示。

颚式破碎机工作时，电动机通过皮带轮带动偏心轴旋转，使动颚周期地靠近、离开定颚，从而对物料有挤压、搓、碾等多重破碎，使物料由大变小，逐渐下落，直至从排料口排出。

颚式破碎机具有构造简单，制造成本低，检修维护方便，工作可靠，机器高度小，便于配置，对于水分高黏性大的矿石不易堵塞。缺点是生产率低，电能消耗大，振动较大，破碎比小，产品粒度不够均匀，不能挤满给矿。

图 4-36 颚式破碎机

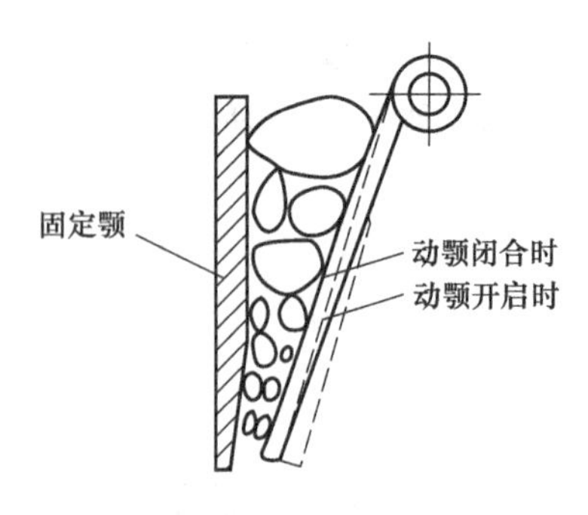

图 4-37 颚式破碎机工作示意

颚式破碎机适用于冶金、建筑、筑路、矿山、水利和化工行业等各种矿石和大块物料中等粒度的破碎。被破碎物料的最高抗压强度为 320MPa。颚式破碎机在矿山、建材、基建等部门主要用作粗碎机和中碎机。

4. 辊式破碎机

辊式破碎机是利用辊面的摩擦力将物料咬入破碎区，使之承受挤压或劈裂而破碎的机械。当用于粗碎或需要增大破碎比时，常在辊面上做出牙齿或沟槽以增大劈裂作用。辊式破碎机通常按辊子的数量分为单辊、双辊和多辊破碎机。

辊式破碎机由主要由辊轮组成、辊轮支撑轴承、压紧和调节装置以及驱动装置等部分组成。结构如图 4-38 所示。

辊式破碎机工作原理是被破碎物料经给料口落入两辊子之间，进行挤压破碎，成品物料自然落下。遇有过硬或不可破碎物时，辊子可凭液压缸或弹簧的作用自动退让，使辊子间隙增大，过硬或不可破碎物落下，从而保护机器不受损坏。相向转动的两辊子有一定的间隙，改变间隙，即可控制产品最大排料粒度。双辊破碎机是利用一对相向转动的圆辊，四辊破碎机则是利用两对相向转动的圆辊进行破碎作业。如图 4-39 所示。

图 4-38 辊式破碎机

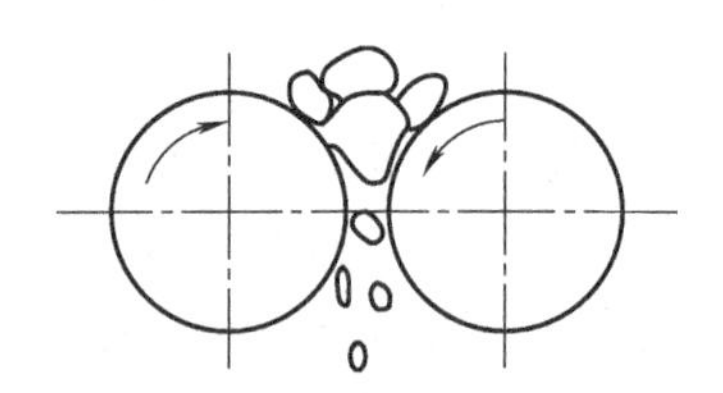

图 4-39 辊式破碎机示意

辊式破碎机具有结构简单、紧凑轻便、工作可靠，价格低廉、维修方便等优点，并且破碎产品粒度均匀，过粉碎小，产品粒度细（可以破碎到 3mm 以下）。所以适于处理软质物料、低硬度脆性物料的粗碎或中碎作业，带黏性或塑性物料的细碎作业。缺点是处理能力低。辊式破碎机操作要点：

① 要加强给矿的除铁工作。非破碎物掉入对辊间会损坏破碎机，以致造成停车事故。

② 黏性物料容易堵塞破碎空间，在处理堵塞故障应停车处理，不可在运转中进行捅矿。

③ 当对辊破碎机处理的物料含大块较多时，要注意大块矿石容易从破碎空间挤出来，以防伤人或损坏设备。

④ 对辊式破碎机运转较长时间后，由于辊面的磨损较大，会引起产品粒度过细，这时要注意调整排矿口或对设备进行检修。

⑤ 加强对辊式破碎机零件的检查，对破碎机的润滑部位要按时加油，保持设备良好的润滑状态。

项目实训

简述颚式破碎机的开车、停车操作和需要停车情形。

提示如下。

开车操作如下。

① 启动前先检查，证明机器各部分情况正常。

② 启动前，必须用铃声或信号先示警。

③ 破碎机正常运转后，可投料生产。

④ 物料应均匀地加入破碎机腔内，避免单边过载或承受过载。

停车情形如下。

① 正常工作时，轴承的温升不应该超过30℃，最高温度不得超过70℃。超过上述温度时，应立即停车。

② 发现有不正常现象时，应立即停止运转。

③ 破碎时，如因破碎腔内物料阻塞，应当停车。

停车操作如下。

① 停止加料。

② 关闭电源。

③ 清理破碎腔内物料。

? 项目练习

1. 常用破碎机械有哪几种？各有什么特点？
2. 比较4种破碎机械的异同及适用场合。
3. 练习操作各种破碎机械，并说明其异同。

子项目2　球　磨　机

项目目标

- **知识目标**：掌握球磨机的结构、工作原理、特点；掌握球磨机操作要点；掌握球磨机常见故障及处理措施。
- **技能目标**：能操作、维护、检修球磨机。

项目内容

1. 观察球磨机，熟悉外部结构。
2. 观察球磨机内部结构及名称。
3. 操作球磨机。

相关知识

一、球磨机概述

球磨机是物料被破碎之后，粒度在数十毫米左右，为达到生产工艺所要求的细度，还必须经过粉磨设备的磨细。球磨机是工业生产中广泛使用的高细磨机械之一。

二、球磨机

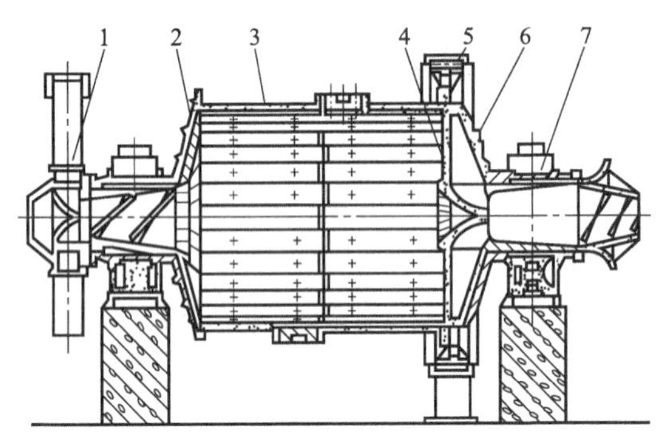

图 4-40 格子型球磨机结构
1—给料器；2,6—进出料端盖；3—筒体；4—隔板；5—齿圈；7—轴承

1. 球磨机结构及工作原理

球磨机由给料部、出料部、回转部、传动部（减速机、小传动齿轮、电动机、电控）等部分组成。如图 4-40 所示。

球磨机的主要工作部分是一个装在两个大型轴承上并水平放置的回转圆筒，筒体用隔仓板分成几个仓室，在各仓内装有一定形状和大小的研磨体。研磨体一般为钢球、钢锻、钢棒、卵石、砾石和瓷球等。为了防止筒体被磨损，在筒体内壁装有衬板。

球磨机工作原理是当球磨机回转时，研磨体在离心力和与筒体内壁的衬板面产生的摩擦力的作用下，贴附在筒体内壁的衬板面上，随筒体一起回转，并被带到一定高度（如图 4-41 所示），在重力作用下自由下落，下落时研磨体像抛射体一样，冲击底部的物料把物料击碎。研磨体上升、下落的循环运动是周而复始的。此外，在磨机回转的过程中，研磨体还产生滑动和滚动，因而研磨体、衬板与物料之间发生研磨作用，使物料磨细。由于进料端不断喂入新物料，使进料与出料端物料之间存在着料面差能强制物料流动，并且研磨体下落时冲击物料产生轴向推力也迫使物料流动，另外磨内气流运动也帮助物料流动。因此，磨机筒体虽然是水平放置，但物料却可以由进料端缓慢地流向出料端，完成粉磨作业。

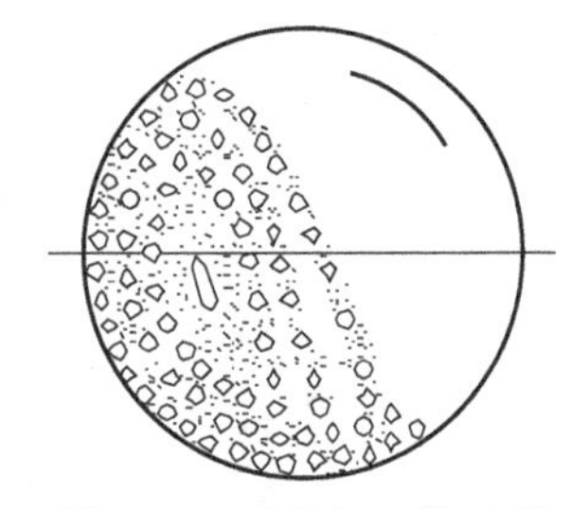

图 4-41 球磨机工作示意

球磨机种类有很多，如手球磨机、卧式球磨机、节能球磨机、陶瓷球磨机、格子球磨机等。根据工艺操作又可分为干法磨机、湿法磨机、间歇磨机和连续磨机，根据排矿方式不同，可分格子型和溢流型两种。

球磨机可用于干磨或湿磨；操作条件好，粉碎在密闭机内进行，没有尘灰飞扬；运转可靠，研磨体低廉且便于更换；球磨机的操作灵活，可间歇操作，也可连续操作；球磨机在充入惰性气体后可以粉碎易爆物料。缺点是体积较大、重量较大、不易移动，安装时要求有牢固稳定的平面，并需固定。球磨机的工作的耗能高而效率较低，运行伴随有较大的噪声和振动，同时球磨机使用的研磨体在研磨过程中的磨损很快，摩擦产生的粉末会污染研磨产品。

球磨机广泛应用于水泥、硅酸盐制品、新型建筑材料、耐火材料、化肥、黑与有色金属选矿以及玻璃陶瓷等生产行业，对各种矿石和其他可磨性物料进行干式或湿式粉磨。

2. 球磨机操作要点

开车方法如下。

① 逐项检查，确认无误。

② 启动油泵，检查润滑点油流情况及润滑系统指示情况是否正常。

③ 盘车检查有无阻滞现象。

④ 搬动控制箱上的控制开关至“合闸”位置。

⑤ 启动球磨机。

停车方法如下。

① 停止给矿，关闭水门。

② 机内矿石处理完毕，停车。

③ 搬动控制箱上控制手柄至“分闸”位置。

④ 停止运行球磨机。

⑤ 停止油泵。

3. 球磨机常见故障及处理措施

(1) 球磨机运转时，出现有规则的敲打声音，且音响很大

原因：部分衬板螺栓没有拧紧，在球磨机旋转时，衬板敲击球磨机磨筒体。根据声音判断球磨机衬板部位，找出松动螺栓，另行紧固。

(2) 球磨机及电动机轴承温度升高，超过规定

原因：球磨机润滑部位出现问题；或轴瓦的侧间隙过小，底部接触角过大；减速机的排气孔堵塞。

处理：检查润滑部位，采取适当措施；轴瓦问题可将磨筒体用油压千斤顶顶起，将轴瓦从轴的一侧抽出，另行安装；疏通减速机排气孔。

(3) 球磨机电动机带减速机启动后，发生振动

主要原因是球磨机联轴节的两轮间隙太小，不能够补偿电动机在启动时由自找磁力中心所引起的窜动量；球磨机联轴节的找正方法不对，致使两轴不同心；球磨机联轴节的连接螺栓没有相对称的拧紧，并且紧固力程度不一样；球磨机轴承外圈活动。

处理方法是按规定的对轮间隙调好，使两轴同心。以同等力矩对称紧固联轴节的连接螺栓。

转子不平衡时，将球磨机转子抽出另行找平衡。

(4) 球磨机减速机带动磨机时发生巨大振动

球磨机与减速机的平衡轴，轴心不在一条直线上，其产生原因是磨机安装衬板时，没有进行二次灌浆，或二次灌浆后的地脚螺栓没有紧固好，用卷扬机转动磨筒体，致使磨筒体一端位移，而两轴心不在一直线上，使减速机带动磨机后而产生振动。

处理方法：要重新调整，使球磨机磨机轴心与减速机轴心在同一平面轴心线上。

(5) 球磨机减速机运转声音异常

球磨机减速机正常运转的声音，应是均匀平稳的。如齿轮发生轻微的敲击声、嘶哑的摩擦声音，运转中无明显变化，可以继续观察，查明原因，球磨机停车进行处理；如声音越来越大时，应立即停球磨机进行检查。

项目实训

球磨机操作过程中，用手触摸轴承温度过高，试分析原因。

提示如下。

(1) 检查球磨机各部位的润滑点，所用的润滑油牌号与设备出厂说明书是否一致。

(2) 检查球磨机润滑油及润滑脂是否变质。

(3) 检查球磨机润滑管路是否有堵塞，或是润滑油没有直接进入润滑点，油量不足引起发热。

(4) 球磨机轴瓦的侧间隙过小，轴瓦与轴的间隙过大，接触点过多，不能形成轴瓦上的均匀油膜。

(5) 球磨机滚动轴承润滑脂过多或过少，过多形成滚动体搅动润滑脂产生热量，并且热量不易散出。过少润滑不良，应按规定加足油量，一般为轴承空隙的 1/3～1/2 较适当。

? 项目练习

1. 简述球磨机的工作原理。
2. 简述球磨机的优缺点及适用范围。
3. 练习操作球磨机。

子项目3 轮 辗 机

项目目标

- **知识目标：** 掌握各种轮辗机的工作原理、结构类型及特点。
- **技能目标：** 能操作、安装、维护轮辗机。

项目内容

1. 观察轮碾机，熟悉各部分结构名称。
2. 操作轮碾机。

相关知识

一、轮辗机概述

轮碾机是利用滚动的碾轮与碾盘之间所产生的压力和剪切力将物料碾碎的，具有碾揉和搅拌作用的工艺特点，控制产品细度方便，粉碎适应性强，构造简单，操作方便。轮碾机按工艺用途，分湿磨轮碾机（可处理含水量超过 15%～16%的原料）、干磨和半干磨轮碾机（在物料含水量为 10%～11%以下时使用）、破碎与拌和轮碾机（对不同组分的物料破碎和拌和同时进行）。

二、轮碾机

轮碾机主要由动力装置、机架、碾轮、硬盘、刮板等组成。如图 4-42 所示。

1. 碾轮机分类及工作原理

(1) 按碾轮旋转方式分

① 盘转式轮碾机　图 4-43 是盘转式轮碾机结构。

盘转式轮碾机的碾盘由动力传动装置驱动旋转，碾轮通过物料的摩擦作用，绕自己水平轴只作自转而不作公转。物料在碾盘中经碾轮与碾盘的挤压、研磨而被粉碎。被粉碎的物料由刮板刮至筛板上，由筛孔漏下，未能通过筛孔的物料，则仍被刮回碾轮下继续粉碎。这种类型工作平稳、动力消耗低、无冲击振动，故应用较广。

图 4-42　轮碾机示意

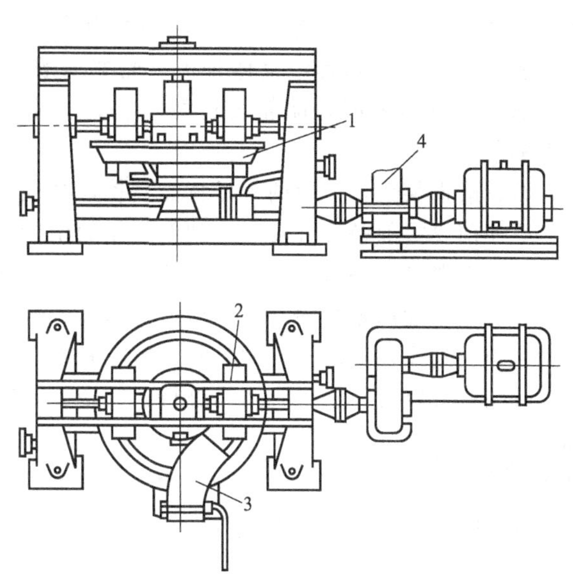

图 4-43　轮碾机结构

1—碾盘；2—碾轮；3—卸料口；4—传动器

② 轮转式轮碾机　轮转式轮碾机的碾盘固定不动，碾轮和刮板则绕主轴旋转，同时碾轮在物料摩擦力的作用下，绕各自水平轴作自转。这种轮碾机在工作时产生很大的离心力，振动较大。特别是当两个碾轮不平衡时更为严重，因此应用受到限制。

(2) 按用途分　轮碾机用于冶金、铸造、化工、陶瓷、建材等行业对各种矿石和其他可磨性物料进行干式或湿式粉磨。本机也适合混合搅拌粉状物料。

① 干碾机　作为破碎（粉碎）的设备称为干碾机。例如碾盘回转式轮碾机有一对碾砣和一个碾盘，物料在转动的碾盘上被碾砣碾碎。碾盘外圈有筛孔，碾碎的物料从筛孔中卸出。在耐火材料工业中主要用于破（粉）碎中等硬度的黏土、熟料、硅石等。一般用来对物料进行中碎和细碎。用这种干碾机破碎的产品颗粒近似球形，棱角不尖锐。干碾机构造较简单、制造和维修比较容易、进料尺寸要求不太严格，但能量消耗大、生产效率较低。

② 湿碾机　作为混合的设备称为湿碾机，它的构造与干碾机相似，只是碾盘上无筛孔，碾砣较轻，有卸料机构等。将配合料和水加入碾内，经混练均匀后，用卸料机构将料卸出。在混合过程中既有搅拌也有挤压作用，能较好地排除物料颗粒间的空气，使所混合的泥料水分均匀，颗粒表面润湿充分，混炼效果好，但对物料的粒度有一定的破坏作用。湿碾机较笨重，产量较低，能量消耗较大，但混炼泥料的质量好。

2. 轮碾机安装操作及维护检修

(1) 轮碾机的安装操作

① 轮碾机在安装时，一定要使立轴垂直碾盘。找正时可先将立轴吊起，移动碾盘，使碾盘中心孔对准立轴，然后将立轴垂直落入孔中。

② 两个碾轮一定要重量相等，旋转半径相等。如果为了增大滚压面积而使两个碾轮旋转半径不等，则要调整两轮重量以平衡离心力。

③ 轮碾机周围应砌上水泥围墙，围墙内有石条排列，以防碾轮甩出，确保运转安全。

④ 待安装完毕，检查各部位螺丝紧固后，即可试车。如运转正常，无异常声响，即可投入生产。如有异常声响，应立即停车检查。

(2) 轮碾机的维护检修　轮碾机在工作时，除了对物料进行压碎之外，还伴有碾磨。

碾轮越宽，相对滑动现象就越大，因而碾磨作用也就越大。因此用轮碾机粉碎不同料性的物料时，轮宽的选择应具体分析。轮宽一般在300mm左右，若要有较大碾磨作用（如对硅石）进行粉碎时，碾轮可选宽一些；若主要靠压碎时，轮宽可选小些，以不致消耗过多的能量。

石轮磨损很快，一般两个月就需更换，必须一对石轮同时更换。

更换前要提前备好方套，下到新石轮的槽中，用水泥灌好。安装时要注意石轮的位置，石轮太靠近碾盘中心时，水料不宜冲出去，出料慢，因而受到反复碾压，料过细，易造成悬浮料；石轮若远离碾盘中心，水料直冲出去，料粒粗，达不到粉碎要求。

由于受到设备安装高度的限制，石轮和碾盘不能同时更换。

碾轮机检修时，至少应两人进行，其中1人监护。

项目实训

说明轮碾机的操作步骤。

提示如下。

(1) 检查轮碾运转情况，检查轮盘中是否有异物。

(2) 将物料提前准备好，放到指定地点，随加随取。

(3) 出料要及时运走，不能堆在轮碾机一旁，以免影响作业。

(4) 空车启动，运转正常即可送料。

(5) 禁止在开车或电源闸刀在合闸状况下用手伸入碾盘喂料、取料或取样。

(6) 电源开关处应加锁并悬挂警示标志。

(7) 停车时，需提前15min关闭送料设备，待碾底料卸空后再停车。

? 项目练习

1. 说明轮碾机的工作原理。
2. 简述轮碾机的优缺点及适用范围。
3. 练习操作轮碾机。

项目四　气固分离设备

子项目1　旋风分离器

项目目标

- **知识目标：** 掌握旋风分离器的结构、类型及工作原理；掌握旋风分离器的选择方法；掌握旋风分离器常见故障及处理措施。
- **技能目标：** 能正确操作旋风分离器。

项目内容

1. 初步认识旋风分离器。
2. 观察旋风分离器结构，说明各部分名称。
3. 检查旋风分离器与其他设备的连接情况。
4. 按步骤操作旋风分离器。

相关知识

旋风分离器在工业中主要用于控制污染物排放和作为车间生产设备净化原料或中间产物。它结构简单，造价低廉，分离效果好，受到广泛应用。

旋风分离器在理论上能够捕集 5μm 以上的粉体（颗粒），分离效率能够达到 90%以上。但实际生产中，由于设备、安装、操作等因素，分离效率低于理论值，一般在 50%～80%。

一、旋风分离器结构、原理

旋风分离器上部为圆筒形，下部为圆锥形。如图 4-44 所示。

工作时含尘气体从分离器侧面的进气管沿管外径切向进入圆筒内，因受器壁约束，旋转向下做螺旋运动，形成外漩涡，到达圆锥部分由于旋转半径缩小而切向速度增大，到圆锥的底部附近，沿分离器的轴线螺旋上升，形成内漩涡，最后由上部出口管排出。颗粒在旋转气流中，由于离心力作用沉降到器壁，与气流分开，沿壁面落入锥底的灰斗后排除。

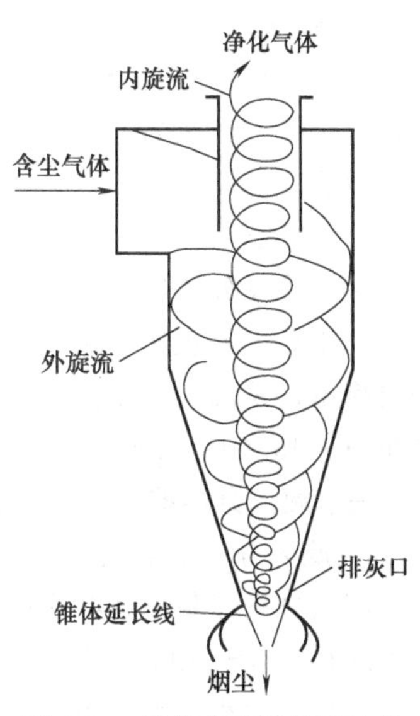

图 4-44　旋风分离器气流示意

气体入口有上部进气、中部进气、下部进气 3 种形式。对于湿混合气通常采用下部进气，这种进气方式可以利用设备下部空间，对直径在 300～500μm 的颗粒进行预分离，以减轻旋风分离部分的负荷；对于干混合气通常采用中部进气或上部进气，上部进气的特点是配气均匀，但对设备直径和设备高度都有要求（一般要求高度增大），相对投资较高，而中部进气则能降低设备高度，造价低。

该类分离器具有结构简单、制造容易、分离效率高、排尘方便、不易堵塞等优点。缺点是不能除去含尘粒小于 1μm 的气体。不能用于处理黏性、湿度大的气体。因为气体湿度、黏度大，气体中尘粒润湿，会堵塞排尘口。

二、旋风分离器类型

化工生产中用的旋风分离器种类很多，常用的有圆筒体、长锥体、旁通式和扩散式旋风分离器 4 种形式（图 4-45）。

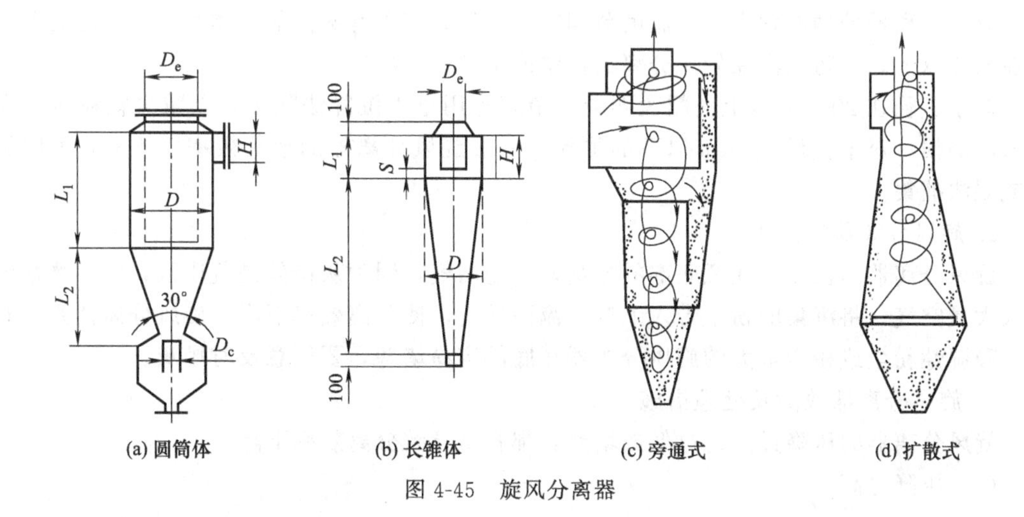

图 4-45　旋风分离器

1. 圆筒体

该类旋风分离器将入口做成下倾的螺旋切线型，倾斜角为15°，内筒加长，其圆筒高度大于圆锥高度，结构简单，压力损失小，处理气量大，适用于捕集密度和粒度大的颗粒。如图4-45（a）所示。

2. 长锥体

该类旋风分离器与圆筒体型相似，但圆筒短，圆锥较长。实验证明，增加圆锥长度可以提高除尘效率，同时有利于已分离的颗粒沿锥壁落入灰斗，但压力损失有所增加。如图4-45（b）所示。

3. 旁通式

该类分离器有两个旁路分离室，并与锥体相通。它能捕集上涡流中较细的颗粒，从而提高总捕集率。但隔离室易堵塞，因此要求被处理的颗粒具有较好的流动性。结构如图4-45（c）所示。

4. 扩散式

该类旋风分离器上细下粗，底部有灰箱，粉尘经过表面光滑的挡灰盘，从筒体与挡灰盘底缘的缝隙进入灰箱，避免了粉尘被气流重新卷起而带走，从而提高了分离效率。同时具有结构简单，易加工，投资低及压损中等的优点。特别适用于捕集5～10μm以下的颗粒。结构如图4-45（d）所示。

三、旋风分离器的选择、操作

1. 旋风分离器的选择

旋风分离器是靠离心力的作用来分离粉尘的，旋风分离器分离的效果与压力降有关，一般控制在0.5～2kPa。而压力降与进口气速有关，进口气速一般控制在10～25m/s，气速过低，则离心力小，收尘效率不高，气速过大，气流阻力急剧上升，气流的速度增加到一定程度，涡流加剧，造成旋风分离器效率下降；另外消耗操作费用多。

旋风分离器的半径减小，离心力与沉降速度均会增大。所以在设计旋风分离器时，不宜采用较大的直径。

假如气体处理的气体量较大，可将若干直径较小的旋风分离器并行排列，形成一组进行操作。一组中每个旋风分离器可以隔绝，也可以串联。可以用来处理不同流量的气体，非常灵活。

旋风分离器处理的含尘气体温度范围很广。但处理含有蒸汽的气体时，气体的温度应保持在露点以上，以防蒸汽在旋风分离器器壁或尘粒上冷凝。

对于直径在200μm以上的粗大颗粒，最好先用重力沉降法除去，以减少颗粒对分离器器壁的磨损；对于直径在5μm以下的颗粒，一般旋风分离器的捕集效率已不高，可用袋滤器或湿法捕集。

2. 旋风分离器的操作

旋风分离器的操作应注意底部的排灰口不能漏气，因为灰口处是负压区，稍不严密就会漏入大量空气，将沉集的粉尘带入上升气流而卷走，使分离效率下降。旋风分离器要及时排灰，吸湿性粉尘或粉尘量大的旋风分离器在底部容易堵塞，要注意及时排灰。

3. 旋风分离器故障及处理措施

旋风分离器的压降过高、过低或堵塞，都容易导致分离效率下降。

（1）压降过高

① 管道系统（或鼓风机）初始设计不恰当而导致的气流速率过高。解决方法：改变鼓风机操作方式或增加额外的流速限制设施，以降低流速和旋风分离器的压力。

② 气流通向旋风分离器的过程中，可能有气体泄漏进入系统。对管道系统（或收尘罩）的泄漏点进行修理。

③ 旋风分离器内部发生阻塞。清理内部阻塞。

④ 旋风分离器设计不合理。重新修正或更换旋风分离器。

（2）压降过低

① 管道系统（或鼓风机）初始设计不恰当而导致的气流速率过低。改变鼓风机操作方式（或用大一点的鼓风机替换）。

② 其他原因气体泄漏进旋风分离器。查找泄漏点并维修。

③ 分离器下游部件发生泄漏。查找泄漏点并维修。

④ 旋风分离器初始设计不正确。若效率损失不大，则不用管它。若集尘效率损失到很低，参照下述（3）中“效率过低”项进行修理、维护。

（3）效率过低

① 初始设计不合理。当要求的性能改善幅度范围情况可接受时，可以对现有的旋风分离器进行重新设计修正；当分离器压力需要大幅度改进时，则需对旋风分离器进行更换。

② 旋风分离器有部件发生泄漏。对泄漏处进行修理。

③ 管道的入口设计欠妥。重新设计并予以更换。

项目实训

某生产企业应用旋风分离器对气体进行净化，但是长期以来，净化效率一直比较低。试分析一下效率一直不能达到要求的原因。

旋风分离器工作时如突然出现效率降低等现象，可能的原因是操作系统发生泄漏，或原料入口处发生堵塞等情况。但如长期效率一直比较低，则可能是最初的设计不够合理。应重新调整设计方案，有望可以提效。

? 项目练习

1. 说明旋风分离器工作原理。
2. 试调查附近企业所使用的旋风分离器的结构、特点，并说明其异同。
3. 练习操作旋风分离器。

子项目2　洗　涤　器

项目目标

- **知识目标**：掌握常用洗涤器的结构、类型、特点及适用场合；能正确选择洗涤器。
- **技能目标**：能操作洗涤器。

项目内容

1. 观察袋滤器的外部结构。
2. 观察袋滤器的内部结构，说明各部分名称。
3. 按步骤操作、反冲袋滤器。

相关知识

一、概述

旋风分离器只能除去粒子较大的粉尘，微小的粒子可以用湿式除尘的办法来去掉，以达到净化空气的目的。

洗涤器工作原理是将含悬浮粒子的气体与水或其他液体接触，当气体冲击到湿润的器壁时，尘粒逐步被器壁所吸着，或当气体与喷洒的液点相遇时，液体在尘粒质点上凝结，增大质点的重量，而使之降落。

二、洗涤器的类型

洗涤器的类型很多，常用的有气体洗涤器、喷洒洗涤器、离心洗涤器和泡沫洗涤器4种。

1. 气体洗涤器

气体洗涤器是最常用的除尘设备。气体从下而上地通过洗涤器，洗涤液从塔顶上端的喷嘴喷淋而下。塔内可加填料或一些木栅板，以增加气、液接触面积。图4-46是带填料的洗涤塔结构。

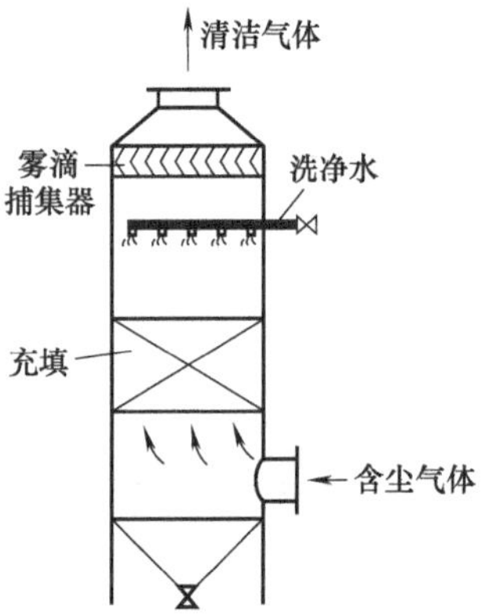

洗涤器的除尘效率，空塔可达60%～70%，含有填料的塔可提高到75%～85%。洗涤后的气体含尘量为每立方米（标准状况）不超过1～2g。

这种洗涤器除尘效率高，但耗水量大，气体湿度增大，温度降低，污水的处理量大。

适用于能受潮受冷的含尘气体，而且从气体中分离出来的尘粒已与水混成泥浆，成为废水。不适用于处理气体中含有价值尘粒的尾气。

图4-46 带填料的洗涤塔

2. 喷洒洗涤器

喷洒洗涤器内有上下叠架的盘形槽，中间有一个装有圆锥形喷洒装置的直轴，转动时将液体喷洒，气体从下部进入，沿着盘形槽间的曲折孔道通过洗涤器的一层，气、液接触，除去气体中所含的尘粒。液体从上向下通过盘形槽，装在轴上的喷洒装置将液体截留，然后喷洒到洗涤器的整个截面上，使液体通过洗涤器的时间加长，气、液两相密切接触，除尘效果好。如图4-47所示。

喷洒洗涤器具有结构紧凑、占地面积小、经久耐用、除尘范围广、除尘效率和除尘分级率高等特点，负荷变化适应性强，能有效地节约能源，降低运行费用，且用水量小。

3. 泡沫洗涤器

此设备可制成圆形或方形，分上、下两室，中间隔以一层或数层筛板，用以分离灰尘的液体由上室的一侧，靠近筛板处进入，受到由筛板上升的气体的冲击，产生众多的泡沫，在筛板上形成一层流动的泡沫层。含尘气体由下室进入，当其上升时，所含较大的尘粒被下降的液体带走，由除尘器的底端排出，气体中微细的尘粒则在通过筛板后被泡沫层截留，并随之由除尘器的另一侧出来。净制后的气体从除尘器顶端逸出。如图4-48所示。

该除尘器气、液接触面积大，除尘效率高，除尘效率可达99%。操作时气体的流速要求控制在1～3m/s以内。

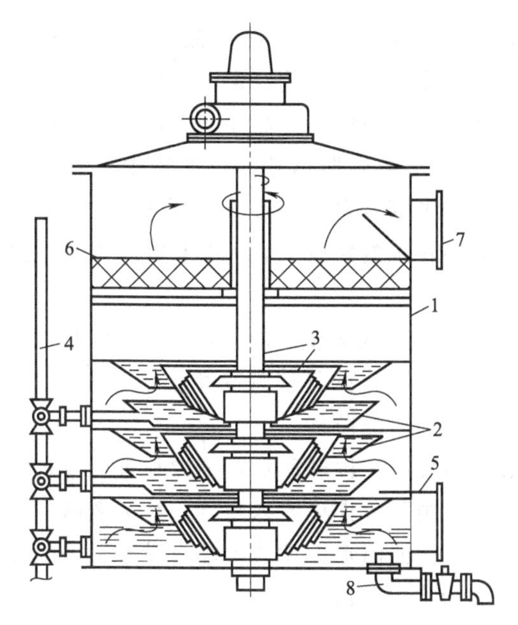

图 4-47　喷洒洗涤器

1—外壳；2—盘形槽；3—装有喷洒器的轴；4—液体进口；
5—气体进口；6—除沫器；7—气体出口；8—液体出口

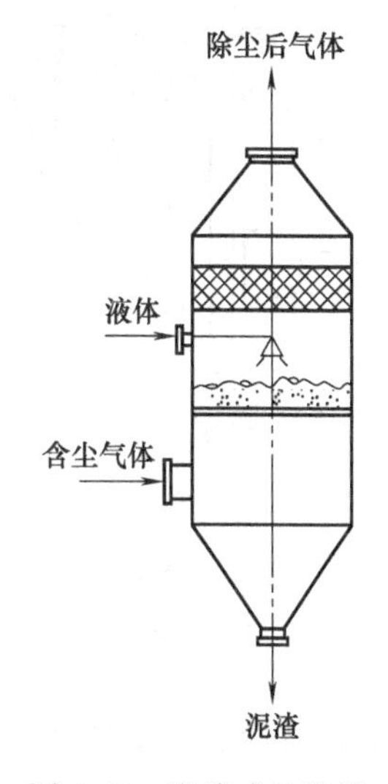

图 4-48　泡沫式洗涤器

4. 离心式洗涤器

离心式洗涤器呈圆筒形，洗涤水从容器顶部喷向四壁，形成一薄层水膜，沿器壁流下。含尘气体由洗涤器的底部沿切线方向进入器内，一面旋转一面以螺旋上升。气体中的尘粒由于离心力的作用，向器壁运动，与沿器壁而下的洗涤水接触，而随之由下端的锥形底排出。净制后的气体则由顶部逸出。如图 4-49 所示。

此类设备的气固分离程度与离心洗涤器的直径有关，直径小，分离程度高。通常直径为 1m 时，水的消耗量为 0.2kg/m^3，而气固分离程度为 85%～87%。

5. 除尘过滤器

除尘过滤器是利用一种具有较多细孔的物质作为过滤介质，使气体通过时将其中悬浮尘粒截留，以达到分离的目的。

根据气体过滤所用介质的种类不同，可以分为滤布介质过滤器、填充介质过滤器、陶质介质过滤器 3 种。

(1) 滤布介质过滤器　以棉织品或毛织品做成圆形袋，又称为袋滤器。

(2) 填充介质过滤器　以焦炭或石棉等物料置于多孔的滤板上，适用于过滤腐蚀性强的气体。

(3) 陶质介质过滤器　用多孔的陶质板或筒作为过滤介质，适用于高温气体或更精细地净制腐蚀性强的气体。

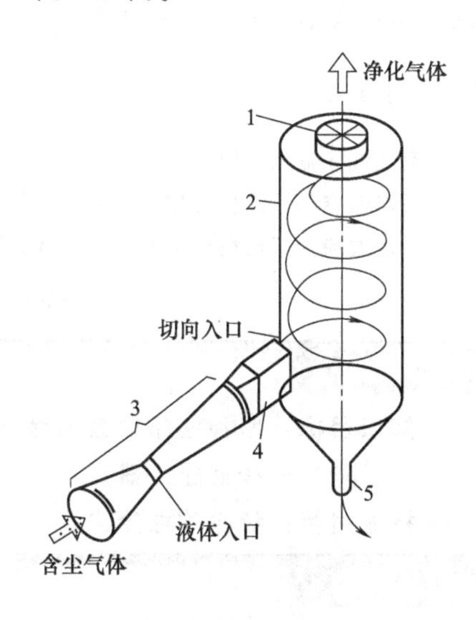

图 4-49　离心式洗涤器

1—消旋器；2—离心分离器；3—文氏管；
4—旋转气流调节器；5—排液管

优点：分离效率高，一般在 94%～97%，有时可达到 99%。缺点是随着滤布积尘的增多，生产率

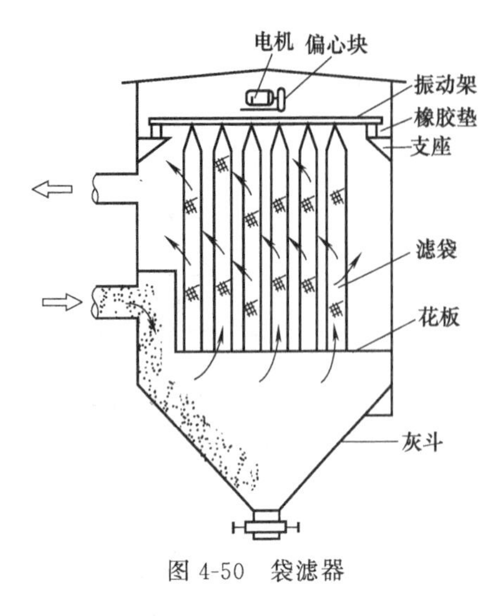

图 4-50 袋滤器

下降，滤布甚至会堵塞；纺织品作为介质过滤分离时，受温度限制，不能耐高温，不能过滤化学腐蚀性气体。适用于气体中含尘粒小于 1μm 的场合。

图 4-50 是袋滤器示意。过滤器中安装了许多个滤袋，每个滤袋长约 2～3.5m、直径 0.15～0.20m，下端紧套在花板的短管上，上端挂在一个可以颤动的框架上。

工作时气体从滤袋下端进入，穿过滤袋而尘粒被截留在袋内，净化的气体最后由袋滤器的顶部逸出。此段操作称为过滤阶段。

袋滤器使用一段时间后，需要反冲。反冲是以相反的方向，由袋外向内吹入空气（称为倒吹空气）或干净的气体，同时借助滤袋上端自动颤动的机械使滤袋颤动，将滤袋内截留的尘灰卸出。此段操作称为除尘阶段。

除尘后又转入过滤阶段，如此可以自动循环不息地操作。

项目实训

某精制盐厂中，湿盐的干燥多数是在沸腾床干燥器中完成，热风从干燥器底部鼓入，湿盐经干燥后，从出料口排出，过筛后包装。带粉盐的废气从上部排出。试为干燥器上端排除的废气选择粉尘处理装置。

分析：从沸腾床上部出来的废气中含有粉盐，不能直接排入大气中。因为粉盐粒度比较大，可选择旋风分离器进行气固分离。因为旋风分离器不能处理小于 1μm 的粉尘，再选择湿式除尘器除去细小粉尘，从旋风分离器上部排出的气体，进入喷淋塔，用水喷淋，气、液接触，水将含细小粉盐的尾气带走，直接排入地沟。

? 项目练习

1. 简述洗涤器工作原理。
2. 洗涤器有哪些结构类型？各有什么特点？
3. 为洗衣粉的干燥塔产生的尾气选择合适的除尘方案。

子项目 3 电除尘器

项目目标

- **知识目标**：掌握电除尘器的结构、类型、特点；掌握电除尘器的清灰方法；能正确选择电除尘器。
- **技能目标**：能操作电除尘器。

项目内容

1. 观察电除尘器的外部结构。
2. 观察电除尘器的内部结构，说明各部分名称。
3. 按步骤操作电除尘器。

相关知识

利用电力将粉尘从气流中分离出来的设备称为电除尘器，又称静电除尘器。

一、电除尘器概述

电除尘器是一种烟气净化设备，它的工作原理是烟气中灰尘尘粒通过高压静电场时，与电极间的正负离子和电子发生碰撞而荷电（或在离子扩散运动中荷电），带上电子和离子的尘粒在电场力的作用下向异性电极运动并积附在异性电极上，通过振打等方式使电极上的灰尘落入收集灰斗中，使通过电除尘器的烟气得到净化，达到保护大气、保护环境的目的。

电除尘器具有除尘效率高，分离效率达90%～99%；处理风量大；阻力低，耗电少，运行费用低；能处理高温烟气和化学腐蚀性气体；操作控制自动化程度高。缺点是一次投资高，钢材消耗量较大；制造安装精度较高；除尘器占地面积较大。

二、电除尘器的结构

电除尘器的结构形式是多种多样的，不论哪种类型的电除尘器都包括以下几个主要部分：电晕电极、集尘电极、清灰装置、气流均匀分布装置、壳体、保温箱、供电装置及输灰装置等。

电晕极也叫放电极，它是一根曲率半径很小的纤细裸露电线，上端与直流电源的一极相连，下端有一重锤固定；集尘极是具有一定面积的管或板，它与电源的另一极相连。当在两极间加上一较高电压，则在放电电极附近的电场强度很大，而在集尘电极附近的电场强度相对很小，因此两极之间的电场不是匀强电场。含尘气流从除尘器下部进气管引入，气体发生电离作用，生成带有正电荷和负电荷的离子，这些离子分别向两极运动，它们的运动速度及动能随着电场强度增加而增加。两板间所有气体都发生电离作用。离子与灰尘或烟雾的质点相遇而附于其上，使后者也带有电荷，被电极所吸引而从气体中除去，净化后的清洁气体从上部排气管排出。气体除尘包括气体电离、粒子荷电、荷电粒子迁移、颗粒沉积与清除4个过程。

根据电除尘器的结构，有管式和板式两种。

图4-51所示为管式电除尘器，在圆管的中心放置电晕极，而把圆管的内壁作为收尘的表面。管径通常为150～300mm，长度为2～5m。由于单根圆管通过的气体量很小，通常是用多管并列而成。为了充分利用空间，可以用六角形（即蜂房形）的管子来代替圆管，也可以采用多个同心圆的形式，在各个同心圆之间布置电晕极。管式电除尘器电场强度变化均匀，一般适用于处理气体量小的情况，一般采用湿式清灰方式。

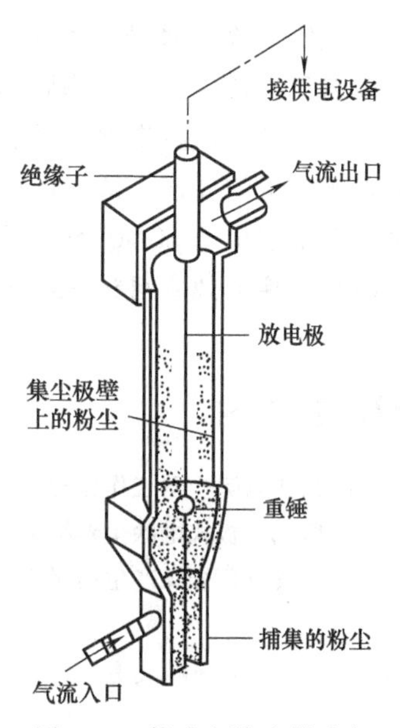

图4-51　管式电除尘器示意

板式电除尘器是在一系列平行的金属薄板（收尘极板）的通道中设置电晕极。板极间距一般为200～350mm，通道数由几个到几十个，甚至上百个，高度为2～12m，甚至达15m。板式电除尘器电场强度变化不均匀，制作安装容易，结构布置灵活，清灰方便。可以采用湿式清灰方式，但绝大多数采用干式清灰方式。结构如图4-52所示。

按照沉集粉尘的清灰方式可分为干式和湿式电除尘器。

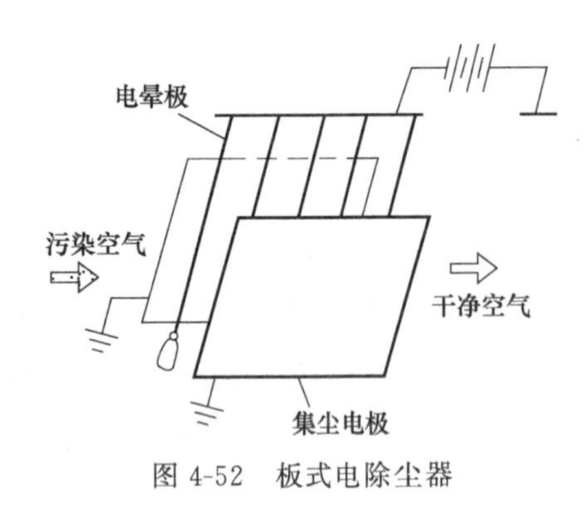

图 4-52 板式电除尘器

干式电除尘器是通过振打或者用刷子清扫使电极上的积尘落入灰斗中。这种方式粉尘后处理简单，便于综合利用，因而最为常用。但这种清灰方式易使沉积于收尘极上的粉尘再次扬起而进入气流中，造成二次扬尘，致使除尘效率降低。

湿式电除尘器是用喷雾或淋水、溢流等方式在收尘板表面形成水膜将黏附于其上的粉尘带走，由于水膜的作用避免了二次扬尘，故除尘效率很高，同时没有振打装置，运行也较稳定。但是，与其他湿式除尘器一样，存在着腐蚀、污泥和污水的处理问题。所以只是在气体含尘浓度较低、要求除尘效率较高时才采用。

项目实训

氨碱法生产纯碱工艺，在石灰石煅烧工段，石灰窑中产生的尾气温度高，在 140～200℃之间，并且含有大量粉尘，含量 2500～3000mg/m³（以含沫多的白煤为燃料）。试为该尾气选择合适的除尘设备。

分析：石灰窑中产生的尾气，温度高、粉尘量大，不能直接进入压缩机，必须进行冷却和除尘。

第一步：选择洗涤塔。石灰石煅烧产生的尾气主要成分是 CO_2，CO_2 常压下，在水中溶解度较低，故选择洗涤塔用水喷淋既可以冷却，又可以除尘。经过洗涤后，温度可降到 40℃以下。含尘量可以降到 300mg/m³。

第二步：选择电除尘器。洗涤塔出来的气体含尘在 300mg/m³ 左右，含尘量仍不能满足进入压缩机的要求。透平压缩机入口气体含尘量要求小于 10mg/m³，螺杆压缩机入口气体含尘量要求小于 60mg/m³，所以需要进一步除尘。可选择管式电除尘器。该类除尘器除尘效率高，除尘效率可达 96%～98%。经除尘后，含尘量可达 10mg/m³，满足进入压缩机的要求。

? 项目练习

1. 简述电除尘器工作原理。
2. 管式和板式电除尘器结构有什么不同？各有什么特点？清灰方式有什么区别？
3. 为发电厂燃煤产生的尾气，选择合适的除尘设备。

项目五 固液分离设备

子项目1 沉 降 器

项目目标

- **知识目标：** 掌握沉降器的工作原理、结构类型、特点及适用范围；掌握沉降器操作应注意问题。
- **技能目标：** 能正确操作沉降器。

项目内容

1. 认识沉降器的外部结构。
2. 观察沉降器结构，说明各部分名称。
3. 按步骤操作沉降器。
4. 处理沉降器排出的泥浆。

相关知识

一、沉降概述

沉降是指由于分散相和分散介质的密度不同，分散相粒子在力场（重力场或离心力场）作用下发生的定向运动。

沉降的结果使分散体系发生相分离。组成悬浮系的流体和悬浮物因密度差异，在力场中发生相对运动而分离，是一种属于流体动力过程的单元操作。靠重力实现分离的操作是重力沉降；靠惯性离心力实现分离的操作是离心沉降。

沉降主要应用于化学、燃料、冶金等工业，如气体的净化、沉淀或晶体的集积等。

沉降用于气相悬浮系时，是从气体中分离出所含固体粉尘或液滴；用于液相悬浮系时，是从液体中分离出所含固体颗粒或另一液相的液滴。这种分离在生产上的目的有二：①获得清净的流体，如空气的净化、水的澄清、油品脱水等；②为了回收流体中的悬浮物，如从干燥器出口气体中回收固体产品、从流化床反应器出口气体中回收催化剂等。有时两个目的兼而有之。

沉降的推动力是悬浮颗粒受到的重力或惯性离心力，它正比于粒径的立方；而流体作用于沉降颗粒表面的阻力，正比于粒径的平方。因之颗粒越细，则沉降速度越小，分离也越困难。通常，用重力沉降分离的最小粒径为 30～40μm；用离心沉降分离的最小粒径为 5～10μm。更小的颗粒则用电除尘、超声波除尘等分离方法。

二、沉降设备

利用重力的差别使流体（气体或液体）中的固体颗粒沉降的设备。

沉降器的分离效率很低，一般仅用于初步分离。有间歇式、半连续式或连续式。

间歇式沉降槽是将悬浮液注入沉降器内，经过一段时间的沉淀，固体颗粒沉于器底，打开阀门，上方的澄清液流出，打开器底阀门，卸出器底的沉淀物。

半连续式是悬浮液以较低的流速，连续进入沉降器，等固体颗粒沉入器底，间歇排泥。

连续式是指连续进料、连续卸料。常用的连续式处理悬浮液的沉降设备有槽形沉降器和锥形沉降器等。

1. 槽形沉降器

槽形沉降器可以做成方形、圆形和矩形。常用的圆形沉降器有道尔式澄清桶和斜板式沉降器。

(1) 道尔式澄清桶　道尔式澄清桶也叫连续式沉降器，它是一个底部带锥形的大直径圆形槽。料浆经中央降液筒送至液面以下 0.3～1m 处，插到悬浮液区。清液由槽壁顶端周围上的溢流堰连续流出，称为溢流。颗粒沉降，沉泥由缓慢转动的耙集中到底部中央的卸渣口排出，称为底流。如图 4-53 所示。

沉降器要保证一定的壳体高度。在沉降器内液体分为 3 层，最上面一层是澄清的，称为

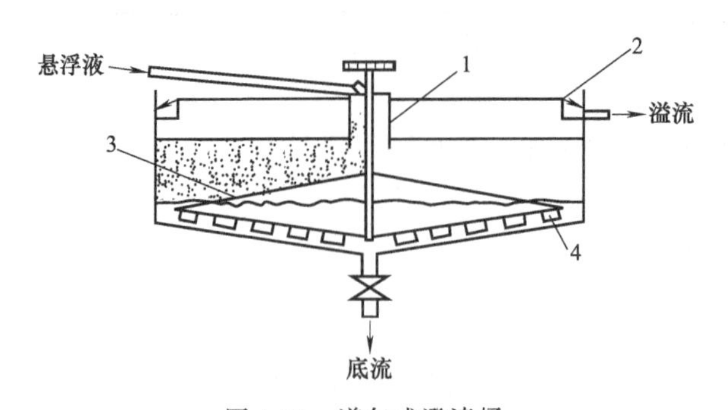

图 4-53 道尔式澄清桶

1—降液筒；2—溢流槽；3—转耙；4—叶片

清液层。清液层中储备了足量的清液以保证生产的需要，并能适应生产中的波动。中间一层比较浑浊，称为沉降层，沉降层是悬浮液自降液桶下降后沿整个沉降器的截面均匀分布的部位，也是沉淀物沉集的地方。最下边一层泥浆较多，称泥浆层。它的作用是使泥浆在这段高度上停留一定的时间，以达到工艺要求的排泥固液比。

降液筒的高度一般为沉降器圆柱部分高的 2/3 左右，直径约为筒径的 15%。

道尔式澄清桶具有结构简单、操作容易、运行稳定等优点，但有体积庞大、占地面积大、单位面积澄清能力低等缺点。

(2) 斜板式沉降器 斜板式沉降器是道尔式澄清桶的改造设备。与道尔式大体相似，主要区别是沉降器在桶内排列了若干结构层等间距的同心倒圆台形斜板，从而使澄清能力得到显著提高。这是因为加上斜板的结构后，相同直径的澄清桶大大增加了有效的水平澄清面积。如图 4-54 所示。

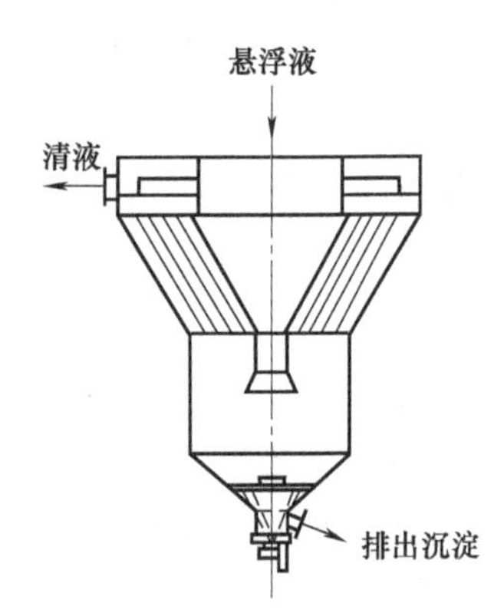

图 4-54 斜板式沉降器

斜板式沉降器具有以下优点。

① 与道尔式澄清桶相比澄清能力提高了 1 倍。

② 沉降镁等絮状效率高了 1 倍。

③ 对相同能力的澄清桶节约钢材 36%。

④ 操作容易，比道尔桶运行稳定。

缺点是斜板部分的固定、安装、防腐施工比较复杂，要求较高。

沉降器操作中应注意的问题如下。

(1) 要严格控制进出口介质的温度差，最高不超过 8℃，以防对流。要经常测量浓度、温度，做好记录。

(2) 注意沉淀泥和澄清液的分界面要高于降液筒的出口。即沉降应在高于悬浮液进口处进行，从而在该处形成一个沉淀层。悬浮液流经时，如同流过滤层一样，其中的固体沉淀被过滤层截留，清液穿过滤层，清液的质量得到了提高。悬浮液流经过滤层时，还进行着结晶絮凝和长大的过程。

(3) 要注意及时排泥。沉降器易出现的故障是集盐耙被沉淀物卡死。集泥耙大而转速慢，如果泥浆层过高，泥浆固液比过大，有些沉淀物还会结硬块，耙浆就陷在泥浆中不能运转。严重时主轴变形，电机烧毁，耙浆断裂等。所以沉降器的排泥要及时适量，当停电或停车时注意把集泥耙提起。

2. 锥形沉降器

锥形沉降器为一圆锥形容器。如图 4-55 所示。倾角为 60°，悬浮液由中央进料槽经过浮动环，平静地进入沉降器内，澄清液则沿槽的周边溢流排出，连接于器底的沉淀排出管则向上弯曲，以免因液体向下流动时过速而导致器内发生扰动。

锥形沉降器也可以用几个大小不同的锥形沉降器串联操作。悬浮液由最小的沉降器进入，横流经过各器到最后最大的沉降器，当悬浮液由前一器流入下一器时，因水平截面积的增大，流体流动速度减慢，于是较大的颗粒沉入器底，细小的颗粒继续随着液体向前流动，在以后的各器中依次沉降。

3. 沉淀的洗涤

沉降器中沉降的泥中含有大量的液体，为了回收其中有价值的成分，有必要进行洗涤。

洗涤方法一般采用三层洗泥桶。如图 4-56 所示。

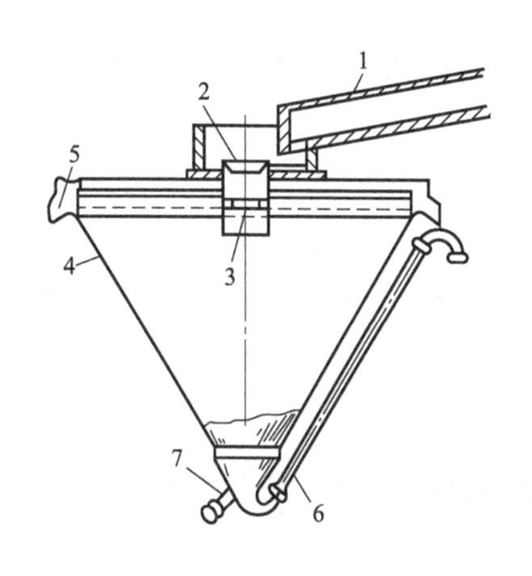

图 4-55　锥形沉降器

1—悬浮液进料槽；2—漏斗；3—浮动环；4—锥体；5—澄清液溢流管；6—沉淀排出管；7—洗泥进水管

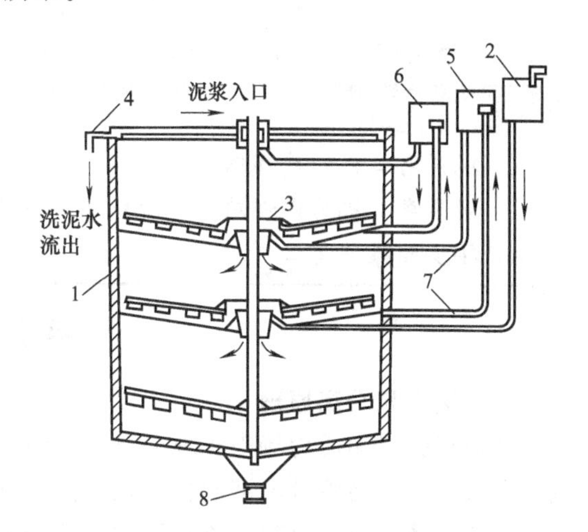

图 4-56　三层洗泥桶结构

1—桶体；2,5,6—一、二、三次洗泥水贮槽；3—收集器；4—洗泥水流出管；7—洗涤液导管；8—沉淀排出管

三层洗泥桶分上、中、下三层，相邻两层由中心内套筒相连，每层底部的中心有一下泥装置，每层都有以 120°布置的 3 根进出水管。中、下层出水管管口的高度可随螺杆的升降得到调节，称出水调节器。

泥浆先打到桶顶的计量槽后，流入三层洗泥桶最上面的降液筒，泥从上层依次下洗，而洗泥水则借助一、二、三次洗泥水贮槽之间的位差，从下层流至上层回收液体浓度逐渐升高。每层有泥封，故洗水不会互相混杂，洗泥效果好。

项目实训

氯碱厂饱和盐水的精制，一般采用道尔式澄清桶除去大粒泥沙。操作中发现澄清桶上部流出的清液，有轻微的混浊现象。试分析原因。

分析如下。

(1) 检查饱和盐水的进口，即降液筒的出口应低于沉淀泥和澄清液的分界面。

(2) 测量温度。温度偏高，导致沉降液上下对流，沉淀泥窜入清液层。

(3) 检查泥层和集盐耙。泥层过厚或集盐耙转动过快，导致沉泥进入清液层。

项目练习

1. 叙述沉降器工作原理。
2. 斜板式沉降器有哪些优缺点？
3. 简述沉降器操作应注意问题。
4. 为何要洗涤沉降器排出的泥浆？如何洗涤？

子项目2 离　心　机

项目目标

- **知识目标**：掌握常用离心机的原理、结构类型、特点及适用场合；掌握离心机操作、维护、保养方法；掌握离心机常见故障及排除方法。
- **技能目标**：能操作离心机，并能正确地维护、保养。

项目内容

1. 观察离心机的外部结构。
2. 观察离心机的内部结构，说明各部分名称。
3. 按步骤操作离心机。

相关知识

一、离心机分离原理

离心机是借离心力场来实现分离过程的，用于分离悬浮液或乳浊液，将悬浮液的固相和液相分离开，或者将乳浊液的轻重相液体组分分离开。

离心分离的分离过程有离心过滤、离心沉降、离心分离3种。

离心过滤是使悬浮液在离心力场下产生离心压力，在离心力作用下悬浮液中的液体通过过滤介质的滤孔在外转筒壁内收集起来成为滤液，而固体颗粒则被截留在过滤介质内表面，从而实现液-固分离。该类机器中有转鼓，鼓壁有孔，壁面覆有滤布。这种机器适用于含有固体颗粒或结晶的悬浮液。

离心沉降是利用悬浮液（乳浊液）各组分密度不同，在离心力作用下，固体颗粒因密度大于液体而向鼓壁沉降，形成沉渣，而留在内层的澄清液体则经转鼓上的溢流口排出。该类机器中有转鼓，鼓壁无孔，适用于分离不易过滤的悬浮液。

离心式离心机在离心力作用下，液体按密度不同分为里外两层，密度大的在外层，密度小的在里层，通过一定的装置将它们分别引出，固相沉于鼓壁上，间歇排出。该类机器中有转鼓，鼓壁无孔，适用于乳浊液的分离或悬浮液的增浓。

衡量离心分离机分离性能好坏的重要指标之一是离心机的分离因数。分离因数是指被分离物料在转鼓内所受的离心力与其自身所受重力的比值。通常用 F_r 表示。分离因数越大，分离效果越好。工业用离心分离机的分离因数通常在 300～10^6 之间。

离心分离机具有结构紧凑、体积小、分离效率高、生产能力大及附属设备少等优点，应用广泛。

二、离心机的分类

离心机的类型很多，通常有以下几种分法。

1. 按分离因数分类

（1）常速离心机　常速离心机转速较低，直径较大。分离因数 $F_r \leqslant 3500$（通常为 600～1200）。

（2）高速离心机　高速离心机的转速较高，通常转鼓直径较小，而长度较长。其分离因数 F_r 大致限定在 3500～50000 范围内。

（3）超高速离心机　超高速离心机转速很高，所以转鼓做成细长管式。其分离因数 $F_r > 50000$。

2. 按操作方式分类

（1）间隙式离心机　此类离心机工作过程中的加料、分离、洗涤和卸渣等操作都是间隙的。在卸渣方式上采用人工、重力或机械等多种方法。

（2）连续式离心机　此类离心机进料、分离、洗涤和卸渣等过程都能够连续自动进行。

3. 按卸渣方式分类

按卸渣方式不同可将离心机分为刮刀卸料离心机、颠动卸料离心机、螺旋卸料离心机、离心力卸料离心机、振动卸料离心机、活塞推料离心机等多种类型。

4. 按工艺用途分类

（1）过滤式离心机　对于所含粒度大于 0.01mm 的悬浮液，适用过滤离心机。

（2）沉降式离心机　对于悬浮液中颗粒细小或可压缩变形的，则宜选用沉降离心机。

（3）分离式离心机　对于悬浮液含固体量低、颗粒微小和对液体澄清度要求高时，通常选用分离机。

5. 按安装方式的差异

可分为立式、卧式、倾斜式、上悬式和三足式离心机等。

三、常用离心机结构

1. 三足式离心机

工业上常用的有上部人工卸料和下部自动卸料两种。因为机壳和转鼓支持在一个三足架上，所以称为三足式离心机，由转鼓、主轴、轴承、轴承座、底盘、外壳、三根支柱、带轮及电机组成。下部自动卸料型比上部人工卸料型在转鼓底部开有卸料孔。如图 4-57 所示。

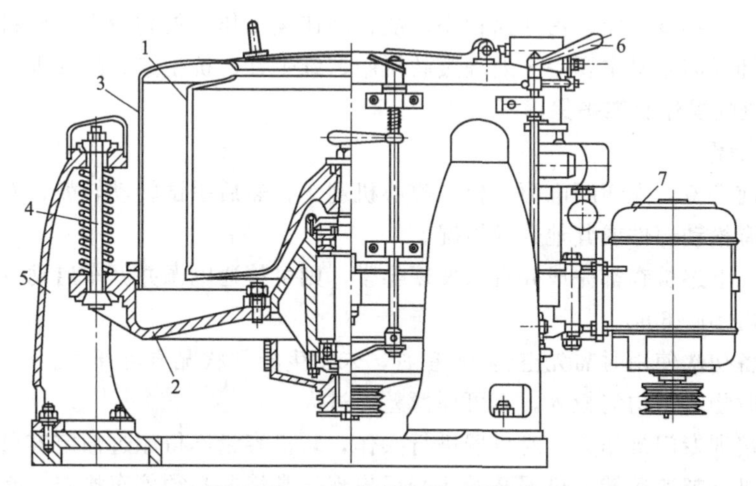

图 4-57　三足式离心机（下动式）

1—转鼓；2—机座；3—外壳；4—牵引杆；5—支柱；6—制动器；7—电动机

上部人工卸料是间歇操作，每个操作周期由启动、加料、过滤、洗涤、甩干、停车、卸料几个过程组成。为使机器运转平稳，加料时应均匀布料，悬浮液应在离心机启动后逐渐加入转鼓，物料在离心力作用，所含液体经由滤布、转鼓壁上的孔被甩到外壳内，在底盘上汇集后由滤液出口排出，固体则被截留在转鼓内，当达到含湿量要求时停车，并用人工由转鼓上部卸出。

三足式离心机结构简单，制造、安装、维修方便，成本低，操作容易；对物料适应性强，过滤时间可自由掌握；机器振动小，运转平稳。

适应于分离悬浮液的脱水，尤其适用于小批量、多品种物料的分离。

2. 上悬式离心机

上悬式离心机的工作原理是启动主电机，回转体达到运转速度后，加入物料，将物料均布于转鼓的圆周上，在离心力的作用下，其液相经过过滤介质和转鼓上的小孔甩出转鼓外，被机壳收集到滤液出口管排出机外，而固相则被留在转鼓内形成滤渣层卸下，即达到分离目的。该离心机设计先进、结构合理、运转平稳、操作简便、生产效率高、处理能力大、维修量极少，缺点是整机高大、需较高的安装高度。如图 4-58 所示。

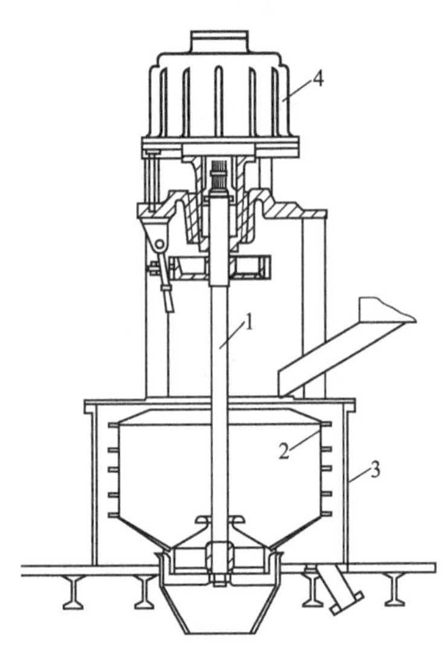

图 4-58 上悬式离心机

1—轴；2—转鼓；3—外壳；4—电动机

上悬式离心机有多种机型、根据转鼓形状可分为平底和锥底两种，根据卸料方式可分为重力自动卸料、人工卸料、机械刮刀卸料 3 种，根据驱动方式可分为多速电机、直流电机、变频调速、电阻变速等多种，操作控制方式也有电气、气液、机械等多种方式。

3. 卧式刮刀卸料离心机

卧式刮刀卸料离心机利用高速旋转的转鼓产生离心力把悬浮液中的固体颗粒截留在转鼓内并在力的作用下向机外自动卸出；同时在离心力的作用下，悬浮液中的液体通过过滤介质、转鼓小孔被甩出，从而达到液固分离过滤的目的。如图 4-59 所示。

卧式刮刀卸料离心机具有同类产品无可比拟的价格优势，而且该机设计技术先进、性能稳定、结构简单、维修方便、占地面积小、能自动连续工作、处理量大、原料利用率高。

卧式刮刀卸料离心机主要用于处理蜜胺树脂、维生素、抗生素、热处理油等。

四、离心机的操作及维护保养

1. 离心机操作

(1) 运转前准备：先切断电源，松开离心机刹车，然后手试转动转鼓，看是否能正常转动；检查是否有松动部件或其他异常情况。

(2) 启动：上述检查都完成并且未发现异常，则可接通电源并开车启动（一般从开车启动到运转正常需 40～60s）。

(3) 新设备初次使用时需先空转 3h 左右，未发生异常状况方可开车。

(4) 加料时物料需均匀投入，不可厚薄差异过大。

(5) 必须培训专门操作人员对机器进行操作，装机容量不得超过额定容量。

(6) 严禁机器超速运转；机器开始运行后出现异常情况必须停车检查，必要时需予以拆洗修理。

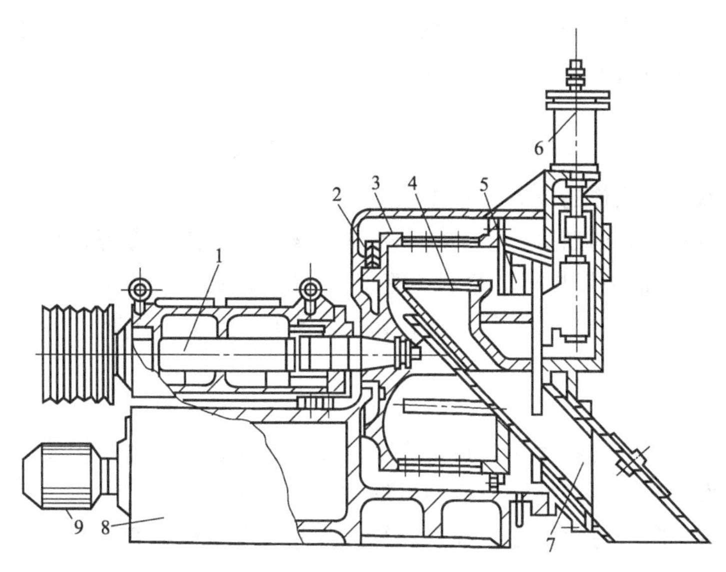

图 4-59　卧式刮刀卸料离心机

1—主轴；2—外壳；3—转鼓；4—刮刀机构；5—加料管；6—提刀油缸；7—卸料斜槽；8—机座；9—油泵电机

(7) 转动部件每隔 6 个月需加油保养一次。同时查看轴承运转及润滑情况，看是否磨损；同时检查制动装置部件磨损情况。任一部件出现严重磨损均应立即予以更换。

(8) 停机后注意机器卫生清整，保持机器整洁。

(9) 严格要求不能将非防腐型离心机用于高腐蚀性物料的分离；严格要求不能将非防爆型离心机用于易燃、易爆场合。

2. 离心机常见故障和排除方法

(1) 离心机强烈振动

原因：①布料不均匀；②滤布局部破损漏料；③鼓壁部分滤孔堵塞；④出液口堵塞，底盘内积液使转鼓在积液中旋转；⑤主轴螺母松动；⑥缓冲弹簧断裂；⑦安装不平或柱脚连接螺钉松动；⑧转鼓变形；⑨制动环摩擦片单边摩擦转鼓底。

排除方法：①根据物料性质采用合理的加料方式，尽量使转鼓内物料分布均匀；②更换滤布；③卸下机壳，清除转鼓壁内外的沉积物；④卸下机壳和出液管，清除管内和底盘内的沉积物；⑤拧紧螺母，放好防松垫圈；⑥更换缓冲弹簧；⑦调校机座使三柱脚水平，调校球面垫；圈座和垫圈使底盘水平，拧紧连接螺钉；⑧整形，重新动平衡；⑨更换或修整摩擦片，调校制动球。

(2) 异常响声

原因：①转鼓、外壳内有异物，转动件碰擦；②各传动部位连接松动；③轴承过度磨损或已损坏，润滑失效；④三角带伸长或磨损。

排除方法：①清除异物，正确安装转动件；②拧紧各部位的紧固件，尤其是轴承座与底盘的连接螺钉和防松垫圈；③更换轴承，清洗轴承内腔；更换润滑脂；④调整电机底板上的调节螺栓，张紧 V 带或更换 V 带。

(3) 跑料过多或滤渣含液量过大

原因：①加料量不稳定量大，造成拦液板翻液；②滤布（网）选用不当，滤布（网）堵塞；③滤布与鼓壁贴合不好或局部已破损。

排除方法：①按工作容积加料；②测量固相粒度，通过试验选用合适滤布，清洗滤布（网）；③重新铺妥滤布（网）或更换滤布（网）。

项目实训

叙述三足式离心机操作的应急停车步骤。

提示：离心机操作中遇到紧急情况需要停车，操作人员应遵守操作程序，不得野蛮操作（例如在转鼓旋转时用铲子铲物料、急刹车等），不允许超速、超负荷运转。

运行中应密切监视离心机的运行状况，如发现异常，按下列步骤停车。

(1) 停止加料。

(2) 切断电源。

(3) 扳动制动手柄制动和程序停机。停机时应分数次扳动制动手柄使转鼓静止，切忌用力过猛将转鼓一次刹死，以避免离心机剧烈振动或主轴断裂。

(4) 通过检查排除故障后，才能继续运行。不允许在运行状态下对离心机进行调整、维护和排除故障。

(5) 停止运行后，应做好机内外清洁工作。冲洗掉机内外残渣、残液，清除掉滤孔、底盘、出液口和机外的沉积物，以防止腐蚀和影响离心机的正常运行。

? 项目练习

1. 试比较不同离心机的沉降原理。
2. 离心机按不同的分类方法，有哪些类型？说明它们的结构、特点及适用场合。
3. 简述离心机常见故障和排除方法。
4. 练习操作离心机。

子项目3 过 滤 机

项目目标

- **知识目标**：掌握过滤的基本原理；掌握过滤机的类型、结构、特点及适用场合；能正确选择过滤机。
- **技能目标**：能正确操作过滤机，并能进行合理地日常维护保养。

项目内容

1. 观察过滤机的外部结构。
2. 观察过滤机的内部结构，说明各部分名称。
3. 按步骤操作过滤机。

相关知识

一、过滤基本原理

在外力的作用下，悬浮液中的液体通过多孔介质的孔道使固体颗粒被截留下来，达到固、液两相的基本分离。如图4-60所示。

过滤操作所处理的悬浮液为滤浆，多孔物质称为过滤介质，通过介质孔道的液体为滤液，被截留的物质为滤饼。

过滤方式可以初步分为两种类型：即滤饼过滤和深层过滤。其中滤饼过滤适用于颗粒含量较高的悬浮液，是化工生产中最常见的一种过滤形式。滤饼过滤指对悬浮液进行过滤时，液体通过带孔过滤介质而颗粒沉积在过滤介质表面形成滤饼。但是颗粒的大小对滤饼过滤效果有较大影响。当需分离的固体颗粒比过滤介质的孔径大时会正常过滤并形成滤饼；但当颗粒小于过滤介质孔径时则会形成“架桥现象”，即开始时由于固体颗粒的通过使得滤液较浑浊，但随着“架桥现象”逐渐形成滤饼层，这个新形成的滤饼层成为辅助过滤介质，使得小颗粒无法再通过滤孔，滤液变得澄清。如图 4-61 所示。

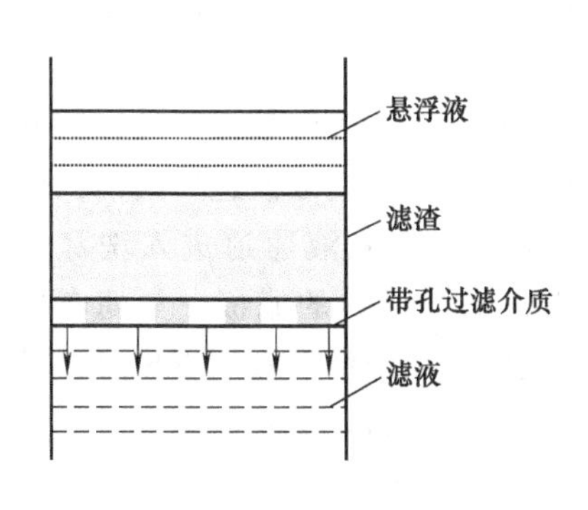

图 4-60　过滤示意

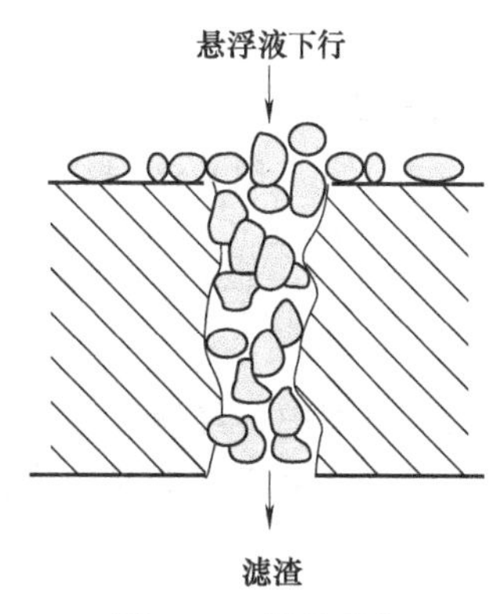

图 4-61　架桥现象

深层过滤适合于悬浮液中所含颗粒很小，并且含量也很少（液体中颗粒的体积小于 0.1%）的情形。生产上可用较厚的粒状床层做成的过滤介质（如：自来水净化用的砂层）进行过滤。由于需过滤的固体颗粒尺寸比过滤介质孔道直径小，当颗粒随液体进入床层内细长并且弯曲的孔道时，由于静电吸引或分子力的作用使之附着在孔道壁上（过滤介质床层上面并没有滤饼形成）。因此，此法称为深层过滤，又称为澄清过滤，相对使用领域较窄。

过滤介质是滤饼的支撑物，主要有织物介质（滤布）、多孔固体介质和粒状介质。

二、过滤机分类

过滤机的分类方法很多。按过滤的操作方法分为间歇式和连续式。间歇式是指操作的间歇性，滤浆的进入、滤饼的卸出等都是间歇的，或滤浆的进入、滤液的排出是连续的，但滤饼的卸出是间歇的。连续式过滤机是所有操作都是连续的，包括进料、过滤、洗涤、卸饼等，均连续不断，而且同时进行。

按照过滤介质的性质分为粒状介质过滤机、滤布介质过滤机、多孔介质过滤机、半渗透介质过滤机，其中滤布介质过滤机应用最为广泛。按照过滤推动力的产生方法分重力过滤机、加压过滤机、真空过滤机。

三、过滤机

1. 板框式压滤机

板框式压滤机由以下几部分组成，滤框、滤布和滤板组成的过滤部件，对过滤部分进行压紧（手轮、千斤顶）的机架部件，止推板端各孔，有进料孔、进洗涤液孔、滤液排出集液孔、洗涤液排出集液孔等。如图 4-62 所示。

板框压滤机的工作原理是滤板、滤框交替排列而成，滤板和滤框都由两侧的支架支撑并能够在架上进行一定范围的滑动。工作时滤板一端用压紧装置压紧，利用压力促进滤液流出。压紧装置的驱动分为手动和机动两种。

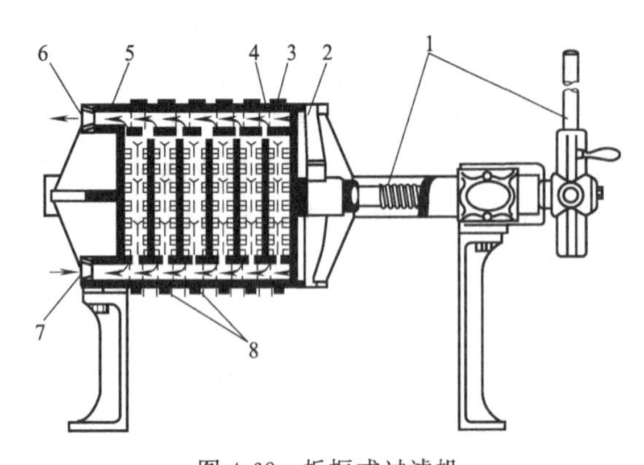

图 4-62 板框式过滤机

1—压紧装置；2—可动压板；3—滤框；4—滤板；5—固定头；6—滤液出口；7—滤浆进口；8—滤布

板和框的角端均开有小孔，合并压紧后构成供滤浆或洗涤液流通的孔道。滤框中间空，框的两侧覆以滤布，空框与滤布就围成了容纳滤饼的空间。进行过滤时，料液在一定压力下，通过滤框角上的进料孔进入滤框的空间内，滤液通过两侧滤布，沿滤板上凹的部分构成的滤液通道汇集于滤板下端，经旋塞口排出。固体则被截留于框内形成滤饼。如图 4-63 所示。

若滤饼需要洗涤，先将悬浮液进口阀和滤液出口阀关闭，打开洗涤液进口阀门。洗涤液在压力下，由洗涤液通道进入洗涤板（即板上开有洗涤液进口的滤板）与滤布所形成的空间中，经滤布穿过滤饼，再通过框另一面的滤布，最后从非洗涤液板下端出口处排出。洗涤结束后，拆开过滤机，将滤饼从滤框中卸出，清洗滤框和滤布，重新组装，准备下一次过滤。

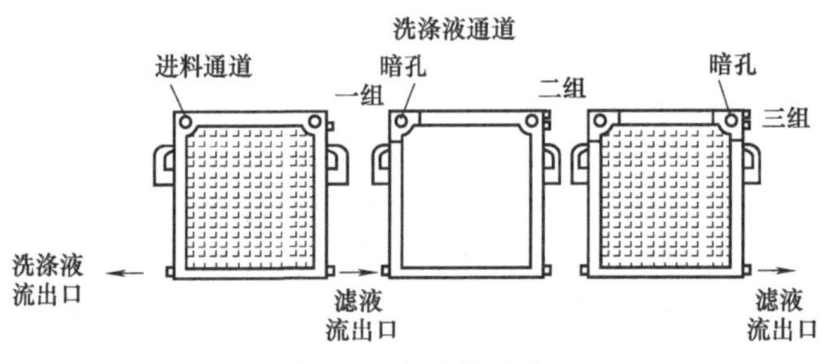

图 4-63 板和框示意

滤板的排出方式分为明流和暗流两种。若滤液不宜暴露于空气中，则需采用暗流，暗流是将各板流出的滤液汇集后经总管排出。明流是滤液经由各滤板底部小管直接排出，便于观察各滤板的工作情况。

板框压滤机具有结构简单，占地面积小，过滤面积大，操作压力高，对各种物料的适应性强，便于检查操作情况，使用可靠。缺点是间歇生产，生产效率低，装卸板框劳动强度大，而且滤渣洗涤慢且不均匀，滤布损耗严重。

2. 转筒真空过滤机

转筒真空过滤机主体是一个内部被隔板分成若干互不相通的小区的转筒，有的设备转筒下端浸在滤液内，呈连续运转状态。工作时待分离悬浮液要经过过滤、脱水、洗涤、卸料四个步骤完成一个过滤程序，转筒每旋转一周即完成一个过滤程序。固体物料在卸料区由刮刀刮入料斗，进入下一步处理程序；滤液则由转筒中部一个较大的集水管道下行流出，进入相应的贮槽。

图 4-64 为转鼓真空过滤机的结构和工作原理。它有一水平转鼓，鼓壁开孔，鼓面上铺以支承板和滤布，构成过滤面。过滤面下的空间分成若干隔开的扇形滤室。各滤室有导管与分配阀相通。转鼓每旋转一周，各滤室通过分配阀轮流接通真空系统和压缩空气系统，顺序完成过滤、洗渣、吸干、卸渣和过滤介质（滤布）再生等操作。

在转鼓的整个过滤面上，过滤区约占圆周的1/3，洗渣和吸干区占1/2，卸渣区占1/6，各区之间有过渡段。过滤时转鼓下部沉浸在悬浮液中缓慢旋转。沉没在悬浮液内的滤室与真空系统连通，滤液被吸出过滤机，固体颗粒则被吸附在过滤面上形成滤渣。滤室随转鼓旋转离开悬浮液后，继续吸去滤渣中饱含的液体。当需要除去滤渣中残留的滤液时，可在滤室旋转到转鼓上部时喷洒洗涤水。这时滤室与另一个真空系统接通，洗涤水透过滤渣层置换颗粒之间残存的滤液。滤液被吸入滤室，并单独排出，然后卸除已经吸干的滤渣。这时滤室与压缩空气系统连通，反吹滤布松动滤渣，再由刮刀刮下滤渣。压缩空气（或蒸汽）继续反吹滤布，可疏通孔隙，使之再生。如图4-65所示。

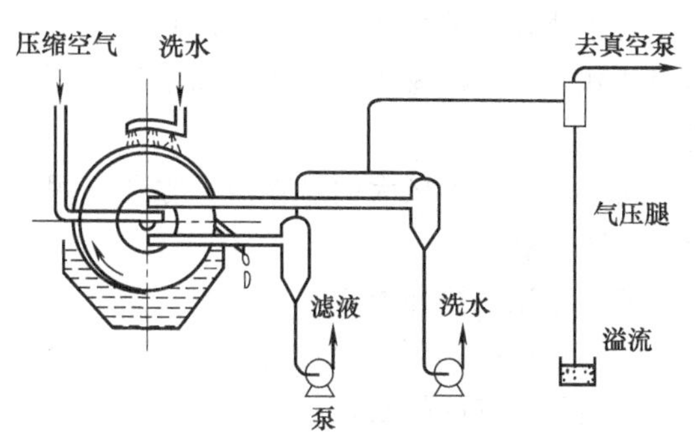

图4-64　转鼓真空过滤机装置

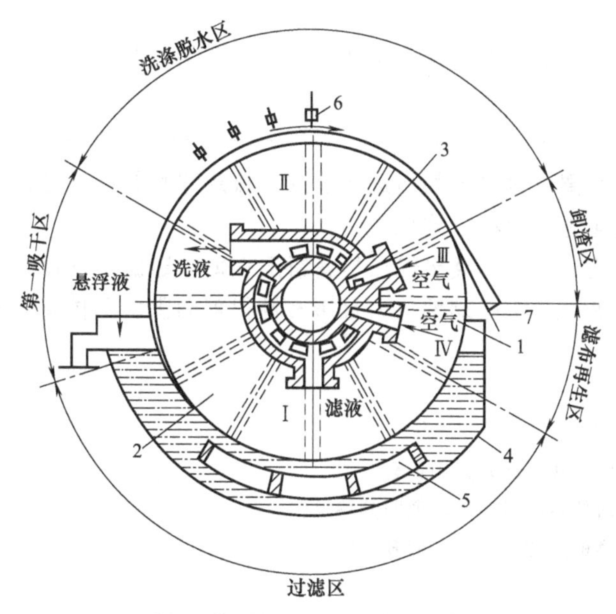

图4-65　转鼓真空过滤机操作

1—转鼓；2—过滤室；3—分配头；4—物料槽；5—搅拌器；6—喷嘴；7—刮刀

转筒真空过滤机生产能力大，改变过滤机的转速可以调节滤饼的厚度。但真空操作，附属设备多，滤饼的含湿量较高，洗涤不易彻底。

四、过滤机的选择

选择过滤机的主要参数有：悬浮液浓度、固体粒度、液体黏度和对过滤质量的要求。先选择几种过滤介质分别进行过滤漏斗实验，测定不同过滤介质在不同压差下的过滤速度、滤液的固体含量、滤渣层的厚度和含湿量，然后找出适宜的过滤条件，初步选定过滤机类型。之后，根据实际处理量选定过滤面积，用实际试验的方法进行验证。

对于固体颗粒沉降速度快的悬浮液，应该选用在过滤介质上部加料的过滤机，这种类型的过滤机过滤方向与重力方向一致，同时粗颗粒能够首先沉降，可减少过滤介质和滤渣层的堵塞。

对于难过滤的悬浮液（如胶体）除选定适宜的过滤机外，还可在悬浮液中加入其他较粗的固体颗粒：如硅藻土、膨胀珍珠岩等，它们的作用是使滤渣层变得相对疏松；使过滤变得通畅。

对于滤液黏度较大的悬浮液，除了选用适宜的过滤机过滤外，还可以通过对悬浮液进行预热以降低黏度。

五、过滤机操作要点

(1) 使用前必须先检查出入口配管是否已装妥，使入口管位置固定，不能会输送流体过程中发生不应有的摆动。

(2) 打开过滤机上盖，将水由滤筒注入，使入口管内完全注满液体。

(3) 启动电机，并已开始运转时，应注意泵浦运转方向是否与要求一致。

(4) 过滤机在使用前先对压力表膜片进行检查，看内部是否注满清水。如未满，则加满水后再锁紧压力表以保持压力表读数正确性。

(5) 启动电源前，应先检查各边接管线是否存在问题：如管路流通路线是否正确，管路有没有损坏现象等。

(6) 检查各种保护开关是否能正常工作。如：电源保护开关等。

项目实训

某企业根据生产需要需对悬浮物料进行过滤。该悬浮物料特点是粒度小，而且受压能够产生变形，此种情况可选用哪种过滤机?

提示：转鼓式真空过滤机的突出优点是滤饼层很薄，过滤速度比较高，滤饼能够卸载得非常干净。通常用于处理滤饼压缩性很大且渗透性很差的固体颗粒悬浮液。

? 项目练习

1. 简述过滤的基本原理。
2. 试比较各种过滤机结构类型及适用场合。
3. 试调查附近企业所使用的过滤机，说明其特点。
4. 练习操作各种类型的过滤机，并说明其异同。

项目六 干燥设备

子项目1 沸腾床干燥器

项目目标

- **知识目标**：掌握各种沸腾床干燥器的结构、类型、特点及适用场合；掌握沸腾床干燥器的适用性及特点。
- **技能目标**：能操作沸腾床干燥器，并能正确地维护保养。

项目内容

1. 了解沸腾床干燥器的外部结构。
2. 观察沸腾床干燥器的内部结构，说明各部分名称。
3. 按步骤操作沸腾床干燥器。

相关知识

沸腾床干燥操作又称流化床干燥操作，是固体流态化技术在干燥操作中的应用，所采用的设备称为沸腾床干燥器或流化床干燥器。是将热空气鼓入放置有湿物料的床层中，使颗粒流态化从而提高传热系数使物料干燥的设备，如图 4-66 所示。

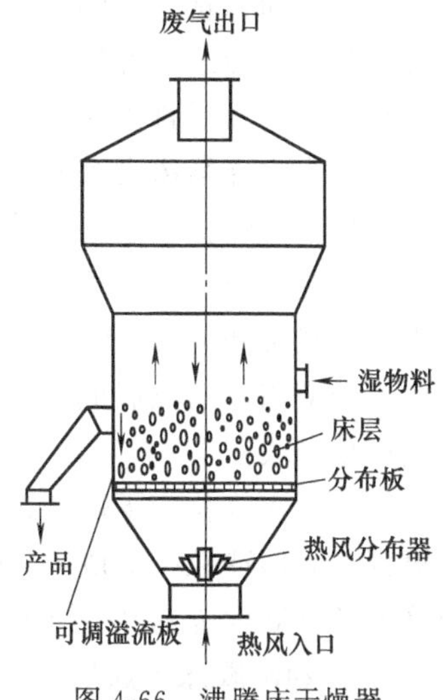

图 4-66　沸腾床干燥器

一、沸腾床干燥器的分类

目前沸腾床干燥器有以下分类方法。工业上常用的沸腾床干燥机，从结构上分，大体上有如下几种。

① 按被干燥的物料，可分为粒状物料、膏状物料、悬浮液和溶液等具有流动性的物料。

② 按操作方式，可分为间歇式和连续式。

③ 按设备结构形式，可分为单层流化床干燥器、多层流化床干燥器、卧式分室流化床干燥器、喷动床干燥器、脉冲流化床干燥器、振动流化床干燥器、惰性粒子流化床干燥器、锥形流化床干燥器等。

二、常用的沸腾床干燥器

1. 卧式多室沸腾床干燥器

卧式多室沸腾床干燥器是针对多室流化床干燥器结构复杂、床层阻力大和操作不易控制的缺点而发展起来的多室流化床干燥器的一种形式。

卧式多室沸腾床干燥器为一矩形箱式流化床，在长度方向上用垂直挡板将器内分隔成多室，一般 4～8 室；底部为多孔筛板，筛板的开孔率一般为 4%～13%，孔径 1.5～2.0mm，筛板与挡板下沿有一定的间隙，大小可由挡板的上下移动来调节，并以挡板分隔成小室，其下部均有一进气支管，支管上有调节气体流量的阀门。如图 4-67 所示。

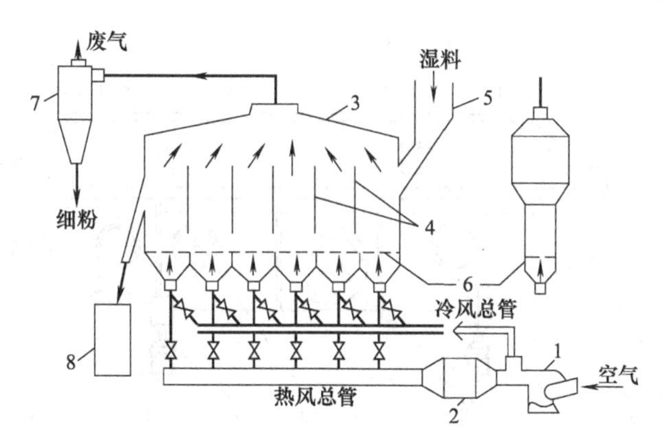

图 4-67　卧式多室沸腾床干燥器

1—风机；2—预热器；3—干燥器；4—挡板；5—料斗；
6—多孔板；7—旋风分离器；8—干料桶

卧式多室沸腾床的工作原理是在多孔板上按一定间距设置隔板，构成多个干燥室，隔板间距可以调节。物料从加料口进入最前一室，借助于多孔板的位差，依次由隔板与多孔板间隙中顺序移动，最后从末室的出料口卸出。即湿物料由加料器加入干燥器的第一小室中，由小室下部的支管供给热风进行流化干燥，然后逐渐依次进入其他小室进行干燥，干燥后卸出。空气预热后，统一或通过支管分别进入各干燥室，与物料接触进行干燥。由于热空气分别通入各小室，所以在不同的小室中的热空气的流量可以控制，例如在第一室，因物料的湿度大，可以通入量大些的热空气，而在最后一室亦可通过冷空气进行冷却，便于出料后进行包装。热空气经过与湿物料热交换后，夹带粉末的废气经干燥器的顶部排出，再经旋风分离器或袋滤器分离后排出。

卧式多室沸腾床设有间距可调的隔板，可延长干燥时间，物料停留时间可以任意调节，使物料均匀干燥，生产能力大。使用灵活，结构简单，造价较低，可动部件少，维修费用低，物料磨损较小，气固分离比较容易，传热传质速率快，热效率较高，对于不同干燥室，通入不同风量和风温，最后一室的物料还可用冷风进行冷却，因而这种干燥器在工业上获得了广泛的应用，已发展成为粉粒状物料干燥的最主要手段。但是，物料过湿易在前一、二干燥室产生结块。

卧式多室流化床干燥器适用于干燥各种颗粒状、片状和热敏性及难干燥物料，对于粉状物料则要先用造粒机造成4～14目散状物料。所处理的物料一般初湿度在10%～30%，而干燥后的终湿度为0.02%～0.3%，干燥后颗粒直径会变小。

2. 振动沸腾床干燥器

振动沸腾床干燥器主要由机体、振动电机、上盖、隔振簧、空气入口、空气出口、入料口、产品出口等部分组成。振动沸腾床干燥器的机壳可振动。沸腾床的前半段为干燥段，后半段为冷却段。

振动沸腾床干燥器的工作原理是由振动电机产生激振力使机器振动，物料在这给定方向的激振力的作用下抛掷向前连续运动，同时振动沸腾床干燥器机床底输入的热风使物料处于流化状态，物料颗粒与热风充分接触，从而达到理想的干燥效果。物料从振动沸腾床干燥器入料口进入，振动沸腾床干燥器振槽上的物料与振槽下部通入的热风正交接触传热，湿空气经旋风分离器除尘后由排风口排出，干燥物料由排料口排出。如图4-68所示。

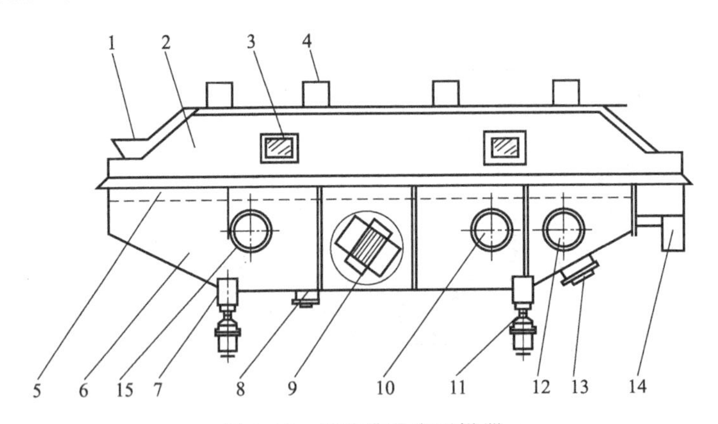

图4-68 振动沸腾床干燥器

1—加料口；2—槽盖；3—观察窗；4—湿气排出口；5—流化床床面；6—空气腔室；7—底座；8,13—清扫口；9—振动电机；10,15—热空气进口；11—减振簧；12—冷空气进口；14—出料口

振动沸腾床干燥器的优点是以下几点。

① 振动沸腾床干燥器采用振动电机驱动，运转平稳、噪声小、寿命长、维修方便。

② 物料受热均匀，热交换充分，干燥强度高，比普通干燥器节能30%左右。

③ 可调性好，适应面宽，料层厚度和在机内移动速度以及振幅变更均可实现无级调节。

④ 对物料表面损伤小，可用于易碎、颗粒不规则物料的干燥。

⑤ 流态化稳定，无死角和吹穿现象，全封闭结构可有效防止物料与空气间的交叉污染。

振动沸腾床干燥器的缺点是以下几点。

① 气泡现象使流化不均匀，相间接触效率不高，而且工程放大较困难。

② 物料停留时间分布极不均匀，难以获得湿含量均一的产品，甚至可能有部分产品因过度干燥而变质。

③ 动力和热能消耗大。

④ 只能处理松散的粉状或粒状物料。

振动沸腾床干燥器适合于干燥太粗或太细、易黏结、不易流化的物料以及对产品质量有特殊要求（如保持完整晶体、晶体内亮度等）的物料。

3. 多层圆筒沸腾床干燥器

对于干燥要求较高或要求干燥时间较长的物料，一般可采用多层沸腾床干燥器。

多层圆筒沸腾床干燥器主要由进料口、出料口、干燥室、筛板、气体进口管、废气出口管等组成。

多层圆筒沸腾床干燥器的工作原理是散粒状物料由床侧加料器加入顶部分布板（即筛板），热气流通过多孔分布板与物料层接触，气流速度保持在临界流化速度和带出速度之间，颗粒便能在床层内形成流化，颗粒再热气流中上下翻动与碰撞，由溢流管逐层下流的同时被干燥，当其达到最下层分布板时，被由床底进入的冷空气冷却，最后由器底的出料口取走。热空气由上两层分布板下方送入，穿过筛板与物料接触后，携带从物料中蒸出的水分由干燥器顶端排走。物料在每层板上互相混合，但层与层之间的物料不混合。如图 4-69 所示。

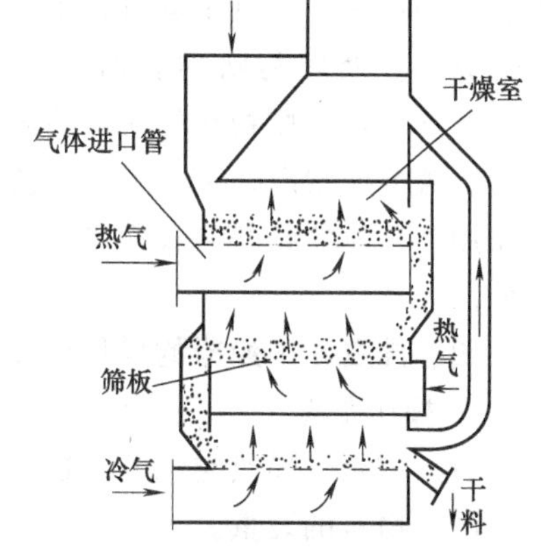

图 4-69　多层圆筒沸腾床干燥器

多层圆筒沸腾床干燥器的优点是以下几点。

① 与其他干燥器相比，传热、传质速率高。

② 由于传递速率高，气体离开床层时几乎等于或略高于床层温度，因而热效率高。

③ 由于气体可迅速降温，所以与其他干燥器比，可采用更高的气体入口温度。

④ 设备简单，无运动部件，成本费用低。

⑤ 操作控制容易。

多层圆筒沸腾床干燥器的缺点如下。

① 因颗粒在床层中高度混合，则可引起物料的短路和返混，物料在干燥器内停留时间不均匀。

② 多层结构复杂，流动阻力也较大。

多层沸腾床干燥器特别适合于产品湿含量较低、冷物料不能承受强烈干燥而干物料可以耐高温的场合。

三、沸腾床干燥器的特点及适用性

1. 特点

（1）沸腾床干燥器的优点

① 与其他干燥器相比，传热、传质速率高，因为单位体积内的传递表面积大，颗粒间充分的混合几乎消除了表面上静止的气膜，使两相间密切接触，传递系数大大增加。

② 物料停留时间任意可调，特别适合于干燥结合水分。

③ 由于传热速率高，气体离开床层时几乎等于或略高于床层温度，因而热效率高。

④ 设备简单，无运动部件，成本费用低。

⑤ 操作稳定，控制容易，保养容易，维修费用低。

⑥ 密封性能好，机械运转部分不直接接触物料，对卫生指标要求较高的食品干燥十分有利。

(2) 沸腾床干燥器的缺点

① 对被干燥物料的颗粒度有一定的限制，一般要求颗粒为不小于 30μm，而又不大于 4～6mm，限制了使用范围。

② 对易结块物料因容易产生与设备壁的黏结而不适用。

2. 适用性

沸腾床干燥器适用于干燥粒径为 30～60μm 的粉粒状物料。当粒径小于 20～40μm 时，气体通过分布板后易产生局部沟流；大于 4～8mm 时需要较大的气速，从而使流动阻力加大、磨损严重，而且干燥过程中所需要的气体流量由流化速度控制，从经济效益角度来看是不合算的。处理粉状物料时，要求物料中含水量为 2%～5%，对颗粒状物料则可低于 10%～15%，否则物料的流动性就差，若在物料中加部分干燥器产品或在干燥器内加搅拌器则可改善流动状况。工业上常将流化床干燥器与气流干燥器串联使用，利用气流干燥器的闪蒸作用，迅速使物料的表面水分汽化，然后送入流化床干燥器中进一步脱除物料所含的结合水分。

四、沸腾床干燥器的操作要点及安装说明

1. 操作要点

(1) 控制干燥热空气的流速。

(2) 物料的装量。

(3) 加热的温度。

2. 安装说明

沸腾床、旋风分离器及布袋除尘器安放在平整的水泥地平面上即可，不需底脚螺丝。风机可安装在室内或室外，需有底座及地脚螺丝。平面布置可根据厂房情况酌情调整。风道系统应不漏气，以免影响干燥效果。

项目实训

叙述沸腾床干燥的操作过程。

提示：

1. 开车前检查沸腾床的干料层及风帽情况。
2. 检查输送机、预热器、鼓风机、引风机、除尘器、风道是否正常。
3. 启动引风机、鼓风机、输送机。
4. 待沸腾床温度升至 60～70℃ 之间可开始进料。
5. 调好预热器进汽量，蒸汽压力一般在 0.4～0.6MPa，热风温度在 130℃ 左右。
6. 经常注意沸腾床加料均匀。

7. 检查出料情况，床内大块物料要及时捞出，避免积存多，影响沸腾。
8. 停车时先通知离心机操作工，停止下料。
9. 关闭蒸汽阀门，先停鼓风机，后停引风机、皮带机。

? 项目练习

1. 试比较 3 种沸腾床干燥器的结构特点及适用场合。
2. 试调查附近企业所使用的沸腾床干燥器，说明其类型。
3. 练习操作沸腾床干燥器。

子项目 2 喷雾干燥器

项目目标

- **知识目标**：掌握喷雾干燥器的流程、分类、结构特点、工作原理及适用场合；能正确选择喷雾干燥器。
- **技能目标**：能熟练操作喷雾干燥器，并能正确地维护保养。

项目内容

1. 了解喷雾干燥器的外部结构。
2. 观察喷雾干燥器的内部结构，说明各部分名称。
3. 按步骤操作喷雾干燥器。

相关知识

喷雾干燥器主要由雾化器、干燥室、产品回收系统、供料及热风系统等部分组成。如图 4-70 所示。

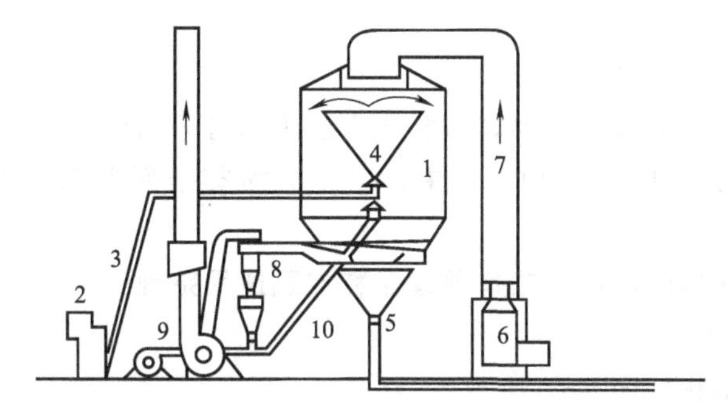

图 4-70 喷雾干燥器流程

1—干燥塔；2—隔膜泵；3—送浆管道；4—喷嘴；5—卸料口；6—热风炉；7—热风道；8—旋风收尘器；9—排风机；10—排风管

雾化器的作用是将物料喷洒成直径为 10～60 的细滴，从而获得很大的汽化表面。

干燥室的基本要求是提供有利的气液接触，使液滴在到达器壁之前已获得相当程度的干燥，同时使物料与高温气流接触时间不致过长。

产品回收系统主要由旋风分离器和引风管组成。旋风分离器收集气流中细小颗粒。

供料系统一般用螺杆泵完成输送料液的任务。

热风系统是喷雾干燥的热能来源，主要由蒸汽加热器、电加热器、空气净化器和离心送风机组成。蒸汽加热器是预热空气至一定温度，然后由电加热器补充热能及控制温度。空气净化器将空气除尘净化。离心送风机为干燥提供适当的风量。

一、喷雾干燥器的分类

1. 按生产流程分类

（1）开放式喷雾干燥系统　载热体在系统中只使用一次就排入大气中，不再循环使用，结构简单，适用于废气中湿含量较高，无毒无臭气体。但是载热体消耗量大。

（2）封闭循环式喷雾干燥系统　载热体在系统中组成一个封闭的循环回路，有利于节约载体热。回收有机溶剂，防止污染大气，载热体大多使用惰性气体（如 N_2、CO_2 等）。

（3）自惰循环式喷雾干燥系统　自惰就是指系统中有一个自制惰性气体的装置。在这个装置中，引入空气和可燃性气体进行燃烧，将空气中的氧气烧掉，剩下氮气和二氧化碳作为干燥介质。适用于有臭气发出，产品有高度爆炸性，着火危险，通过燃烧消除掉臭气和产品粉末。

（4）半封闭循环式喷雾干燥系统　系统中有一燃烧器。半封闭在于干燥介质燃烧去臭气后一部分排入大气，另一部分燃烧后循环使用。

2. 按喷雾和气体流动方向分类

（1）并流　在喷雾干燥室内，液滴与热风呈同方向流动。在并流系统中，对于热性物料的干燥是特别有利的。这时，由于蒸发速度，液滴膨胀甚至破裂，因此并流操作时所得产品常为非球形的多孔颗粒，具有较低的表观密度。

（2）逆流　在喷雾干燥器内，热风与液滴呈反方向流动。高温热风进入干燥器内首先与要干燥的粒子接触，使内部水分含量达到较低的程度，物料在干燥器内悬浮时间长，适于含水量高的物料干燥，设计时应注意气流速度小于成品粉粒悬浮速度，以防粉粒被废气夹带。

（3）混合型喷雾干燥器　气流从上向下（有一个方向），雾滴有两个方向（从下向上、从上向下）。气流与产品较充分接触，脱水效率较高，耗热量较少。但产品有时与湿的热空气流接触，故干燥不均匀。

3. 按雾化方法分类

雾化器是喷雾干燥器的关键部件，按雾化方法不同可分为压力式喷雾干燥器、离心式喷雾干燥器和气流式喷雾干燥器 3 种。其中，以压力喷雾干燥器和离心式喷雾干燥器应用较多。

二、常用喷雾干燥器的结构、工作原理、特点及适用范围

1. 压力喷雾干燥器

压力喷雾干燥器结构如图 4-71 所示。

压力喷雾干燥器的主要部件为干燥室和压力式雾化器。

压力雾化器采用高压泵将液体压力提高到 3000～20000kPa 后，从切线口进入喷嘴旋转室中。液体在其中作高速旋转运动，然后从出口小孔处呈雾状喷出，如图 4-72 所示。

压力雾化器结构简单、操作及检修方便、省动力，但需要有一台高压泵配合使用，喷嘴孔较小容易堵塞且磨损大。压力雾化器适用于低黏度的液体雾化，不适用于高黏度液体及悬浮液。

压力喷雾干燥器的工作原理是空气通过过滤器进入加热器，交换成热空气，在干燥塔顶部导入热风，进入干燥室顶部的空气分配器，使空气均匀的呈旋转状进入干燥室。同时料液需经过筛选后由高压泵送至在干燥室中部的喷嘴，将料液雾化，使液滴表面积大大增加，与高温热风接触后水分迅速蒸发，在极短的时间内干燥成颗粒产品，大部分粉粒由塔底排料口

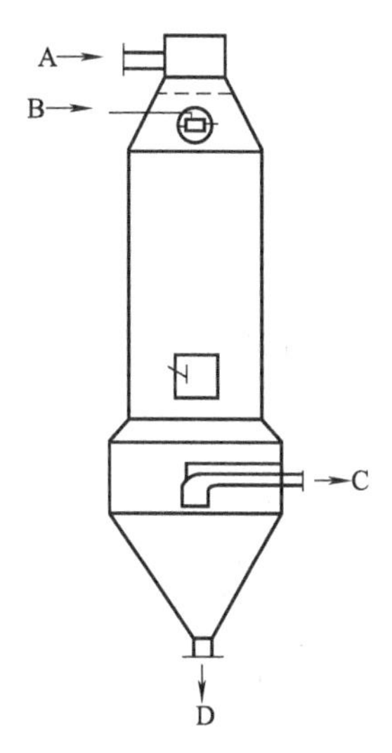

图 4-71　压力喷雾干燥器

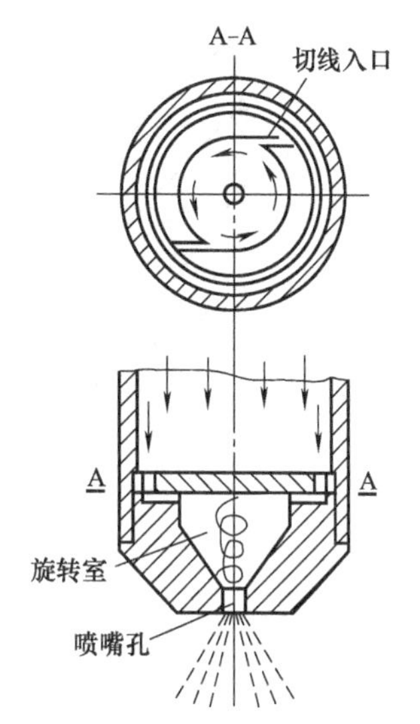

图 4-72　压力雾化器

收集，废气及其微小粉末经旋风分离器分离，废气由抽风机排出，粉末由设在旋风分离器下端的收粉筒收集，风机出口处还可以装备二级除尘装置，回收率在 96%～98%之间。

压力喷雾干燥器优点如下所述。

① 干燥速度快。料液经雾化后表面积大大增加，在热风气流中，瞬间就可蒸发 95%～98%的水分，完成干燥的时间仅需数十秒，特别适用于热敏性物料的干燥。

② 所有产品的球状颗粒，粒度粗大、均匀，产品纯度高，质量好。

③ 使用范围广，根据物料的特性，可以用热风干燥，也可以用冷风造粒。对物料的适应性强。

④ 操作简单稳定，控制方便。容易实现自动化作业。

⑤ 动力消耗最少，大约每吨溶液所需耗能为 4～10kW・h。

⑥ 结构简单，操作时无噪声，制造成本低，维修方便。

压力喷雾干燥器的缺点如下所述。

① 生产过程中流量无法调节。喷嘴的喷雾量取决于喷嘴出口孔径和操作压力，而操作压力的改变会影响产品粒度，因此，即使在喷嘴前的管道中装有调节阀也无法达到目的。

② 喷孔在 1mm 以下的喷嘴，易堵塞。

③ 喷嘴易磨损，需经常调换。

压力喷雾干燥器适用于一般黏度的料液，在化工、食品、制药、陶瓷等方面的干燥造粒、喷雾结晶、喷雾反应应用广泛。

2. 离心喷雾干燥器

离心喷雾干燥器结构如图 4-73 所示。

离心喷雾干燥器的主要部件为干燥室和离心式雾化器。

离心雾化器如图 4-74 所示，料液送入作高速旋转的圆盘中部，盘上有放射形叶片，液体受离心力的作用而被加速，到达周边时呈雾状甩出。一般圆盘转速为 4000～20000r/min，圆周速度为 100～160m/s。

离心雾化器的主要特点是操作简便、适用范围广、料液通道大不易堵塞、动力消耗少，

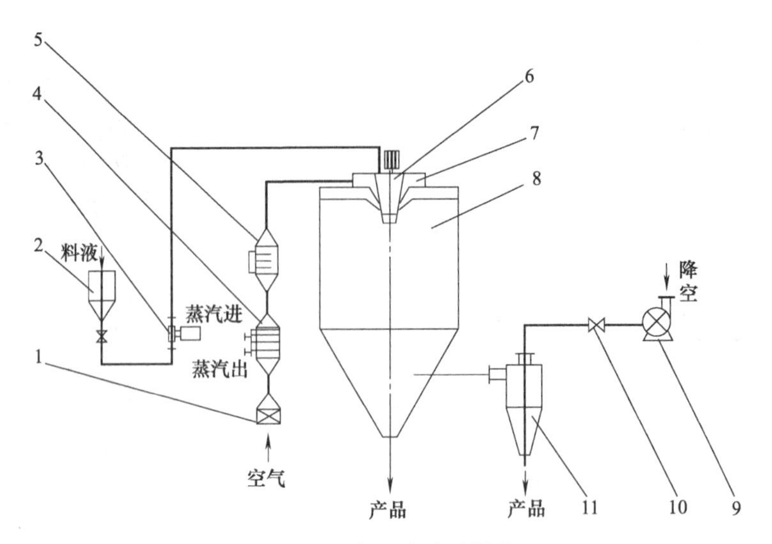

图 4-73 离心喷雾干燥器

1—空气过滤器；2—料筒；3—莫诺泵；4—蒸汽加热器；5—电加热器；6—雾化器；7—热风分配器；8—干燥塔；9—风机；10—调风蝶阀；11—旋风除尘室

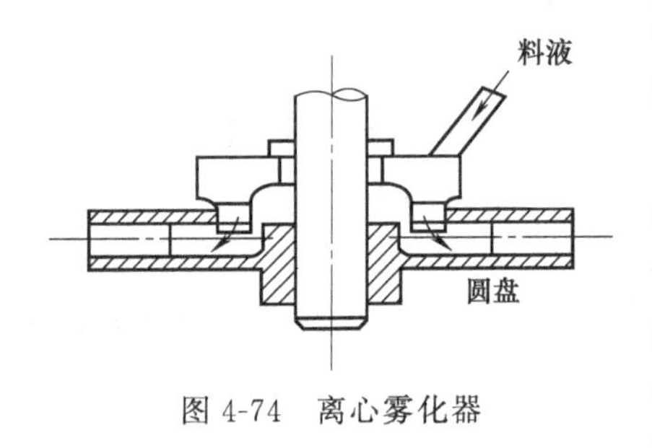

图 4-74 离心雾化器

但需要有传动装置、液体分布装置和雾化轮，对加工制造要求高，检修不便。

离心喷雾干燥器的工作原理是空气经过过滤和加热，进入干燥器顶部空气分配器，热空气呈螺旋状均匀地进入干燥室。料液经塔体顶部的高速离心雾化器，利用在水平方向作高速旋转的圆盘给予溶液以离心力，使其以高速甩出，形成薄膜，由喷雾盘的边缘甩出同时受空气的摩擦以及本身表面张力作用而（旋转）喷雾成极细微的雾状液珠，与热空气并流接触在极短的时间内可干燥为成品。成品连续地由干燥塔底部和旋风分离器中输出，废气由风机排空。

离心喷雾干燥器优点如下所述。

① 干燥速度快，料液经雾化后表面积大大增加，在热风气流中，瞬间就可蒸发 95%～98%的水分，完成干燥时间仅需数秒钟。特别适用于热敏性物料的干燥。

② 产品具有良好的均匀度、纯度高，质量好。

③ 生产过程简化，适宜连续控制生产含湿量 40%～90%的液体，一次干燥成粉。

④ 操作简单稳定，调节控制方便，容易实现自动化作业。

⑤ 操作弹性大，可在设计生产能力的±25%范围内调节产量，而不影响产品的质量。

离心喷雾干燥器缺点如下所述。

① 机械加工要求高，制造费用大。

② 雾滴较粗，喷嘴较大，因此塔的直径也相应的比其他的喷雾器的塔大的多。

③ 动力消耗比压力式大，只适于顺流、立式喷雾设备。

离心喷雾干燥器广泛应用于化工工业、塑料树脂、食品工业、食物及植物等。同时糖类中玉米浆、玉米淀粉、葡萄糖等的制取，氧化铝、瓷砖材料、氧化镁、滑石粉等陶瓷的生产也需要用到离心喷雾干燥器。

离心喷雾干燥器的常见故障与排除方法如下。

① 粘壁现象严重　干燥室内内壁粘着湿粉严重。采取措施：喷雾操作开始时，流量要小，逐步加大，调节到适当时为止。减少进料量及提高热风的进、出口温度，可减少湿粉粘壁现象。检查管道是否堵塞，适当调整物料固形物含量，保证料液的流动性。

② 产品水分含量太高　排风温度过低是产品水分含量高的主要因素。采取措施：适当减小进料量，提高排风温度，降低产品水分含量。

③ 产品纯度低，杂质过多　过滤器过滤材质不均匀，过滤机过滤效率低；热风温度过高等原因，造成产品纯度低，杂质多。采取措施：检查过滤机材质铺设；清洗设备；调整热风温度和速度。

④ 产品粉粒太细，跑粉现象严重，产品得率低　产品颗粒太细会影响其溶解性、冲调性能。提高料液的含固量，加大进料量，提高进风温度，提高旋风分离器的分离效率，可以适当减小跑粉现象，使产品得率增高。

⑤ 离心喷头转速太低，蒸发量太低　原因在离心喷头部件出了故障。采取措施：检查离心机的转速是否正常；检查离心机调节阀位置是否正确；检查空气过滤器及空气加热器管道是否堵塞；检查电网电压是否正常；检查电加热器是否正常工作；检查设备各组件连接是否密封。

⑥ 离心喷头运转时有杂声或振动　原因有喷盘内附有残留物质；主轴产生弯曲和变形；或离心盘动平衡不好。采取措施：对喷头进行检查、清洗或更换。

三、喷雾干燥器的改进

1. 需要解决的问题

从喷雾干燥器的工作原理可以看出，改进喷雾干燥塔，提高产粉质量、产量的关键技术应从以下几方面来考虑。

(1) 加大热风炉燃烧空间，提高干燥器的热效率。

(2) 提高喷枪高度，充分利用塔内顶部温度。

(3) 合理提高塔内负压，适当加大热风流量、增加热值。

(4) 减少泥浆含水率，提高泥浆浓度和流动性。

2. 改进措施

针对上述要解决的关键技术，采取如下改进措施。

(1) 热风炉的改进。本着投资少、见效快和减少占地面积的原则，采用简易可行的方法建造。首先要增加炉膛内容积。其次，通过采用刚玉砖做炉膛内的挡火墙，延长干燥器的使用寿命；适当加大雾化空气量和燃油流量，使重油充分雾化、燃烧；对热风管道系统加强保温；合理控制进出塔风温。

(2) 提高喷枪高度，充分利用塔内上部温度，沿塔体周围均匀分布增设辅助喷枪，提高喷枪高度，使喷出的泥浆与塔内热空气进行充分热交换，这样既保证了塔内温度稳定，又使塔体内衬不锈钢板不变形，延长了使用寿命。

(3) 提高塔内负压，合理控制塔内负压，在不造成靠近排风口粉料随废气一起排除的情况下，增加引风机，使塔内负压适当提高，这样可加大热风流量、增加热值。所以，合理控制塔内负压是提高坯料产量的重要途径之一。

(4) 提高泥浆浓度。通过加入陶瓷添加剂，一般加入量在0.5%～1%，降低了泥浆的含水率（由原来的52%下降到38%以下），提高了泥浆的浓度和流动性，降低了泥浆的黏度，改善其雾化，有利于干燥速度的提高，降低了每吨粉料的耗油量，有一定的节能效果。

(5) 改进喷嘴结构。合理改进了喷嘴结构参数，喷嘴按直径大小配合使用，使雾化干燥后所得的粉料粒度分布更加合理，从根本上解决了细粉含量多的问题，提高了粉料质量。

(6) 强化生产管理。加强生产管理、合理调节各操作参数、提高各段的操作技术水平，防止粉料过度干燥，发现问题要及时解决，以免停机清洗造成不必要的能量损失。

项目实训

说明奶粉的干燥过程的具体操作。

① 开始工作时，先开启电加热器，并检查有否漏电现象及排风机有否杂声。如正常，即可运转进行干燥室预热。

② 预热期间干燥器顶部孔口（装转盘用）及旋风分离器下料口（接贮料罐），必须堵塞，防止冷空气漏进，影响预热。

③ 干燥器内温度达到预定要求时，即可开始喷雾干燥，应先开压缩空气，驱动转盘，待转速稳定后，方可进料进行雾化，气源压力为 $2\sim3kg/cm^2$。

④ 根据拟定的工艺条件，通过电源调节器控制所需要的进风和排风温度或调节喷雾流量，维持正常操作。

⑤ 浓奶贮料罐应高于干燥器顶部20～30cm，并设有流量调节器，借以调节喷雾流量。

⑥ 运行数小时后，须开启顶盖，用长柄刷清洗内壁，盖上后开动排风机，粉末即可收集于贮料瓶内。

⑦ 喷雾完毕后，按停车程序，先停止进料再停止加热器和排风机，开启顶盖扫粉、出粉等，最后清洁设备。

? 项目练习

1. 试比较两种雾化器的结构特点。
2. 试调查附近企业所使用的喷雾干燥器，说明其类型。
3. 练习操作各种喷雾干燥器，并说明其异同。

子项目3　回转圆筒式干燥器

项目目标

• **知识目标**：掌握回转圆筒式干燥器的基本结构、工作原理、分类、特点及适用场合；掌握选择回转圆筒式干燥器的方法。

• **技能目标**：能操作回转圆筒式干燥器，并能正确地维护保养。

项目内容

1. 观察回转圆筒式干燥器的外部结构。
2. 观察回转圆筒式干燥器的内部结构，说明各部分名称。
3. 按步骤操作回转圆筒式干燥器。

相关知识

回转圆筒干燥器由稍作倾斜而转动的长筒构成。湿物料在筒内前移过程中，直接或间接得到了干燥介质的给热而达到干燥目的。此类干燥器广泛应用在颗粒状、短条状、片状等物料的干燥，现已发展到应用于溶液及膏状物料的干燥上。

回转圆筒干燥器工艺流程如图 4-75 所示。

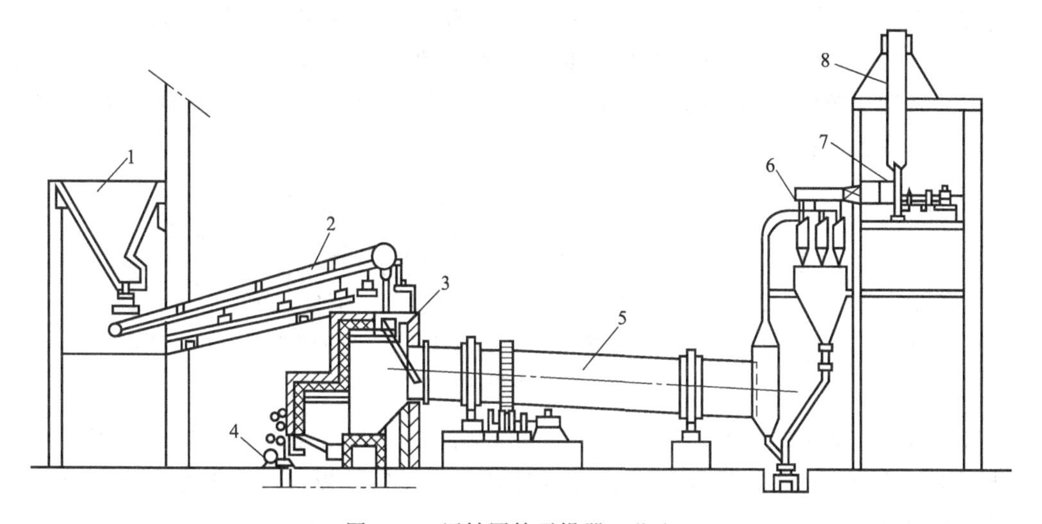

图 4-75　回转圆筒干燥器工艺流程

1—料仓；2—皮带运输机；3—燃烧室；4—鼓风机；5—干燥器；6—旋风收尘器；7—排风机；8—烟囱

一、回转圆筒式干燥器的基本结构

回转圆筒式干燥器由筒体、抄板、托轮和轮箍、驱动装置、空气密封装置等部分组成。回转圆筒式干燥器结构如图 4-76 所示。

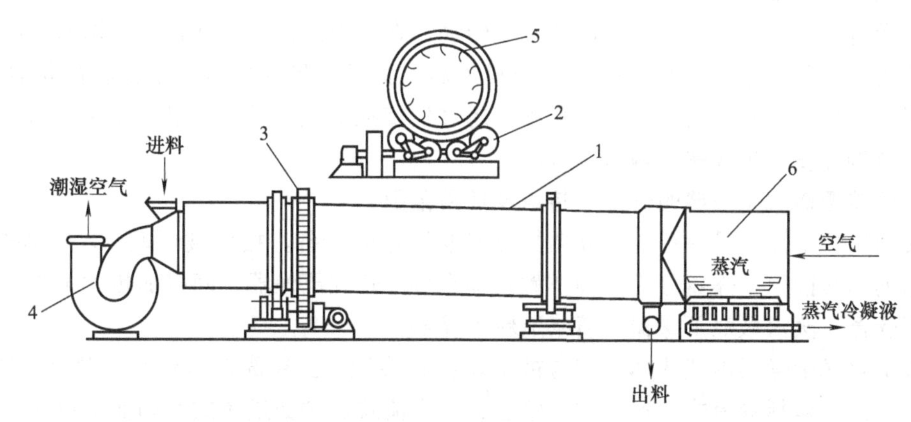

图 4-76　回转圆筒式干燥器

1—圆筒；2—支架；3—驱动齿轮；4—风机；5—抄板；6—蒸汽加热器

① 筒体　多用碳钢制成。国内现有转筒直径为 0.6～2.5m，长度为 1～27m。筒体中心轴线与水平线略成一倾角，大约 2°～10°。

② 轮箍和托轮　两者是承受筒体转动的支持部件，用铸铁、铸钢制成。按筒体长度可采用两点、三点或四点支撑。为了防止接触面的磨损，需考虑润滑、防尘等。

③ 驱动装置　所需功率小时，可直接利用轮箍与托轮的摩擦驱动，托轮使筒体转动。所需功率较大时，可用链传动或齿轮传动。

④ 空气密封装置　转筒与固定部件间，采用弹性材料的滑动机构或迷宫式等结构，以

防止热风泄漏和外界空气侵入。

⑤ 抄板　抄板是转筒内装有分散物料的装置。当转筒转动时，可使物料均匀地分布在转筒截面的各部分，而与干燥介质充分接触，并能使物料翻动和抛撒，增大了被干燥物料与介质的接触面积。常见形式如图 4-77 所示。图 4-77（a）升举式，常用于大块和易黏结物料；图 4-77（b）四格式，常用于相对密度大而不脆的物料；图 4-77（c）十字式、图 4-77（d）架式，常用于较脆的小块物料；图 4-77（e）套筒式、图 4-77（f）分隔式（扇形），常用于颗粒很细或粉末状物料。

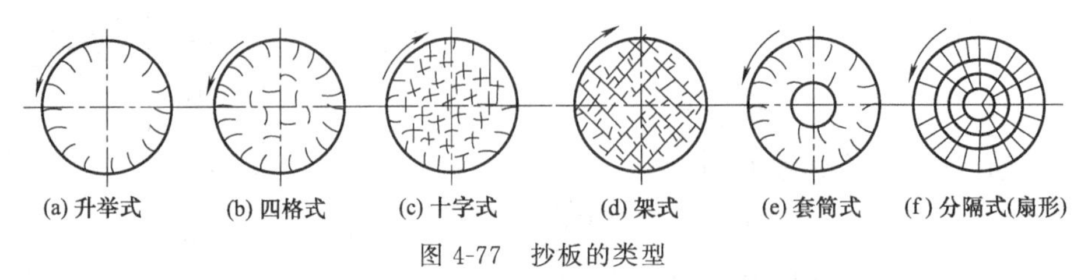

图 4-77　抄板的类型

抄板可分布在整个转筒内，也可在转筒进口端的 1～1.5m 处装上螺旋扇形板，可使湿物料能更均匀地分布；在转筒出口端 1～2m 处则不装任何抄板，以免干燥介质离开干燥器时带走细微的物料颗粒。

二、回转圆筒式干燥器工作原理

回转圆筒干燥器的主体是略带倾斜并能回转的圆筒体。湿物料由皮带输送机或斗式提升机送到料斗，然后经料斗的加料机通过加料管道从高端上部加入，随筒体转动，物料在重力作用下运行到较低的一端，与通过筒体内的热风或加热壁面进行有效接触被干燥，干燥后的产品从低端下部收集。加料管道的斜度要大于物料的自然倾角，以便物料顺利流入干燥器内。在干燥过程中，物料借助于圆筒的缓慢转动，在重力的作用下从较高一端向较低一端移动。筒体内壁上装有抄板，它不断地把物料抄起又撒下，形成料幕，使物料的接触表面增大，以提高干燥速率并促使物料向前移动，尾气经旋风分离器将气体内所带物料捕集下来，然后在出料端经皮带机或螺旋输送机送出。

三、回转圆筒式干燥器的分类、特点及适用范围

回转圆筒式干燥器是一种既受高温加热又兼输送的设备，按照被干燥物料的加热方式，可将目前的回转圆筒干燥器分为 5 种类型，即直接加热式干燥器、间接加热式干燥器、复合加热式干燥器、蒸汽煅烧干燥器、喷浆造粒干燥器。

直接加热式干燥器内载热体直接与被干燥物料接触，主要靠对流传热，热利用率较高，使用最广泛。又包括顺流式、逆流式、错流式、穿流式、端面进风式及侧面进风式。

当被干燥物料不宜与烟道气或热空气或热空气直接接触时，可以采用间接传热的干燥器。在此种干燥器中，载热体不直接与被干燥的物料接触，而干燥所需的全部热量都是经过传热壁传给被干燥物料的。间接加热式分为内置加热管式和筒壁加热式。

复合加热式干燥器一部分热量是由干燥介质经过传热壁传给被干燥物料，另一部分热量则由载热体直接与物料接触而传递的，是热传导和对流传热两种形式组合，热利用率较高。复合加热式为热风与物料先顺流加热，而后逆流加热。

蒸汽煅烧干燥器应用于重碱煅烧的场合。在煅烧干燥器内，一方面进行煅烧，一方面进行干燥。

喷浆造粒干燥器是将产品干燥和造粒在一个回转圆筒中完成，主要应用于磷酸铵、氮磷

和氮磷钾磷肥、重过磷酸钙的生产上。

回转圆筒式干燥器的主要优点有处理能力大；机械化程度高；操作容易控制；产品质量均匀；流动阻力小。主要缺点有金属消耗量大；热利用率低；设备笨重，占地面积大；结构复杂；传动部件需要经常维修。

适用于化工、矿山、冶金等行业大颗粒、密度大物料的干燥，如矿石、煤、金属粉末等；对有特殊要求的粉状，颗粒状物料的干燥，如 HP 发泡剂、酒精渣等；适用于要求低温干燥且需大批量连续干燥的物料。

四、干燥器的选择

选择干燥装置的一般原则是符合产量要求，以低成本获得期望的产品质量，生产稳定。因此，应根据以下条件进行选择。

1. 干燥装置的选型

（1）物料条件

① 物料状态　物料状态不同，所采用的干燥方法不同。表 4-1 列出了根据物料状态可选用的干燥器的类型。

表 4-1　物料状态与干燥器类型的选择

干燥器类型	物料状态			
	固体	膏体	泥状	液体
喷雾干燥器			●	●
气流干燥器	●	●		
流动床干燥器	●	●		●
回转干燥器	●	●		
箱式干燥器	●	●	●	●

注：表中符号“●”表示可选用干燥器类型。

固体物料，又有粉状、粒状、片状和块状等的差别，应选不同设备进行干燥。

② 生产能力　生产能力不同，干燥方法不尽相同。例如，干燥大量浆液时可采用喷雾干燥，而处理量小时宜用滚筒干燥。生产量大时，一般选择大型连续式干燥设备，而生产量小时，常选间歇干燥装置。

③ 其他性能　物料的含水量、水分结合方式、热敏性、耐热性、内部结构、干燥裂缝、腐蚀性、吸湿性、可燃性、爆炸性等应考虑。若物料有毒、有放射性，则应选劳动强度小、能自动控制的设备。

（2）操作条件

① 热风量　若风量大，与物料接触的热风流速快，则蒸发速度快。为减少供热量而增加流速，多采用部分热风排出，部分热风循环的方法。

② 热源　干燥器的热源有燃料油、煤气、水蒸气、电力以及烟气等。应尽可能利用工厂排出的废烟气和水蒸气，以节约昂贵的能源费用。

③ 劳动条件　劳动强度大、条件差的干燥器，特别不宜处理高温、有毒、粉尘多的物料。

④ 环境影响　有的干燥器，运行时噪声很大，另有些干燥设备，粉尘飞扬，影响环境，选用时均应注意。

(3) 设备条件

① 设备费　为减少设备投资，应尽量避免选用下述干燥设备：需要特别设计制造的非标准设备；结构复杂的设备；运动部件多的设备；附属设备多的设备；重型设备；加工精度高的设备；使用特殊材料的设备；采用自控装置多的设备。

② 操作费　对于结构简单、故障少、维修方便、维修费用低的设备，宜优先选用。为了提高热效率，应尽量选用直接加热的设备。

③ 干燥时间　在连续干燥中，从物料加入到排出的干燥时间，如能进行调节则有利。例如，带式干燥器就可借改变带速来调节干燥时间。

④ 成品收率　干燥时，由于飞扬、撒落、黏附等原因而造成物料损失。显然，选用物料损失小的干燥装置为好。还要防止物料过热而报废。若要回收湿分，则应选择可收集气体的设备。

⑤ 其他　如设备尺寸是否受到限制等，也应根据实际情况确定。

2. 工艺方案的选定

若选择了转筒干燥器之类的干燥装置，还需进一步进行流向、加热方式、干燥介质等工艺方案的选定。

(1) 流向的选定

① 顺流　物料移动方向与干燥介质流动方向相同。进口端干燥能力大，出口端能力小。顺流方式适用于物料湿度较大，允许快速干燥而不发生裂纹或焦化现象；干燥后期物料不能耐高温，即产品遇高温会发生分解等变化；干燥后期物料的吸湿性很小。

② 逆流　物料移动方向与干燥介质流动方向相反。逆流时，干燥器内各部分的干燥能力相差不大，分布比较均匀。逆流方式适用于物料湿度较大，不允许快速干燥；干燥后期物料可以耐高温；干燥后的物料具有较大的吸湿性；要求干燥速度大，同时又要求物料干燥程度大。

③ 还有逆、顺流合用，具有逆、顺流两方面的特点。

(2) 加热方式的选定

① 直接传热　干燥器内载热体直接与被干燥物料接触，主要靠对流传热，热利用率高，应用最广。

② 间接传热　干燥器内载热体不直接与被干燥的物料接触，干燥所需的全部热量都是经过传热壁给被干燥物料的。间接传热用于物料不允许被污染，或者不允许被空气冲淡的场合。

(3) 干燥介质的选择　干燥介质是直接与被干燥物料接触的载热体，也是载湿体，一般按被处理固体物料的性质及其是否允许被污染等因素选用。若被处理的固体物料可承受高温，而且允许在处理中稍被污染，则可采用烟气作干燥介质；若处理物料不允许污染，则应选热空气作干燥介质。

项目实训

试为氨碱法生产纯碱的重碱煅烧工序选择煅烧设备。

提示如下。

(1) 由过滤机刮下的重碱属于固体，按表 4-1 可考虑采用回转干燥器。

(2) 考虑重碱湿度较大、干燥后期物料可以耐高温等因素选择逆流方式进料和进汽。

(3) 重碱可承受高温，但不允许被污染选蒸汽作干燥介质。

(4) 蒸汽直接与重碱接触，无污染，热利用率高，采用直接接触。

? 项目练习

1. 简述回转圆筒式干燥器的结构、分类及适用场合。
2. 试调查附近企业所使用的干燥器，说明其特点。
3. 练习操作回转圆筒式干燥器。
4. 为洗衣粉的干燥选择合适的干燥装置。

参考文献

[1] 马秉骞. 化工设备. 北京：化学工业出版社，2001.
[2] 王绍良. 化工设备基础. 北京：化学工业出版社，2002.
[3] 邢晓林. 化工设备. 北京：化学工业出版社，2005.
[4] 谷京云，任晓耕. 机械基础. 北京：化学工业出版社，2004.
[5] 李健. 化工设备. 北京：化学工业出版社，1993.
[6] 蔡建国，周永传. 轻化工设备及设计. 北京：化学工业出版社，2006.
[7] 匡照忠. 化工机器与设备. 北京：化学工业出版社，2006.
[8] 董大勤. 化工设备机械基础. 北京：化学工业出版社，2005.
[9] 陈国桓. 化工机械基础. 北京：化学工业出版社，2006.
[10] 刘道德等. 化工设备的选择与设计. 长沙：中南大学出版社，2002.
[11] 周志安，尹华杰，魏新利. 化工设备设计基础. 北京：化学工业出版社，1996.
[12] 刘承先，文艺. 化学反应器操作实训. 北京：化学工业出版社，2006.
[13] 刁玉玮. 化工设备机械基础. 大连：大连理工大学出版社，2006.
[14] 赫军令. 塔设备技术问答. 北京：化学工业出版社，2009.
[15] 刘建寿. 粉磨过程设备. 武汉：武汉理工大学出版社，2005.
[16] 方景光. 粉磨工艺及设备. 武汉：武汉理工大学出版社，2002.
[17] 张森林. 建材机械与设备. 武汉：武汉理工大学出版社，1994.
[18] 肖旭霖. 食品加工机械与设备. 北京：中国轻工业出版社，2000.
[19] 沈雅钧. 制冷与空调技术. 北京：北京大学出版社，2008.
[20] 初志会. 换热器技术问答. 北京：化学工业出版社，2009.
[21] 陈学勤. 氨碱法纯碱工艺. 大连：辽宁科学技术出版社，1986.
[22] 李祥新，朱建民. 精细化工工艺与设备. 北京：高等教育出版社，2008.
[23] 蒋展鹏. 环境工程学. 北京：高等教育出版社，2005.